纺织服装高等教育"十二五"部委级规划教材
高职高专纺织类项目教学系列教材

纺织材料

FANGZHI CAILIAO JIANCE SHIXUN JIAOCHENG

检测实训教程

严瑛　主编
高亚宁　副主编

东华大学出版社

内容提要

　　"纺织材料检测实训"是培养纺织品检验与贸易和现代纺织技术等专业学生的职业技能的必修课。根据不同专业的人才培养目标及职业市场对该专业人才岗位技能的要求,本教程主要安排了纺织材料检测基础知识以及纤维、纱线、织物的结构和性能检测三大模块实训内容,体现了纺织新材料、新仪器、新修订及新制定的纺织标准的教学要求。

　　本书可作为纺织高职高专院校的实训教材,也可供生产企业检测实验室、检验机构和研究单位的专业技术人员阅读参考。

图书在版编目(CIP)数据

纺织材料检测实训教程/严瑛,高亚宁主编.—上海:东华大学
出版社,2012.6
ISBN 978-7-5669-0085-2

Ⅰ.①纺…　Ⅱ.①严…　②高…　Ⅲ.①纺织纤维—质量检验
—教材　Ⅳ.①TS102

中国版本图书馆 CIP 数据核字(2012)第 128318 号

责任编辑:张　静
封面设计:李　博

出　　　版:东华大学出版社(上海市延安西路 1882 号,200051)
本社网址:http://www.dhupress.net
淘宝书店:http://dhupress.taobao.com
营销中心:021-62193056　62373056　62379558
印　　刷:苏州望电印刷有限公司
开　　本:787×1 092　1/16　印张 14.25
字　　数:358 千字
版　　次:2012 年 8 月第 1 版
印　　次:2012 年 8 月第 1 次印刷
书　　号:ISBN 978-7-5669-0085-2/TS・335
定　　价:35.00 元

前　　言

　　随着纺织科技的飞速发展,纺织专业教学要求体现纺织新材料、新仪器、新修订及新制定的纺织标准,纺织材料的实验实训教学内容也随之改变。本教程紧扣课程标准,根据不同纺织专业的人才培养目标及职场对相应专业的人才岗位技能的要求,注重学生的工作能力培养,以满足企业对技能型人才的需求。

　　教材内容由四部分组成:纺织材料检测基本知识、纺织纤维的结构和性能测试、纱线的结构和性能测试以及织物的结构和性能测试。教材内容富有弹性,有一定的覆盖面,基本满足不同纺织专业方向对纺织材料实验实训的需求,强调学生职业能力的培养,通过基础实训、综合实训、联系职业资格证书考试等环节,引导学生进行纺织材料检测实训,以利于强化学生的职业技能。同时充分考虑纺织材料测试技术的发展和变化,引入新标准、新技术、新设备,充分体现了教材的时效性和前瞻性。教材由浅入深、循序渐进,使用图片、实物照片、表格等多种表现形式,更加生动、直观,增强学生的学习兴趣,做到易学、易用。

　　本书绪论和模块一由陕西工业职业技术学院高亚宁编写,模块二和模块三由陕西工业职业技术学院严瑛编写。全书由严瑛统稿。

　　本书参考了姚穆、赵书经、沈建明、张一心、朱进忠、李南、夏志林、周美凤、蒋耀兴等学者、教授主编的教材,在此对他们及参考文献的著者们表示衷心的感谢。

　　由于检测技术发展迅速,编者水平有限,书中难免存在不当之处,恳请读者批评指正。

编　者

目　录

绪论　纺织材料检测基本知识

模块一　纺织纤维的结构和性能检测

模块二　纱线的结构和性能测试

绪论

纺织材料检测基本知识

第一节 纺织材料基本知识

纺织材料是指用以加工制成纺织品的纺织原料、纺织半成品以及纺织成品等材料,主要包括各种纺织纤维、纱线、织物等。纺织材料加工的基本过程如图1所示。

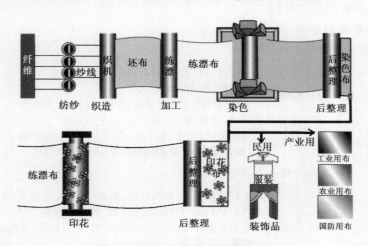

图1 纺织材料加工的基本过程

一、认识纺织纤维

构成纺织品的基本原料是纺织纤维。图2所示为几种常见天然纤维即棉、麻、毛、丝的外观形态实物图,图3所示为几种化学纤维的外观形态实物图。

(一)纺织纤维的定义

纺织纤维是纺织材料的基本单元,是指截面呈圆形或各种异形、横向尺寸较小、长度比细度大许多倍、具有一定强度和韧性的细长物体。

(二)纺织纤维应具备的性能

常规纺织纤维应具备适当的长度和细度,一定的强度、变形能力、弹性、耐磨性、刚柔性、抱

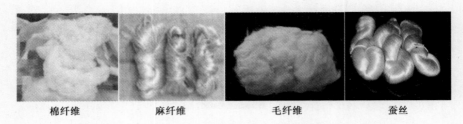

棉纤维　　麻纤维　　毛纤维　　蚕丝

图 2　棉、麻、毛、丝的外观形态实物图

涤纶短纤维　　长束黏胶纤维　　锦纶长丝

图 3　几种化学纤维的外观形态实物图

合力和摩擦力,一定的吸湿性、导电性和热学性质,一定的化学稳定性和染色性能;特种纺织纤维应具有能满足特种需要的性能。

(三)　纺织纤维的分类

1. 按来源和化学组成分类(图 4)

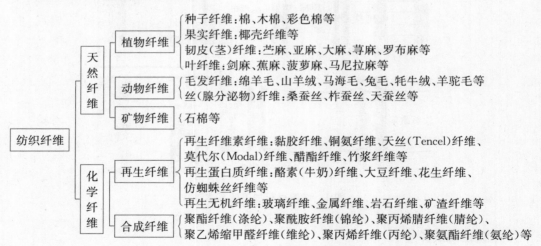

图 4　按来源和化学组成进行分类的纺织纤维种类

2. 按形态结构分类

① 短纤维:长度较短的天然纤维或化学纤维的切段纤维。

② 长丝:长度很长(几百米到几千米)的纤维。

③ 薄膜纤维:高聚物薄膜经纵向拉伸、撕裂、原纤化或切割后而制成的化学纤维。

④ 异形纤维:通过非圆形的喷丝孔加工的具有非圆形截面形状的化学纤维。

⑤ 中空纤维:通过特殊喷丝孔加工的沿纤维轴向中心具有连续管状空腔的化学纤维。

⑥ 复合纤维：由两种及两种以上的聚合物或具有不同性质的同一类聚合物经复合纺丝法制成的化学纤维。

⑦ 超细纤维：比常规纤维的细度细得多（0.4 dtex 以下）的化学纤维。

3. 按色泽分类

① 本白纤维：自然形成或工业加工的颜色呈白色系的纤维。

② 有色纤维：自然形成或工业加工时人为加入各种色料而形成的具有很高色牢度的纤维。

③ 有光纤维：生产时未经消光处理而制成的光泽较强的化学纤维。

④ 消光（无光）纤维：生产时经过消光处理（通常是以二氧化钛作为消光剂）制成的光泽暗淡的化学纤维。

⑤ 半光纤维：生产时经过部分消光处理（消光剂的加入量较少）制成的光泽中等的化学纤维。

4. 按性能特征分类

① 普通纤维：应用历史悠久的天然纤维和常用的化学纤维的统称，其性能表现和用途范围为大众所熟知，且价格便宜。

② 差别化纤维：属于化学纤维，在性能和形态上区别于传统纤维。在常规纤维原有的基础上，通过物理或化学的改性处理，使其性能得以增强或改善的纤维，主要表现为织物手感、服用性能、外观保持性、舒适性及化纤仿真等方面的改善，如阳离子可染涤纶、超细、异形、异收缩、高吸湿、抗静电和抗起球等纤维。

③ 功能性纤维：在某一或某些性能上表现突出的纤维，主要指在热、光、电方面的阻隔与传导，在过滤、渗透、离子交换和吸附，在安全、卫生、舒适等特殊功能及特殊应用方面的纤维。

需要说明的是，随着生产技术和商品需求的不断发展，差别化纤维和功能性纤维出现了复合与交叠的现象，界限渐渐模糊。

④ 高性能纤维（特种功能纤维）：用特殊工艺加工的、具有特殊或特别优异性能的纤维，如超高强度、高模量纤维、耐高温、耐腐蚀、高阻燃纤维、芳纶、碳纤维、聚四氟乙烯纤维、陶瓷纤维、碳化硅纤维、聚苯并咪唑纤维、高强聚乙烯纤维、金属（金、银、铜、镍、不锈钢等）纤维等。

⑤ 环保纤维（生态纤维）：这是一种新概念的纤维类属。笼统地讲，就是天然纤维、再生纤维和可降解纤维的统称。传统的天然纤维属于此类，但此处更强调纺织加工过程中对化学处理要求的降低，如天然的彩色棉花、彩色羊毛、彩色蚕丝制品无需染色；对再生纤维，则主要指以纺丝加工时对环境污染的降低和对天然资源的有效利用为特征的纤维，如竹浆纤维、圣麻纤维、天丝纤维、莫代尔纤维、玉米纤维和甲壳素纤维等。

二、认识纱线

机织物和针织物均由纱线构成。

纱是只由一股纤维束捻合而成的。短纤维纱是以短纤维为原料，经过纺纱工艺制成的纱。短纤维的成纱工艺可分两个阶段，第一阶段是成条，第二阶段是成纱。从纤维原料的松解到制成纤维条的工艺过程称为"成条"。成纱的方法主要有环锭纺纱法、气流纺纱法、静电纺纱法、自捻纺纱法和包缠纺纱法等。

线是由两根或两根以上的单纱并合加捻制成的材料。

几种纱线结构如图 5 所示。

① 普通纱线:是指用较短的纤维,采用传统纺纱方法,使纤维排列、加捻形成的连续的细长物体,可按结构特征分为单纱和股线,可由各种天然短纤维或化学切段纤维纯纺或混合纺制而成。

② 长丝:分为单丝和复丝,单丝是天然的(如蚕丝)或化学纤维的单根长纤维;复丝是多根单丝合并制成的连续细长物体。

③ 新型纱线:是指采用新型纺纱方法(如转杯纺纱、静电纺纱、喷气纺纱、尘笼纺纱、包缠纺纱、自捻纺纱等),用短纤维或夹入部分长丝纺成的单纱或并合成的股线,也包括用特种加工方法(如收缩膨体、刀边刮过变形、气流吹致变形等)制造的长丝变形纱、特种纱线与普通纱线并合形成的新型股线等。

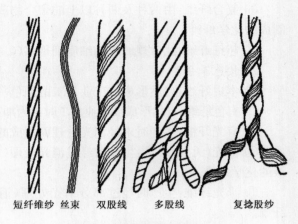

短纤维纱 丝束 双股线 多股线 复捻股纱

图 5 纱线结构示意图

三、认识织物

纺织工业制成的织物种类繁多,形态、花色、结构、原料等千变万化,分类方法也多种多样,按原料构成可以分为纯纺、混纺、交织、涂层,按色相可以分为本白、漂白、染色、印花、色织,按用途可以分为衣着用、装饰用、产业用、特种环境用等。最常用的是按基本结构与构成方法分类,可粗分为五大类。

① 机织物:用两组纱线(经纱和纬纱),基本上互相垂直(即经纬)而交错织成的片状纺织品。机织物结构如图 6 所示。

② 针织物:针织物是由纱线通过织针有规律的运动而形成线圈,线圈和线圈之间互相串套而形成的织物。针织物结构如图 7 所示。

③ 编结物:用一组或多组纱线,通过本身之间或相互之间钩编串套或打结方法形成的片状织物,如网罟、花边、窗帘装饰织物等。编结物结构如图 8 所示。

④ 非织造布:由纤维(或加入部分纱线)形成纤维网片而制得的织物,具有稳定的结构和性能,按加工方法、原料等不同可区分为毡制品、热熔黏合制品、针刺制品、缝合制品等种类。非织造布结构如图 9 所示。

⑤ 其他特种织物:如由两组(或多组)经纱、一组纬纱用机织方法生产的三向织物、三维织物及其他新型织物等。

 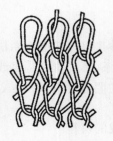  

图 6 机织物结构　　图 7 针织物结构　　图 8 编结物结构　　图 9 非织造布结构

四、常用指标与术语简介

1. 纺织材料与纺织品

纺织材料是指纺织工业中用来加工制造纺织品的纺织原料(各种纤维)、半成品(条子、粗纱)及其成品(织物)的统称。而纺织品是指经过纺织、印染等加工,可供直接使用或需进一步加工的纺织工业产品的总称,如纱、线、绳、织物、毛巾、被单、毯子、袜子、台布等,按用途不同可以分为服用纺织品、装饰用纺织品、工业用纺织品和特种用途纺织品等。通常人们所讲的纺织品其实是服用纺织品的简称,它是指人们在日常生活中穿用的服装的面料、里料和衬料及袜子等,范围比较窄。

2. 吸湿性与防水性

所谓吸湿性是指纤维材料在空气中自动吸收和放出水分的性能,是气态水分子与纤维间的作用,人们能感觉到其变化,但看不到它们的作用过程。工业上常用回潮率作为纤维材料的吸湿指标,其定义为纤维中水分的质量占干燥纤维质量的百分率,其算式如下:

$$W = \frac{(G_a - G_0)}{G_0} \times 100\%$$

式中:W 为纤维的回潮率;G_a 为纤维湿量;G_0 为纤维干量。

回潮率的高低对纺织品的许多性能有影响,如质量、坚牢度、保暖、抗静电、舒适性等。在涉及质量的贸易及性能检测时,常常要进行回潮率的测定,并采用公定(即人为规定的回潮率时)质量结算。虽然纺织品的吸湿性能取决于纤维的吸湿性能,但纺织品的结构状态对吸湿性也有不小的影响。

防水性(透水性)是指纺织品对液态水的沾着、吸附、传导或阻隔的性能,也可称为防雨性,常用喷淋试验、耐水压试验进行检验。

由于水分子对纤维材料的作用机理及状态不同,所以,在防水的同时还要达到透湿,这样的织物穿着时不会产生明显的闷湿感。

3. 细度

由于纤维和纱线截面的不规则,用直径表示其粗细往往不够精确和方便,所以通常不采用直径指标,而是经常采用下面的几个指标。

① 线密度:线密度指 1 000 m 长的纤维或纱线所具有的公定质量克数,物理量符号通常用 Tt 表示,单位为"特克斯(tex)",简称"特",属于表示细度的法定计量单位。如 0.3 tex 表示 1 000 m 长的纤维质量为 0.3 g。线密度值越大,说明纤维(或纱线)越粗。一般情况下,无论是纤维还是纱线,线密度值越小,其售价就越高。线密度也可以用特克斯的递进单位表示,如千特(ktex)(特的一千倍)、分特(dtex)(特的十分之一)、毫特(mtex)(特的千分之一)。

② 英制支数:英制支数是质量和长度都采用英制单位时单位质量(如 1 磅)的纤维或纱线所具有的规定长度(如 840 码)的倍数,物理量符号通常用 N_e 表示,单位为"英支",棉纱使用该单位时习惯简称为"支"。英制支数目前尚在世界某些领域(如英语区域)的贸易中有所使用,需要强调的是上述定义中的数字仅针对棉纱。

③ 公制支数:公制支数指公定质量为 1 g 的纤维或纱线所具有的长度米数,物理量符号通常用 N_m 表示,单位为"公支",简称"支"(此简称与英制支数搞混,需要注意),属历史沿用单

位,习惯用于表示毛纱的粗细。

④ 纤度:纤度指 9 000 m 长的纤维或纱线所具有的公定质量克数,物理符号通常用 N_d 表示,单位为"旦尼尔(D)",简称"旦",属于历史沿用指标,习惯用于表示蚕丝、化纤、长丝等的细度。

⑤ 马克隆值:指用马克隆气流仪测得的表示棉纤维细度和成熟度的指标,无计量单位,数值越大,纤维越粗或越成熟,通常用 M 表示。

⑥ 直径(d)与线密度(Tt)的换算关系:

$$d_f = \sqrt{\frac{4}{\pi} \times Tt_f \times \frac{10^3}{\eta}}$$

式中:d_f 为纤维的直径(μm),对于非圆形截面的纤维,计算所得则为等截面积理论直径;Tt_f 为纤维的线密度(tex);η 为纤维的密度(g/cm³)。

$$d_y = \sqrt{\frac{4}{\pi} \times Tt_y \times \frac{10^{-3}}{\delta}}$$

式中:d_y 为纱线的直径(mm);Tt_y 为纱线的线密度(tex);δ 为纱线的密度(g/cm³)。

4. 织物密度

对于机织物,织物密度指单位长度内纱线的排列根数,一般以"根/10 cm"为单位。根据纱线方向的不同,又分为经密(经纱排列密度)和纬密(纬纱排列密度)。对于针织物,织物密度指单位长度内线圈排列的列数,一般以"线圈列数/5 cm"为单位,分为横密(横向计数)和纵密(纵向计数)。织物密度的大小对织物的紧密程度、透气性、坚牢度、手感、悬垂性等的影响显著。

5. 混纺比

混纺比一般指纱线中各个纤维组分的干量百分比。混纺的目的是为了改善性能或多特性复合,如涤纶与棉纤维混纺,是涤纶的高强度与棉的良好吸湿性的结合。

6. 色牢度

色牢度是指纺织品上的颜色,在经受日晒、水洗、皂洗、干洗、汗渍、唾液、摩擦、熨烫、汽蒸、沸煮、海水、化学试剂(如酸、碱、盐、有机溶剂)等作用以后,仍然保持不褪色、不变色的一种耐久能力。色牢度的好坏不但影响织物外观,更重要的是它直接涉及人体的健康安全,而且导致不同颜色的衣物在同浴洗涤时产生沾色或染污的状况。

7. 免烫性(洗可穿性)

免烫性是指纺织品洗涤之后不熨烫或稍加熨烫,即可保持平挺状态的性能,测定方法主要有拧绞法、落水变形法、洗衣机法(可机洗),用等级表示耐洗程度,五级最好,一级最差。纺织品的许多服用性能都采用评级的办法进行评价,如起毛、起球、钩丝、色牢度等,级数值越高,性能越好。

8. 保暖率

保暖率是描述织物保暖性能的指标之一,是采用恒温原理的保暖仪测得的指标,是指无试样时的散热量和有试样时的散热量之差与无试样时的散热量之比的百分率,该数值越大,说明该织物的保暖能力越强。新的国家标准将保暖率在 30% 以上的内衣称之为保暖内衣,但需要说明的是,保暖率的高低不是评价保暖内衣的唯一指标。

9. 色织

色织是先对纱线进行染色,然后使用有色纱线按一定的排列规则进行织布的工艺,其制品称为色织物。它不同于印染,"印"指的是印花,即在布面根据花型进行染色,图案丰富多彩;"染"指的是染色,即将整匹布染成一种单一颜色。

10. 交织

交织是指经纬向使用不同纤维组分的纱线或长丝织造织物的工艺,其制品称为交织物。它不同于混纺织物,混纺织物是指在纺纱过程中将两种或两种以上的不同纤维混合在一起纺制成纱——混纺纱,然后用混纺纱织造的织物。

五、不同用途的纺织品对纤维性能的要求

不同用途的纺织品对纤维有不同的性能要求(表1),所以应根据纺织品用途选择合适的纤维。纺织纤维对纺织品的影响有三个方面:一是对纺织品的使用性能(强度、耐磨性、耐化学品性等)起决定性作用;二是影响纺织品审美特性(外观风格)的主要因素;三是影响纺织品经济性(成本、加工费用)的重要因素。

表1 不同用途的纺织品对纤维性能的要求

纺织品	纤维性能
普通衣料	弹伸性、弹性、尺寸稳定性、吸湿性、拒水性、透气性、保暖性、隔热性、抗静电性、阻燃性、抗菌性、防虫性、消防安全性
特殊衣料	耐光性、耐气候性、耐热性、耐磨性、防水性、防火性、高强度、防辐射性、高模量
装饰用品	阻燃性、隔热性、隔音性、抗静电性、防霉抗菌性、耐磨性
产业用品	高强力、高模量、耐高温、耐腐蚀性、耐冲击性、超吸水性、高隔热性、高分离性、轻量化、耐老化性、抗疲劳性
医疗用品	生物体适应性、生物吸湿或分解性、渗透性和选择性
军工用品	耐热性、防火性、耐磨性、通透性、轻量化、防辐射性、耐气候性、耐化学稳定性

六、纤维品质与产品性能的关系

纤维品质与纺织产品的使用性能、审美特性和经济性之间存在非常密切的关系,具体见表2。

表2 纤维品质与产品性能的关系

纤维品质	纺织产品性能	纤维品质	纺织产品性能
细度	厚度、刚柔性、弹性、抗皱性、透气性、起毛起球性	初始模量	弹性、尺寸稳定性
截面形状	光泽、覆盖性、保暖性、起毛起球性、手感	吸湿性	吸湿透湿性、尺寸稳定性
长度	厚度、起毛起球性等	电性能	吸污性、起毛起球性
卷曲性	质量、光泽、弹性、保暖性、透气性	热性能	保暖性、燃烧性
密度	质量、覆盖性	染色性	颜色、组成图案的可能性
强度	强度、起毛起球性、耐用性	—	—

第二节　纺织材料检测基础知识

纺织原料性能是制定工艺参数的依据,以达到合理使用原料的目的;纺织工艺是产生纺织品结构的手段,根据人们的需要,生产不同结构的产品,使之具有不同的性能。这种关系是可逆的,可根据原料性能采用不同的工艺,开发新用途;也可根据产品用途的要求,设计不同规格的产品,再选取原料,或制造新原料。

原料与产品的性能指标如何评定? 只有通过检测,即采用一定的测试手段和方法,使用一定的仪器,取得所需要的指标,进而做出评判。在贸易经商、制定工艺、考核质量、科学研究、质量分析与控制等活动中都需要进行检测,根据指标和标准(企业标准、行业标准、国家标准及国际标准等)衡量产品性能和质量的优劣。检测是一项基础性活动,要使此项活动有意义、有可比性、有公正力,须以标准化为前提。

一、基本概念

1. 检验

检验是对产品的一个或多个特性进行测量、检查、试验及计量,并将其结果与规定的要求进行比较,以确定每项特性的合格情况所进行的活动。

2. 测量

测量是按照某种规律,用数据来描述观察到的现象,即对事物做出量化描述。

3. 计量

计量是实现单位统一、量值准确可靠的活动。

4. 检测

检测是按规定程序确定一种或多种特性或技能的技术操作。

二、试验条件和试样准备

(一)试样条件

一般情况下,纺织材料的性能随测试环境变化而变化。为了使纺织材料在不同时间、不同地点测得的结果具有可比性,必须统一规定试验用标准大气状态。标准大气状态是相对湿度和温度受到控制的环境,纺织材料在此环境温度和相对湿度下进行调湿和试验。

关于标准大气状态的规定,国际上是一致的,而允许的误差,各国略有不同。GB/T 6529《纺织品　调湿和试验用标准大气》对试验用标准大气状态规定见表3。

表3　标准大气状态

级　别	标准温度(℃)		标准相对湿度(%)	备　注
	温带	热带		
一	20±1	27±2	65±2	用于仲裁检验
二	20±2	27±3	65±3	用于常规检验
三	20±3	27±5	65±5	用于要求不高的检验

根据 GB/T 13776 的规定,若在非标准温湿度条件下进行测试,需要采用修正系数对试验结果进行修正。

(二) 试样准备

1. 调湿

纺织品在进行各项性能测试前,应在标准大气状态下放置一定的时间,使其达到吸湿平衡,这样的处理过程称为调湿。在调湿期间,应注意使空气畅通地流过待测试的试样。调湿的目的是消除吸湿对纺织品性能的影响。调湿的时间,一般天然纤维及制品为 24 h 以上,合成纤维及制品为 4 h 以上。

调湿时,必须注意调湿过程不能间断,若被迫间断,则必须重新按规定调湿。

2. 预调湿(即干燥)

为了保证在调湿期间试样由吸湿状态达到平衡,对于含水率较高和回潮率影响较大的试样,需先经预调湿。所谓预调湿就是将试样放置在相对湿度为 10.0%~25.0%、温度不超过 50.0℃的大气中使其放湿,一般每隔 2 h 称量一次,质量变化率不高于 0.5% 即可,或预调湿 4 h 便可达到要求。预调湿时应注意,有些纺织品的表面含有树脂、表面活性剂、浆料等,应该先进行预处理,再进行预调湿和调湿。

三、纺织材料抽样

纺织材料的抽样是按照标准或协议规定,从生产厂或仓库的一批同质产品中抽取一定数量有代表性的单位产品作为测试、分析和评定该批产品质量的样本的过程。抽样的目的在于用尽可能小的样本所反映的质量状况来统计并推断整批产品的质量水平。

(一) 抽样方法

抽样的方法不同,样本的代表性会有差异,常用的抽样方法有四种,即随机抽样、等距抽样、代表性抽样、阶段性抽样。纺织材料常采用随机抽样。抽样数量可根据协议规定或相关标准确定。

1. 随机抽样

从总体中抽取若干个样品,使总体中每个单位产品被抽到的机会相等,这种取样就称为随机抽样,也称为简单随机抽样。

2. 等距取样

先将总体中各单位产品按一定顺序排列,然后按相等的距离抽取。样品较均匀地分配在总体之中,使子样具有良好的代表性。

3. 代表性取样

利用统计分组法,将总体划分为若干个具有代表性的组,然后用随机取样或等距取样从各组中分别取样,再将各子样合并成一个子样。

4. 阶段性随机取样

从总体中取出一部分子样,再从这部分子样中抽取试样。

从一批货物中取得试样可分为三个阶段,即批样、样品、试样。

① 批样:从待检验的整批货物中取得一定数量的包数(或箱数)。

② 样品:用适当方法将批样缩小成实验室用的样品。

③ 试样:从实验室样品中,按一定的方法抽取进行各项物理机械性能、化学性能测试的样品。

（二）织物的取样

纺织品检测通常带有破坏性，所以不能进行全检。本教程所关注的是实验室样品和试样的制备。

1. 实验室样品的制备

① 整幅宽；

② 至少 0.5 m 长；

③ 离布端 2 m 以上；

④ 应避开折痕、疵点。

2. 试样的制备

① 试样距布边至少 150 mm；

② 剪取试样的长度方向应平行于织物的经向或纬向；

③ 每份试样不应包括相同的经纱或纬纱；

④ 为保证试样的尺寸精度，样品经调湿平衡后才能剪取试样。

四、数据采集

（一）数据的正常采集

由于纺织品检测涉及大量的数据，所以只有正确地采集数据和合理地处理数据，才能保证得到准确的结果。数据处理的基本原则是全面合理地反映测量的实际情况。

1. 按标准规定进行采集

在检测中，首先要认真解读标准，按标准要求进行操作，具体如下：

① 织物断裂强力，如果试样在钳口 5 mm 以内断裂，则作为钳口断裂，数据采集按标准处理。

② 数值采集的时间，如厚度、弹性等，应按规定时间读取数据。

③ 测量的精确度，如精确到 1 mm、精确到 10 N、精确到一位小数等。

④ 纤维含量（化学分析法），两个试样的测试结果的绝对误差大于 1％时，应进行第三个的试样的试验，测试结果取三次试验的平均值。

⑤ 纤维含油量，两个平行试样的差异超过平均值的 20％时，应进行第三个试样的试验，测试结果取三次试验的平均值。

⑥ 撕破强力，如取最大值、5 峰值、12 峰值、中位值及积分值等。

2. 使用正确的方法进行采集

① 读取滴定管或移液管的液面读数时，试验员的视线应与凹液面成水平。

② 在指针式仪表上读取数值时，试验员的视线应与指针正对平视。

③ 在评级时（色牢度、色差、起球、外观、纱线条干及平整度等），试验员眼睛的观察位置应参照相应标准的规定。

④ 读取数值的时间，待仪器精度调整之后读取。

⑤ 读取数值的精度，在一般情况下，应读到比最小分度值多一位；若读数在最小分度值上，则后面应加一个零。

（二）异常值的处理

在进行实际测试后，所得数据中，可能有个别数据比其他数据明显偏大或偏小，这样的数据被称为异常值。处理异常值的方法一般有以下几种：

① 异常值保留在样本中，参加之后的数据分析。

② 允许剔除异常值，即把异常值从样本中排除。

③ 允许剔除异常值，并追加适宜的测试值。

④ 找到异常值的产生原因后进行修正。

异常值的出现有两种原因，一种是被测总体固有的随机变异性的极端表现，属于总体的一部分；另一种是由于测试条件和方法的偏离或由观测、计算、记录失误造成，不属于总体。所以，处理异常值时，先要寻找异常值产生的原因，如确定为第二种情况，应舍弃或修正；如为第一种原因造成的异常值，就不能简单地舍弃，可以用统计方法进行处理，详见 GB/T 6379《测量方法与结果的准确度》(等同于 ISO 5725)。

五、数值修约

数值修约是通过省略原数值最后的若干位数字，调整所保留的末位数字，使最后所得到的值最接近原数值的过程。

在许多检验方法标准中，对试验结果的修约位数都有要求。比如，织物强力检验，计算结果 10 N 及以下，修约至 0.1 N；大于 10 N 且小于 1 000 N，修约至 1 N；1 000 N 以上，修约至 10N。因此，数值修约首先应根据标准对最终结果的要求，然后根据数值修约规则进行。

"4 舍 5 入"法是日常生活中常用的数值修约方法，简洁易懂，但是其进舍不平衡，结果往往使误差增大。为了更科学地修约数值，我国制定了 GB/T 8170《数值修约规则与极限数值的表示和判定》，该标准可用一句简单的话进行概括："4 舍 6 入 5 考虑，奇进偶不进。"

① 拟舍弃的数字的最左边的一位数字小于 5 时，则舍去，即保留的各位数字不变。比如，将 12.149 8 修约到一位小数，得 12.1。

② 拟舍弃的数字的最左边的一位数字大于 5 或者为 5，而其后跟有并非全部为 0 的数字时，则进 1，即保留的末位数字加 1。

③ 拟舍弃的数字的最左边的一位数字为 5，其右边无数字或皆为 0 时，所保留的末位数字若为奇数(1，3，5，7，9)则进 1，若为偶数(2，4，6，8，0)则舍去。

④ 负数修约时，先对它的绝对值即按正数进行修约，然后在修约值前加上负号。

⑤ 拟修约数字应在确定修约位数后进行一次修约获得结果，不得连续修约。

六、纺织标准

标准是对重复性事物和概念所做的统一规定，以科学技术和实践经验的综合成果为基础，经有关方面协商一致，由主管机构批准，以特定形式发布，作为共同遵守的准则和依据。纺织标准是以纺织科学技术和纺织生产实践的综合成果为基础，经有关方面协商一致，由主管机构批准，以特定形式发布，作为纺织品生产和流通领域共同遵守的准则和依据。

(一)纺织标准的构成及编制

以产品标准为例，纺织标准的构成及编制方法如表 4 所示。

11

表 4　纺织标准的构成及编制方法（产品标准）

组成部分		要　素
概述部分		封面和首页 目次 前言 引言
标准的	一般部分	标准名称 范围 引用标准
	技术部分	定义 符号和缩略语 要求 抽样 试验方法 分类与命名 标志、标签、包装 标准的附录
补充部分		提示的附录 脚注

（二）纺织标准的种类

纺织标准大多为技术标准，按其内容可分为纺织基础标准和纺织产品标准。

纺织基础标准包括基础性技术标准（如各类纺织品的名词术语、图形、符号、代号及通用性法则等）和检测方法标准。

纺织检测方法标准是对各种纺织产品的结构、性能、质量的检测方法所做的统一规定，具体内容包括检测的类别、原样、取样、操作步骤、数据分析、结果计算、评定及复验规则等，对使用的仪器、设备及试验条件（包括试验参数和试验用大气条件）也做了规定。对各种纺织检测方法，一般单独列为一项标准，有时（少数）会列入纺织产品标准的检验方法中。

纺织产品标准是对纺织产品的品种、规格、技术要求、评定规则、试验方法、检测规则、包装、储藏、运输等所做的统一规定，是纺织生产、检验、验收、商贸交易的技术依据。

（三）纺织标准的表现形式

纺织标准按其表现形式可分为两种，一种是仅以文件形式表达的标准，即"标准文件"；另一种是以实物标准为主，并附有文字说明的标准，即"标准样品"，简称"标样"。标样由指定机构按一定技术要求制作成"实物样品"或"样照"，如棉花分级标样、棉纱黑板条干样照、织物起毛起球样照、色牢度评定用变色和沾色分级卡等。这些"实物样品"和"样照"是检验纤维及其制品外观质量的重要依据。

随着测试技术的进步，某些采用目光检验对照"标样"评定其优劣的方法，逐渐向先进的计算机视觉检验方法发展。

（四）纺织标准的执行方式

纺织标准按执行方式分为强制性标准和推荐性标准。强制性标准必须严格强制执行，违反强制性标准的，由法律、行政法规规定的行政主管部门或工商行政管理部门依法处理。而推荐性标准没有规定强制执行，是有关各方自愿采用的标准。但现行的国家或行业标准，不管是强制性的，还是推荐性的，一般都等同或等效采用国际标准，具有国际先进性和科学性。积极采用推荐性标准,有利于提高纺织产品质量,增强产品的市场竞争力。

(五)纺织标准的级别

按照纺织标准制定和发布机构的级别、适用范围,可分为国际标准、区域标准、国家标准、行业标准、地方标准和企业标准。

1. 国际标准

国际标准是由众多具有共同利益的独立主权国组成的世界标准化组织,通过有组织的合作与协商所制定、通过并公开发布的标准。国际标准的制定者是一些在国际上得到公认的标准化组织,最大的国际标准化团体有 ISO(国际标准化组织)和 IEC(国际电工委员会),与纺织生产关系密切的有 IWTO(国际毛纺织协会)和 BISFA(国际化学纤维标准化局)等。

2. 区域标准

区域标准是由区域性国家集团或标准化团体,为其共同利益而制定、发布的标准。相关机构包括 CEN(欧洲标准化委员会)、CENEL(欧洲电工标准化委员会)、CCPANT(泛美标准化委员会)、PASC(太平洋区域标准大会)、ASAC(亚洲标准化咨询委员会)等。有些区域标准在使用过程中逐步变为国际标准。

3. 国家标准

国家标准是由合法的国家标准化组织,经过法定程序制定、发布的标准,在该国范围内适用,如 GB(中国国家标准)、ASTM(美国国家标准)、JIS(日本工业标准)等。

4. 行业标准

行业标准是由行业标准化组织制定,由国家主管部门批准、发布的标准,适用于全国纺织工业的各个专业。对于某些需要制定国家标准,但条件尚不具备的,可先制定行业标准,等条件成熟再制定国家标准。

5. 地方标准

地方标准是由地方(省、自治区、直辖市)标准化组织制定、发布的标准,仅在该地方范围内使用。若没有相应的国家或行业标准,但需要在地方范围内统一,特别是涉及安全卫生要求的纺织产品,宜制定地方标准。

6. 企业标准

企业标准是指由企业自行制定、审批和发布的标准,仅适用于企业内部。企业的产品标准必须报当地政府标准化主管部门备案。

对于已有国家或行业标准的纺织产品,企业制定的标准应严于相应的国家或行业标准;对于没有国家或行业标准的纺织产品,企业也应制定有关标准,作为指导生产的依据。但企业标准不能直接作为合法的交货依据,只有经供需双方协商一致,并将有关内容在合同中体现,企业标准才可作为交货依据。

(六)纺织标准的制定与修订

科学技术的进步使纺织测试仪器、测试手段和方法不断更新,纺织工业的发展使纺织新产品不断推向市场,作为纺织标准,应及时反映这些变化信息,及时制定与国际标准、国外先进标准接轨的新标准。同时,需对现行标准进行定期复审,以确认现行纺织标准继续有效,或需修订,或应废止。一般纺织技术标准的复审时间为 3~5 年。

第三节　纺织材料检验测试的一般程序

为了培养学生良好的检验测试能力,在学生实际操作训练时,应做好实验前、实验中、实验后三个阶段的有关工作。

一、实验前阶段

① 预习是做好实验的首要工作,需在认真听课和复习的基础上,认真阅读有关实验教材,明确此项实训的目的、任务、有关原理、操作步骤与注意事项,做到心中有数。

② 准备好实训用纸、笔,以便实训时及时、准确地做好原始记录。

二、实验阶段

① 实验前通常要对实验仪器进行调试,以减少误差。

② 首先应熟悉实训的目的、原理和操作步骤,再动手实验。

③ 实验中应严格遵守操作规程并重视注意事项。在使用不熟悉其性能的仪器和药品之前,需请教指导教师或查阅资料,不要随意进行实验,以免发生意外事故。

④ 在进行每一步操作时,要理解每一项操作的目的与作用,应得出怎样的现象等,并细心观察,随时把必要的数据和现象清楚、准确地记录下来,以备分析。

⑤ 实验中要保持实验室安静、整齐、清洁。

⑥ 实验完毕需清理仪器,该洗涤的及时洗涤,该放置的按要求各归其位,该关闭的电源、水阀和气路应及时切断或关闭,离开时确保实验室处于安全、整洁状态。

⑦ 对实验所得数据和结果进行整理、计算和分析。

三、实验后阶段

① 认真完成实验报告,总结实验中的经验教训,准确回答思考题。

② 写实验报告时,应注意记录、计算必须准确、简明、清晰、易懂。每次实验所得数据和结果,请指导教师审阅后,再进行计算,养成科学、实事求是的实验观。

模块一

纺织纤维的结构和性能检测

纺织纤维是纺织工程的基础原料,纤维的结构和性能与纺纱工艺、织造工艺、染整工艺及纺织品的质量和使用性能的关系密切。通过纤维的结构和性能的检测,掌握纤维原料的基本性能,对于优化纺、织、染各道工序的工艺设计以及新产品的开发都很重要。通过本模块的实训,使学生学会鉴别纺织纤维的方法、纤维形态的检测技术以及纤维物理机械等性能的测试方法。

任务一　纺织纤维的认识与鉴别

纤维鉴别有定性和定量两种,定性鉴别是确定纤维的种类,定量鉴别是确定纤维的比例。各种纺织纤维的外观形态或内在性质有相似的地方,也有不同之处。纤维鉴别就是利用纤维的外观形态或内在性质的差异,采用各种方法把它们区分开来。不同种类的天然纤维的形态差别较为明显,而同一种类纤维的形态基本一致。因此,天然纤维的鉴别主要根据纤维的外观形态特征。许多化学纤维特别是常规合成纤维的外观形态基本相似,其截面多数为圆形。但随着异形纤维的发展,同一种类的化学纤维可制成不同的截面形态,这就很难从形态特征上分清纤维类别,因而必须结合其他方法进行鉴别。由于各种化学纤维的物质组成和结构不同,它们的物理、化学性质的差别很大,因此,化学纤维主要根据纤维物理和化学性质的差异进行鉴别。

鉴别纤维的方法有显微镜观察法、燃烧法、溶解法、药品着色法、熔点法、密度法及双折射法等。此外,也可根据纤维的分子结构进行鉴别,可采用 X 射线衍射法及红外吸收光谱法等。在实际鉴别时,常常需采用多种方法,综合分析和研究后得出结果,鉴别步骤如下:

① 首先用燃烧法鉴别出天然纤维和化学纤维。

② 如果是天然纤维,则用显微镜观察法鉴别;如果是化学纤维,则结合纤维的熔点、密度、折射率、溶解性能等方面的差异逐一鉴别。

③ 在鉴别混合纤维和混纺纱时,可先用显微镜观察试样中含有几种纤维,再用适当的方法逐一鉴别。

④ 对于经过染色或整理的纤维,一般先进行染色剥离或其他适当的预处理,以保证鉴别结果可靠。

实训一　纺织材料切片制作

一、实训目的与要求

(1) 熟悉制作切片所用仪器的结构。

(2) 会使用纤维切片器制作各种纺织纤维切片。

(3) 能在普通生物显微镜下观察各种纤维的截面形态特征。

二、仪器、用具与试样

Y172 型纤维切片器、生物显微镜以及棉、羊毛、苎麻、蚕丝、黏胶纤维、涤纶、锦纶、腈纶、维纶等纺织纤维和单面或双面刀片、载玻片、盖玻片、火棉胶、甘油、擦镜头纸等。

三、基本原理

切片在纺织材料检测中是一项被广泛应用的试验技术。在原料和产品检验方面,常根据纤维纵向和截面的形态特征,并结合物理、化学性质进行鉴别和质量分析。在科研方面,如研究异形纤维的截面形态及其结构特征、染料在纤维内的渗透扩散程度、浆料在纱线上的包覆情况、混纺纱中不同纤维分布与转移特征以及纱线和织物的几何结构形态等,都需采用切片,并将切片放在显微镜下观察,必要时用摄影记录,以利于分析、研究。

切片的厚度需薄而均匀,原则上将纤维切成小于或等于纤维横向尺寸(纤维直径或宽度)的厚度,以免纤维倒伏。通常使用的切片方法有哈氏切片法和手摇切片法等。哈氏切片法是采用 Y172 型纤维切片器(或简称哈氏切片器)将纤维或纱线切成薄片的方法。

四、操作步骤

Y172 型纤维切片器的结构如图 1-1-1 所示,有两块金属板,金属板 1 上有凸舌,金属板 2 上有凹槽,两块金属板啮合,凹槽和凸舌之间留有一定的空隙,试样放在空隙中,空隙的正上方有与空隙大小相一致的小推杆,用螺杆控制推杆的位置。切片时,转动精密螺丝,将纤维从金属板的另一面推出,推出距离(即切片厚度)由精密螺丝控制。制作切片的步骤如下:

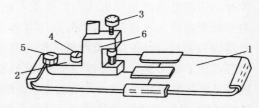

图 1-1-1　Y172 型纤维切片器

1—金属板(凸槽)　2—金属板(凹槽)
3—精密螺丝　4—螺丝　5—销子　6—螺座

① 取 Y172 型纤维切片器,松开螺丝,取下销子,将螺座转到与金属板 2 垂直的位置(或取下),抽出金属板 1。

② 取一束纤维,用手扯法整理平直,把一定量的纤维放入金属板 2 的凹槽中,将金属板 1 插入,压紧纤维,纤维数量以轻拉纤维束时稍有移动为宜。对有些细而柔软的纤维或异形纤维,为使切片中纤维适当分散、保形性好,可在纤维束中加入少量 3% 火棉胶,使其充分渗透至各根纤维间,再压紧纤维。

③ 用锋利刀片切去露在金属板正反面外的纤维。

④ 将螺座转向工作位置,销子定位,旋紧螺丝(此时精密螺丝的下端推杆应对准纤维束上方)。

⑤ 旋转精密螺丝,使纤维束稍伸出金属板表面,然后在露出的纤维上涂上一层薄薄的火棉胶。

⑥ 待火棉胶干燥后,用锋利刀片沿金属板表面切下第一片试样(由于第一片的厚度无法控制,一般舍去不用),然后由精密螺丝控制切片厚度,重复进行数次切片,从中选择符合要求的作为正式试样。在切片时,刀片和金属板间的夹角要小,并保持角度不变,使切片厚薄均匀。

⑦ 把切片放在滴有甘油的载玻片上,盖上盖玻片,即可放在显微镜下观察。

⑧ 为了制作永久封固切片,可在载玻片上涂一层蛋白甘油,把切片放在上面,再用乙醚冲去纤维上的火棉胶,然后将树胶溶液滴在试样上,盖上盖玻片,轻轻加压,使树胶溶液铺开且不存留气泡。

制作切片时,羊毛纤维较易切取,而细的合成纤维和纱线较为困难,因此可将难切的试样包在羊毛纤维中再进行切片,这样就能得到较好的切片。

采用 Y172 型纤维切片器,可切成厚度为 $10\sim30~\mu m$ 的切片,能满足各种纤维和纱线的测试要求,但不能获得更薄的切片,并且由于纤维在切片之前受到较大挤压而容易变形,使测试结果受到影响。但这种方法简便快速,所以被广泛采用。

五、思考题

为了获得好的切片,操作时需要注意哪些问题?

实训二　显微镜认识各种纺织纤维

一、实训目的与要求

(1) 能使用显微镜认识各种纺织纤维。

(2) 能根据实验结果填写实训报告。

(3) 熟悉 FZ/T 01057.3《纺织纤维鉴别试验方法　第 3 部分:显微镜法》等标准。

二、仪器、用具与试样

普通生物显微镜以及棉、羊毛、蚕丝、苎麻、黏胶纤维、涤纶、锦纶等常见纺织纤维的切片若干。

三、基本原理

根据不同纤维(尤其是天然纤维或有明显形态特征的化学纤维)的外观形态不同,利用显微镜放大原理,观察各种纤维的纵向和截面形状,或配合染色等方法,有效地区分纺织纤维种类。

显微镜法是通过显微镜观察纤维形态特征来区分各种纺织纤维,但无法识别形态特征相同或相似的纤维。因此,显微镜法适合于鉴别单一成分且有特殊形态结构的纤维,也可用于鉴别多种形态不同的纤维混合而成的混纺产品。

　　各种纤维的纵横向形态特征见表 1-2-1,常见纤维在显微镜下的横截面和纵向形态如图 1-2-1 至图 1-2-27 所示。

表 1-2-1　各种纤维的纵横向形态特征

纤维名称	纵向形态特征	横截面形态特征
棉	扁平带状,稍有天然转曲	有中腔,呈不规则腰圆形
丝光棉	近似圆柱状,有光泽和缝隙	有中腔,近似圆形或不规则腰圆形
苎麻	纤维较粗,有长形条纹及竹状横节	腰圆形,有中腔,胞壁有裂纹
亚麻	纤维较细,有竹状横节	多边形,有中腔
汉麻(大麻)	纤维形态及直径差异很大,横节不明显	多边形、扁圆形、腰圆形等,有中腔
罗布麻	有光泽,横节不明显	多边形、腰圆形等
黄麻	有长形条纹,横节不明显	多边形,有中腔
竹纤维	纤维粗细不匀,有长形条纹及竹状横节	腰圆形,有中腔
桑蚕丝	有光泽,纤维直径及形态有差异	不规则三角形或多边形,角是圆的
柞蚕丝	扁平带状,有微细条纹	细长三角形,内部有毛细孔
羊毛	表面粗糙,鳞片大多呈环状或瓦状	圆形或近似圆形(椭圆形)
白羊绒	表面光滑,鳞片较薄且包覆较完整,鳞片大多呈环状,边缘光滑,间距较大,张角较小	圆形或近似圆形
紫羊绒	除具有白羊绒的形态特征外,有色斑	圆形或近似圆形,有色斑
兔毛	鳞片较小,与纤维纵向呈倾斜状,髓腔有单列、双列和多列	圆形、近似圆形或不规则四边形,有毛髓,有一个中腔;粗毛为腰圆形,有多个中腔
羊驼毛	鳞片有光泽,有些有通体或间断髓腔	圆形或近似圆形,有髓腔
马海毛	鳞片较大有光泽,直径较粗,有的有斑痕	圆形或近似圆形,有的有髓腔
驼绒	鳞片与纤维纵向呈倾斜状,有色斑	圆形或近似圆形,有色斑
牦牛绒	表面有光泽,鳞片较薄,有条纹及褐色色斑	椭圆形或近似圆形,有色斑
黏胶	表面平滑,有清晰条纹	锯齿形,有皮芯结构
富强纤维	表面平滑	较少锯齿,圆形、椭圆形
莫代尔纤维	表面平滑,有沟槽	哑铃形
莱赛尔纤维	表面平滑,有光泽	圆形或近似圆形
铜氨纤维	表面平滑,有光泽	圆形或近似圆形
醋酯纤维	表面平滑,有沟槽	三叶形或不规则锯齿形
牛奶蛋白改性聚丙烯腈纤维	表面平滑,有沟槽或微细条纹	圆形
大豆蛋白纤维	扁平带状,有沟槽或疤痕	腰子形(或哑铃形)
聚乳酸纤维	表面平滑,有的有小黑点	圆形或近似圆形
涤纶	表面平滑,有的有小黑点	圆形或近似圆形及各种异形截面
腈纶	表面平滑,有沟槽或条纹	圆形、哑铃形或叶状
变性腈纶	表面有条纹	不规则哑铃形、蚕茧形、土豆形等

（续　表）

纤维名称	纵向形态特征	横截面形态特征
锦纶	表面平滑,有的有小黑点	圆形或近似圆形及各种异形截面
维纶	扁平带状,有沟槽或疤痕	腰子形(或哑铃形)
氯纶	表面平滑	圆形、蚕茧形
偏氯纶	表面平滑	圆形或近似圆形及各种异形截面
氨纶	表面平滑,有些呈骨形条纹	圆形或近似圆形
芳纶 1414	表面平滑,有的带疤痕	圆形或近似圆形
乙纶	表面平滑,有的带疤痕	圆形或近似圆形
丙纶	表面平滑,有的带疤痕	圆形或近似圆形
聚四氟乙烯纤维	表面平滑	长方形
碳纤维	黑而匀的长杆状	不规则碳末状
金属纤维	边线不直,黑色长杆状	不规则长方形或圆形
石棉	粗细不匀	不均匀的灰黑糊状
玻璃纤维	表面平滑,透明	透明圆球形
酚醛纤维	表面有条纹,类似中腔	马蹄形
聚砜酰胺纤维	表面似树叶状	似土豆形
复合纤维	—	一根纤维由两种高聚物组成,其截面呈皮芯型、双边型或海岛型等
中空纤维	—	根据需要可制成单孔、四孔、七孔或九孔等
异形纤维	—	可根据需要制成各种异形截面,如三角形、扁平形、哑铃形、L形等

图 1-2-1　棉纤维

图 1-2-2　丝光棉

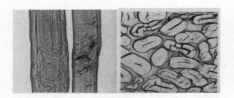

图 1-2-3　苎麻

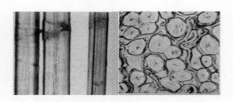

图 1-2-4　亚麻

图 1-2-5　黄麻

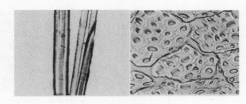

图 1-2-6　洋麻

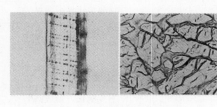

图 1-2-7　汉麻(大麻)

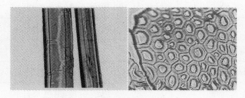

图 1-2-8　焦麻

图 1-2-9　剑麻

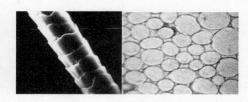

图 1-2-10　羊毛

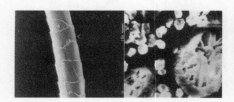

图 1-2-11　山羊绒(毛)

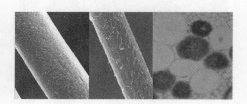

图 1-2-12　牦牛毛(绒)

图 1-2-13　兔毛

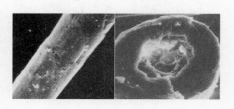

图 1-2-14　骆驼毛

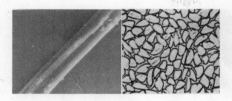

图 1-2-15　桑蚕丝

图 1-2-16　柞蚕丝

图 1-2-17　黏胶

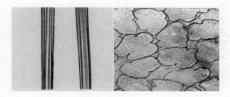

图 1-2-18　醋酯

图 1-2-19　可卷曲与不可卷曲 Lycell 纤维

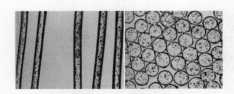

图 1-2-20　涤纶

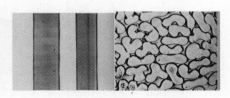

图 1-2-21　腈纶

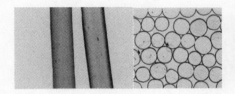

图 1-2-22　涤/锦复合纤维

图 1-2-23　部分导电纤维

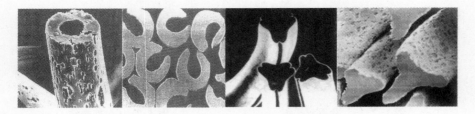

图 1-2-24 中空微孔纤维(扫描电镜照片)

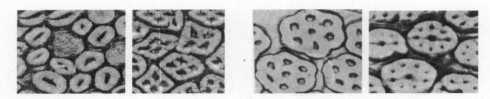

图 1-2-25 中空纤维

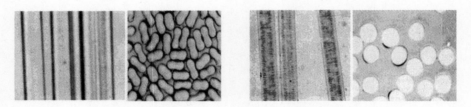

图 1-2-26 芳纶短纤及长丝

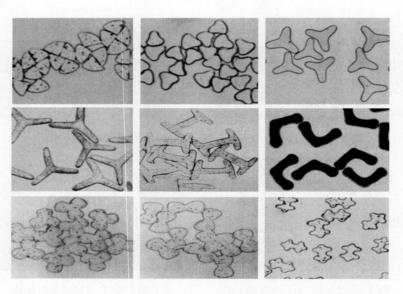

图 1-2-27 异形化纤

四、操作步骤

① 试样准备（观察纤维纵向特征）。取试样一小束，用手扯法整理平直，用右手拇指和食指夹取 20～30 根纤维，将夹取端的纤维按在载玻片上，用左手覆上盖玻片，并抽取多余的纤维，使附在玻片上的纤维保持平直。在盖玻片的两对顶角位置各滴一滴蒸馏水，使盖玻片黏着并增加视野的清晰度。

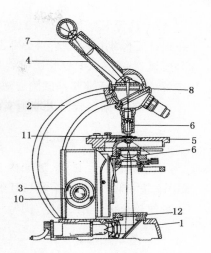

图1-2-28 显微镜结构图

1—底座 2—镜臂 3—粗调装置
4—镜筒 5—载物台 6—集光器
7—目镜 8—物镜 9—物镜转换器
10—微调装置 11—移动装置
12—光阑

② 调节显微镜。识别显微镜（图1-2-28）各主要部件的位置，并调好镜臂、光阑。选择适当倍数的目镜放在镜筒上，将低倍物镜转至镜筒中心线，以便调焦。旋转粗调装置，将镜筒放至最低位置，注意使物镜不触及盖玻片。从目镜下视，旋转粗调装置，缓慢升起镜筒，至观察到试样像后再调节微调装置，使试样成像清晰。

③ 观察纤维。显微镜调节完毕后，可在目镜中观察各种纤维的纵向形态和截面形态，用笔将纤维形态描绘在纸上，并以文字说明纤维的形态特征。实验完毕，将显微镜揩拭干净，并将镜臂恢复垂直位置，镜筒降至最低位置。

五、注意事项

① 必须先把镜筒放至最低位置，再转动粗调装置，使物镜逐渐上升，并找到物像，以保护物镜。

② 揩盖玻片时，需将其放在载玻片上，不可握在手中揩拭，以免揩碎。

③ 观察时，两眼同时睁开，一眼观察，一眼照顾绘图，可两眼轮流使用，以调节眼睛的疲劳。

六、实训报告

描绘纤维的纵向和横截面形态。

七、思考题

（1）棉和苎麻的截面形态是否一样？说明其各自的形态特征。

（2）操作显微镜时应注意哪些事项？实验中有何体会？

实训三 纺织纤维的鉴别

一、实训目的与要求

（1）通过实训，了解各类纤维的燃烧特征、溶解性能及着色性能，掌握鉴别纤维的几种常用方法，并能综合运用各种方法鉴别未知纤维及其制品的成分。

（2）熟悉 FZ/T 01057.1《纺织纤维鉴别试验方法　第1部分：通用说明》、FZ/T 01057.2《纺织纤维鉴别试验方法　第2部分：燃烧法》、FZ/T 01057.3《纺织纤维鉴别试验方法　第3部分：显微镜法》、FZ/T 01057.4《纺织纤维鉴别试验方法　第4部分：溶解法》和 FZ/T 01057.5《纺织纤维鉴别试验方法　着色试验方法》等标准。

（3）能根据实验结果填写实训报告。

二、仪器、用具与试样

酒精灯、镊子、试管、玻璃棒、烧杯（500 mL、50 mL）、电炉以及盐酸、硫酸、氢氧化钠、二甲基甲酰胺、碘—碘化钾溶液、HI纤维鉴别着色剂和纤维素纤维（棉、麻、黏胶）、蛋白质纤维（羊毛、蚕丝）、合成纤维（涤纶、锦纶、腈纶等）若干（标上编号）。

三、基本原理

鉴别纺织纤维的常用方法有手感目测法、燃烧法、显微镜观察法、化学溶解法、药品着色法等。

1. 手感目测法

手感目测法是指通过眼看、手摸、耳听来鉴别纤维的一种方法。其原理是根据各种纤维的外观形态、颜色、光泽、长短、粗细、强力、弹性、手感和含杂等情况，依靠人的感觉器官来定性地鉴别纺织纤维。此法适用于鉴别呈散纤维状态的单一品种的纺织原料，特别适合于鉴别各类天然纤维。这是最简单、快捷且成本最低的纤维鉴别方法，不受场地和资源条件的影响，但需要检验者有一定的实际经验。

各种纺织纤维的感官特征可参见表1-3-1。

表 1-3-1　各种纺织纤维的感官特征

纤维种类		感 官 特 征
天然纤维	棉	纤维短而细，有天然转曲，无光泽，有棉结和杂质，手感柔软，弹性较差，湿水后的强度高于干燥时的强度，伸长度较小
	麻	纤维较粗硬，常因存在胶质而呈小束状（非单纤维状），纤维比棉长，但比羊毛短，长度差异大于棉，略有天然丝状光泽，纤维较平直，弹性较差，伸长度较小
	羊毛	纤维长度较棉和麻长，有明显的天然卷曲，光泽柔和，手感柔软，温暖、蓬松，极富弹性，强度较低，伸长度较大
	羊绒	纤维极细软，长度较羊毛短，纤维轻柔、温暖，强度、弹性、伸长度优于羊毛，光泽柔和
	兔毛	纤维长、轻、软、净，蓬松、温暖，表面光滑，卷曲少，强度较低
	马海毛	纤维长而硬，光泽明亮，表面光滑，卷曲不明显，强度高
	蚕丝	天然纤维中唯一的长丝，光泽明亮，纤维纤细、光滑、平直，手感柔软，富有弹性，有凉爽感，强度较高，伸长度适中
化学纤维	黏胶纤维	纤维柔软但缺乏弹性，有长丝和短纤维之分。短纤维长度整齐，光泽明亮，稍有刺目感，消光后较柔软，纤维外观有平直光滑的，也有卷曲蓬松的，强度较低，特别是湿水后强度下降较多，伸长度适中
	合成纤维	纤维的长度、细度、光泽及曲直等可人为设定，一般强度高，弹性较好，但不够柔软，伸长度适中，弹力丝的伸长度较大，短纤维的整齐度高，纤维端部切取平齐。锦纶的强度最高；涤纶的弹性较好；腈纶蓬松、温暖，好似羊毛；维纶的外观近似棉，但不如棉柔软；丙纶的强度较高，手感生硬；氨纶的弹性和伸长度最大

2. 燃烧法

燃烧法是根据纺织纤维因化学组成不同而在燃烧时火焰色泽、烟、易燃程度、燃烧灰迹等不同特征来定性区分纤维大类的简便方法。但此法难于区别同一化学组成的纤维,因此适用于单一化学成分的纤维或纯纺纱线和织物。对于经防火、防燃处理的纤维或混纺产品,不能用此法鉴别,微量纤维的燃烧现象也较难观察到。

常见纤维的燃烧特征见表 1-3-2 所示。

表 1-3-2　常见纤维的燃烧特征

纤维种类	燃烧状态			燃烧时的气味	残留物特征
	靠近火焰时	接触火焰时	离开火焰时		
棉	不熔不缩	立即燃烧	迅速燃烧	烧纸味	呈细而软的灰黑絮状
麻	不熔不缩	立即燃烧	迅速燃烧	烧纸味	呈细而软的灰白絮状
蚕丝	熔融卷曲	卷曲,熔曲燃烧	燃烧缓慢,有时自灭	烧纸味	呈细而软的灰黑絮状
动物毛(绒)	熔融卷曲	卷曲,熔融燃烧	燃烧缓慢,有时自灭	烧毛发味	呈细而软的灰黑絮状
竹纤维	不熔不缩	立即燃烧	迅速燃烧	烧纸味	呈细而软的灰黑絮状
黏胶 铜氨纤维	不熔不缩	立即燃烧	迅速燃烧	烧纸味	呈少许灰白色灰烬
莱赛尔纤维 莫代尔纤维	不熔不缩	立即燃烧	迅速燃烧	烧纸味	呈细而软的灰黑絮状
醋酯纤维	熔缩	熔融燃烧	熔融燃烧	醋味	呈硬而脆的不规则黑块
大豆蛋白纤维	熔缩	缓慢燃烧	继续燃烧	特异气味	呈黑色焦炭状硬块
牛奶蛋白改性 聚丙烯腈纤维	熔缩	缓慢燃烧	继续燃烧,有时熄灭	烧毛发味	呈黑色焦炭状,易碎
聚乳酸纤维	熔缩	熔融,缓慢燃烧	继续燃烧	特异气味	呈硬而黑的圆珠状
涤纶	熔缩	熔融燃烧,冒黑烟	继续燃烧,有时熄灭	有甜味	呈硬而黑的圆珠状
腈纶	熔缩	熔融燃烧	继续燃烧,冒黑烟	辛辣味	呈黑色不规则小珠,易碎
锦纶	熔缩	熔融燃烧	自灭	氨基味	呈硬的淡棕色透明圆珠状
维纶	熔缩	收缩燃烧	继续燃烧,冒黑烟	特有气味	呈不规则焦茶色硬块
氟纶	熔缩	熔融燃烧,冒黑烟	自灭	刺鼻气味	呈淡棕色硬块
偏氯纶	熔缩	熔融燃烧,冒烟	自灭	刺鼻药味	呈松而脆的黑色焦炭状
氨纶	熔缩	熔融燃烧	开始燃烧,后冒黑烟	特异气味	呈白色胶状
芳纶 1414	不熔不缩	燃烧,冒黑烟	自灭	特异气味	呈黑色絮状
乙纶	熔融	熔融燃烧	熔融燃烧,液态下落	石蜡味	呈灰白色蜡片状
丙纶	熔融	熔融燃烧	熔融燃烧,液态下落	石蜡味	呈灰色蜡片状
聚苯乙烯纤维	熔融	收缩燃烧	继续燃烧,冒黑烟	略有芳香味	呈黑而硬的小球状

续　表

纤维种类	燃烧状态			燃烧时的气味	残留物特征
	靠近火焰时	接触火焰时	离开火焰时		
碳纤维	不熔不缩	像铁丝一样发红	不燃烧	略有辛辣味	呈原有形状
金属纤维	不熔不缩	在火焰中燃烧,并发光	自灭	无味	呈硬块状
石棉纤维	不熔不缩	在火焰中发光,不燃烧	不燃烧,不变形	无味	不变形,纤维略变深
玻璃纤维	不熔不缩	变软,发红光	变硬,不燃烧	无味	变形,呈硬球状
酚醛纤维	不熔不缩	像铁丝一样发红	不燃烧	稍有刺激性焦味	呈黑色絮状
聚砜酰胺纤维	不熔不缩	卷曲燃烧	自灭	带有浆料味	呈不规则硬而脆的絮状

3. 化学溶解法

溶解法是利用各种纤维在不同化学溶剂中的溶解性能不同来鉴别纤维的方法,适用于各种纺织纤维,包括染色纤维或混合成分的纤维、纱线与织物。此外,化学溶解法广泛运用于分析混纺产品中的纤维含量。

由于溶剂的浓度和加热温度不同,对纤维的溶解性能表现不一,因此使用化学溶解法鉴别纤维时,应严格控制溶剂的浓度和加热温度,同时要注意纤维在溶剂中的溶解速度。常见纤维在化学溶剂中的溶解性能见表1-3-3。

表1-3-3　常见纤维的溶解性能

纤维种类	30%盐酸 24℃	75%硫酸 24℃	5%氢氧化钠 煮沸	85%甲酸 24℃	冰醋酸 24℃	间甲酚 24℃	二甲基甲酰胺 24℃	二甲苯 24℃
棉	I	S	I	I	I	I	I	I
羊毛	I	I	S	I	I	I	I	I
蚕丝	S	S	S	I	I	I	I	I
麻	I	S	I	I	I	I	I	I
黏胶纤维	S	S	I	I	I	I	I	I
醋酯纤维	S	S	P	S	S	S	S	I
涤纶	I	I	I	I	I	I	S	II
锦纶	S	S	I	S	S	S	S	I
腈纶	I	SS	I	I	I	I	S	I
维纶	S	S	I	S	I	S	S	I
丙纶	I	I	I	I	I	I	I	S
氯纶	I	I	I	I	I	I	S	I

注:S—溶解;SS—微溶;P—部分溶解;I—不溶解。

4. 药品着色法

药品着色法是根据各种纤维对某种化学药品的着色性能不同以迅速鉴别纤维品种的方法,适用于未染色的纤维或纯纺纱线和织物。可采用着色剂和通用着色剂,前者用于鉴别某一类特定纤维;后者由各种染料混合而成,可将各种纤维染成不同的颜色,然后根据所染颜色进行鉴别。通常采用的着色剂为碘—碘化钾饱和溶液和HI纤维鉴别着色剂,几种纺织纤维的着色反应见表1-3-4。

表 1-3-4　几种纺织纤维的着色反应

纤维种类	HI 纤维鉴别着色剂	碘—碘化钾饱和溶液	纤维种类	HI 纤维鉴别着色剂	碘—碘化钾饱和溶液
棉	灰	不着色	维纶	玫红	蓝灰
麻	青莲	不着色	锦纶	酱红	黑褐
蚕丝	深紫	淡黄	腈纶	桃红	褐色
羊毛	红莲	淡黄	涤纶	红玉	不着色
黏胶纤维	绿	黑蓝青	氯纶	—	不着色
铜氨纤维	—	黑蓝青	丙纶	鹅黄	不着色
醋酯纤维	橘红	黄褐	氨纶	姜黄	—

注：① 碘—碘化钾饱和溶液是将碘 20 g 溶解于 100 mL 碘化钾溶液中。

　　② HI 纤维鉴别着色剂是东华大学和上海印染公司共同研制的一种着色剂。

四、操作步骤

1. 燃烧法

① 将酒精灯点燃，取 10 mg 左右的纤维，用手捻成细束（试样若为纱线则剪成一小段，若为织物则分别抽取经纬纱数根）。

② 用镊子夹住试样一端，将另一端徐徐靠近火焰，观察纤维对热的反应情况（是否发生熔融、收缩）。

③ 将试样移入火焰中，观察纤维在火焰中和离开火焰后的燃烧现象，嗅闻火焰刚熄灭时的气味。

④ 待试样冷却后观察灰烬的颜色、软硬、松脆和形状。

2. 溶解法

① 将待测纤维（若试样为纱线则剪取一小段，若为织物则分别抽取经纬纱少许）分别置于试管内。

② 在各试管内分别注入某种溶剂，在常温或沸煮 5 min 条件下进行搅拌，观察溶剂对试样的溶解现象，并逐一记录观察结果。

③ 依次调换其他溶剂，观察溶解现象并记录。

④ 参照表 1-3-3，确定纤维的种类。

3. 药品着色法

（1）HI 纤维鉴别着色剂

① 将待测纤维分别标上编号。

② 取未知纤维一小束（约 20 mg），按浴比 1∶30 量取 1%HI 纤维鉴别着色剂工作液，并将试样投入着色剂中沸煮 1 min。

③ 取出试样，用蒸馏水冲洗干净、晾干。

④ 参照表 1-3-4 确定纤维的种类。

（2）碘—碘化钾饱和溶液

① 将待测纤维分别标上编号。

② 取未知纤维一小束（约 20 mg）放入试管中，在试管中加入碘—碘化钾饱和溶液，浸泡 0.5～1 min。

③ 取出试样,用蒸馏水冲洗干净、晾干。

④ 参照表 1-3-4 确定纤维的种类。

五、实训报告

采用表格形式记录上述实验中所得的结果,然后综合考虑,得出鉴别结论。

纺织纤维的鉴别报告单

温湿度_____ 测试日期_____

测试方法		试样编号					
		1#	2#	3#	4#	5#	6#
燃烧法	燃烧状态						
	残留物特征						
	燃烧气味						
溶解法	75%硫酸(室温)						
	5%氢氧化钠(沸)						
	20%盐酸(室温)						
	二甲基甲酰胺(沸)						
着色剂	HI 纤维鉴别着色剂						
	碘—碘化钾饱和溶液						
定性结论							

六、思考题

(1) 鉴别棉、毛、丝、麻和涤纶、锦纶、腈纶、丙纶,各采用什么方法最简便可靠?其原因是什么?

(2) 如何鉴别羊毛、涤纶和黏胶纤维的三合一混纺织品?

实训四 二组分(涤/棉)混纺比的测定

一、实训目的与要求

(1) 会测试二组分混纺产品中的纤维含量,并计算混纺比。

(2) 熟悉 GB/T 2910.11《纺织品 定量化学分析 第 11 部分:纤维素纤维与聚酯纤维的混合物(硫酸法)》、GB/T 8170《数值修约规则与极限数值的表示和判定》和 GB 9994《纺织材料公定回潮率》等标准。

(3) 会进行数据处理并填写实训报告。

二、仪器、用具与试样

YG086 型缕纱测长仪、Y802K 型通风式快速烘箱、恒温水浴锅、索氏萃取器、电子天平(分度值为 0.2 mg)、真空泵、干燥器、250 mL 带玻璃塞三角烧瓶、称量瓶、玻璃砂芯坩埚、抽气滤瓶、温度计、烧杯、石油醚、硫酸、氨水、蒸馏水等及涤/棉试样。

三、基本原理

混纺产品的组分经定性鉴定后,选择适当的溶剂溶解以去除一种组分,将不溶解的纤维烘干、称量,从而计算出各组分纤维的含量。

四、操作步骤

(1) 烘干

取经过预处理的试样至少 1 g,放入已知质量的称量瓶内,与瓶盖(放在旁边)和玻璃砂芯坩埚一起放入烘箱内,烘箱温度为 105℃±3℃,一般烘燥 4~16 h,烘至恒量,然后盖上瓶盖,迅速移至干燥器内冷却 30 min,分别称出试样及玻璃砂芯坩埚的干量。

(2) 配制

① 75%硫酸:取浓硫酸 (1.84 g/mL) 1 000 mL,徐徐加入 570 mL 的蒸馏水中,浓度控制在 73%~77%。

注:初次操作人员一定要在指导老师的陪同和指导下完成!在稀释硫酸的过程中,将浓硫酸沿着器壁缓缓注入蒸馏水中,并用玻璃棒不断搅拌,切忌将蒸馏水倒入硫酸中,并且做好防护,确保安全。

② 稀氨溶液:取氨水(0.880 g/mL)80 mL,倒入 920 mL 的蒸馏水中,混合均匀,即可使用。

(3) 化学分析

① 将试样放入有塞三角烧瓶中,每克试样加入 100 mL 的 75%硫酸,用力搅拌,使试样浸湿。

② 将三角烧瓶放在恒温水浴锅内,温度保持在 40~50℃,每隔 2~3 min 摇晃一次,以加速溶解,30 min 后棉纤维完全溶解。

③ 取出三角烧瓶,将剩余纤维全部倒入已知干量的玻璃砂芯坩埚内过滤,用少量硫酸溶液洗涤烧瓶,用真空抽吸排液;再用硫酸倒满玻璃砂芯坩埚,靠重力排液,或放置 1 min 用真空泵抽吸排液;再用冷水连续洗数次,用稀氨水洗两次,然后用蒸馏水充分洗涤,洗至指示剂检查呈中性为止,每次洗液先靠重力排液,再以真空抽吸排液。

④ 将不溶纤维连同玻璃砂芯坩埚(盖子放在边上)一起放入烘箱,烘至恒量后盖上盖子,迅速放入干燥器内冷却,干燥器放在天平旁边,冷却时间以试样冷至室温为限(一般不能少于30 min)。冷却后,从干燥器中取出玻璃砂芯坩埚,在 2 min 内称完,精确至 0.2 mg。

注:在干燥、冷却、称量操作中,不能用手直接接触玻璃砂芯坩埚、试样、称量瓶等。

五、测试结果计算

$$涤纶含量百分率 = \frac{W_A}{W} \times 100\%$$

$$棉纤维含量百分率 = 100\% - 涤纶含量百分率$$

式中:W_A 为残留纤维的干量(g);W 为预处理后试样的干量(g)。

六、实训报告

记录实验结果，并计算混纺比。

涤/棉混纺比的测定报告单

检测品号 _____　　　　检测人员 _____
温湿度 _____　　　　　　测试日期 _____

试样结果	试样 1#	试样 2#
试样干量 W(g)		
残留纤维干量 W_A(g)		
混纺比例(涤∶棉)		
平均混纺比例(涤∶棉)		

七、思考题

(1) 哪些因素会影响测试结果？

(2) 如何分析涤/毛混纺纱的混纺比？

实训五　三组分(毛/黏/涤)混纺比的测定

一、实训目的与要求

(1) 掌握三组分混纺产品中纤维含量的测试方法及操作过程，并计算混纺比。

(2) 熟悉 GB/T 2910.2《纺织品　定量化学分析法　第 2 部分：三组分纤维混合物》等标准。

(3) 会进行数据处理并填写实训报告。

二、仪器用具与试样

电子天平、称量瓶、250 mL 带玻璃塞三角烧瓶、玻璃砂芯坩埚、吸滤瓶、量筒(100 mL)、烧杯、干燥器、剪刀、温度计、玻璃棒、恒温水浴锅、烘箱、氢氧化钠(C.P.)、75%硫酸(C.P.)、冰醋酸(C.P.)、氨水(C.P.)、次氯酸钠(C.P.)及毛/黏/涤混纺纱线或织物。

三、基本原理

利用毛、黏、涤三种纤维对不同化学试剂的稳定性，选择合适浓度的次氯酸钠溶解羊毛，以硫酸溶解黏胶纤维，最终保留涤纶，通过逐一溶解、称量，由不溶解纤维的质量分别算出各组分纤维的百分含量。实验方案见表 1-5-1。

表 1-5-1　实验方案

实验过程	第一阶段	第二阶段	实验过程	第一阶段	第二阶段
毛/黏/涤混纺试样(g)	x	y	温度(℃)	25	50±5
次氯酸钠(mL/g)	100	—	时间(min)	30	60
75%硫酸(mL/g)	—	200			

四、操作步骤

① 将制备好的试样放入称量瓶内，在105℃±3℃下烘至恒重，冷却后准确称取试样干量。

② 将已称量的试样放入烧杯中，每克试样加入100 mL次氯酸钠溶液，不断搅拌，于25℃左右处理30 min。待羊毛充分溶解后，用已知干量的玻璃砂芯坩埚过滤，然后用少量次氯酸钠溶液洗三次，蒸馏水洗三次，再用0.5％冰醋酸溶液洗两次，用蒸馏水充分洗涤，洗至用指示剂检查呈中性为止，每次洗液先靠重力排液，再用真空抽吸排液。

③ 将玻璃砂芯坩埚及不溶纤维于105℃±3℃下烘至恒重，移入干燥器冷却、称量，可得不溶纤维的质量R_1。

④ 将上述不溶试样放入三角瓶中，每克试样加200 mL 75％硫酸，盖紧瓶塞，摇动锥形瓶使试样浸湿。将锥形瓶保持在50℃±5℃温度下60 min，每隔10 min用力摇动一次。待试样溶解后，经过滤、清洗、烘干，称取干量R_2。

五、测试结果计算

各组分纤维净干量含量百分率计算如下：

$$P_1 = \frac{R_2}{W} \times 100\% \qquad\qquad (1-5-1)$$

$$P_2 = \frac{R_1}{W} \times 100\% \qquad\qquad (1-5-2)$$

$$P_3 = 100\% - P_1 - P_1 \qquad\qquad (1-5-3)$$

式中：P_1为涤纶含量百分率；P_2为黏胶纤维含量百分率；P_3为羊毛纤维含量百分率；R_1为第一次溶解时不溶纤维的质量(g)；R_2为第二次溶解时不溶纤维的质量(g)。

六、实训报告

将记录的测试结果填入报告单中。

毛/黏/涤混纺织品纤维含量分析报告单

检测品号_____　　　　检测人员(小组)_____

温湿度_____　　　　　测试日期_____

试样结果		试样 1#	试样 2#
不溶纤维干量(g)	R_1		
	R_2		
涤纶含量(%)			
黏胶纤维含量(%)			
羊毛纤维含量(%)			
平均纤维含量(涤:黏:羊毛)(%)			

七、思考题

哪些因素会影响测试结果？

实训六　新型纺织纤维鉴别

一、实训目的与要求

（1）掌握几种新型纺织纤维的鉴别方法，能够根据新型纺织纤维的外观形态和内在性质，采用物理或化学方法识别常见的新型纤维，进而鉴别纱线和织物。

（2）熟悉 FZ/T 01057.1《纺织纤维鉴别试验方法　第 1 部分：通用说明》、FZ/T 01057.2《纺织纤维鉴别试验方法　第 2 部分：燃烧法》、FZ/T 01057.3《纺织纤维鉴别试验方法　第 3 部分：显微镜法》、FZ/T 01057.4《纺织纤维鉴别试验方法　第 4 部分：溶解法》和 FZ/T 01057.5《纺织纤维鉴别试验方法　着色试验方法》等标准。

二、仪器、用具与试样

镊子、剪刀、酒精灯、温度计（100℃）、恒温水浴锅、电炉、天平、量筒、量杯（25 mL）、试管夹、玻璃棒、烧杯、量筒、滤纸、碘—碘化钾饱和溶液、正丙醇和蒸馏水等以及新型纺织纤维（Lyocell、Modal、大豆蛋白纤维、竹纤维、牛奶蛋白纤维）若干（标上编号）。

三、操作步骤

1. 燃烧法

① 取 10 mg 左右的未知纤维，用手捻成细束，用镊子夹住，徐徐靠近火焰，观察纤维对热的反应（熔融、收缩）。

② 将纤维移入火焰中，观察纤维在火焰中的燃烧状态，然后离开火焰，注意观察绒样的燃烧形态，嗅闻火焰刚熄灭时的气味。

③ 待试样冷却后观察残留物灰分的状态。

详细记录试样在燃烧过程中的情况，每种试样重复燃烧三次即可判定。几种新型纤维的燃烧特征见表 1-6-1。

表 1-6-1　几种新型纤维的燃烧特征

纤维名称	接近火焰	在火焰中	离开火焰后	气味	残渣形态
Lyocell	不熔不缩	迅速燃烧，有白烟	继续燃烧	烧纸味	灰烬少，呈黑色
Modal	不熔不缩	迅速燃烧，有少量白烟	继续燃烧	烧纸味	灰烬少，呈灰黑色
大豆蛋白纤维	软化并收缩	燃烧，有黑烟	不易延烧	烧毛发味	灰烬呈黑色，有硬块
牛奶蛋白纤维	收缩并微融	逐渐燃烧	不易延烧	烧毛发味	灰烬松脆，呈黑灰色，有微量硬块
竹纤维	不熔不缩	迅速燃烧	继续燃烧	烧纸味	少量松软，深灰色

2. 显微镜法

① 将适量的未知纤维整理成伸直平齐,置于载玻片上,滴上少量液体石蜡,盖上盖玻片,在显微镜下观察纤维的纵向形态。

② 将适量的未知纤维装入哈氏切片器,涂上火胶棉,用单面刀片均匀切取厚度为 10～30 μm 的纤维横截面薄片,并将其移至滴有石蜡的载玻片上,盖上盖玻片,在显微镜下观察纤维的横截面形态。

③ 参照图 1-6-1 与表 1-6-2,确定纤维的种类。

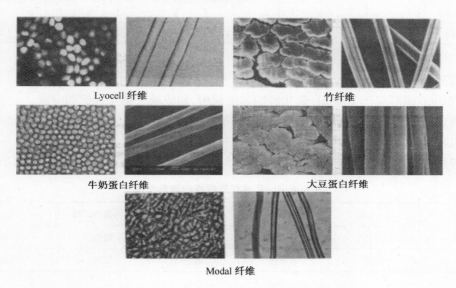

Lyocell 纤维　　　　竹纤维

牛奶蛋白纤维　　　　大豆蛋白纤维

Modal 纤维

图 1-6-1　几种新型纤维的形态结构

表 1-6-2　几种新型纤维的纵向和横截面形态特征

纤维名称	纵向形态特征	横截面形态特征
Lyocell	光滑	较规则的圆形,有皮芯结构
Modal	表面有 1～2 根沟槽	接近于圆形或腰圆形,有皮芯结构
大豆蛋白纤维	表面有不规则的沟槽	呈扁平状的哑铃形或腰圆形,并有海岛结构,有细微空隙
牛奶蛋白纤维	有隐条纹和不规则的斑点,边缘平直,光滑	呈扁平状的哑铃形或腰圆形,有细小的微孔
竹纤维	表面有多条较浅的沟槽	不规则的锯齿形,无皮芯结构

3. 溶解法

① 将 100 mg 试样置于 25 mL 烧杯中,注入 10 mL 溶剂,在常温(24～30℃)下,观察溶剂对试样的溶解情况。

② 对有些在常温下难溶解的试样,需加温进行沸腾测试,用玻璃棒搅动 3 min,观察其溶解程度。加热时必须用封闭电炉在通风处进行,不能用煤气灯加热,因为很多溶剂是可燃的。

③ 根据试样的溶解程度,结合各种纤维在不同化学溶剂中的溶解情况进行鉴别。每种试样至少测两份,溶解结果差异明显,应予重视。几种新型纤维的溶解性能见表 1-6-3。

表 1-6-3　几种新型纤维的溶解性能

溶剂	37%盐酸		75%硫酸		5%氢氧化钠		88%甲酸		99%二甲基甲酰胺		间甲酚		65%硝酸		5%次氯酸钠	
温度	常温	沸腾	常温	沸腾	常温	沸腾	常温	沸腾	常温	沸腾	常温	沸腾	常温	沸腾	常温	沸腾
Lyocell	P	S_O	P	S_O	I	I	I	I	I	I	I	I	I	S	I	I
Modal	S_O	S_O	S_O	S_O	I	I	I	I	I	I	I	I	P	S	I	P
大豆蛋白纤维	P	S	P	S	I	I	△	P	I	I	I	P	S	S	P	P
牛奶蛋白纤维	I	P_{ss}	I	S	I	△	△	I	I	△	I	I	P	S	I	S
竹纤维	I	P	S	S_O	I	I	I	I	I	I	I	I	I	S	I	P_{ss}

注:S_O—立即溶解;S—溶解;P—部分溶解;P_{ss}—微溶解;△—膨润;I—不溶解。

4. 药品着色法

① 将 20 g 碘溶解于 100 mL 碘化钾饱和溶液中,制成碘—碘化钾饱和溶液。

② 将试样浸入上述溶液中持续 0.5 ~1 min。

③ 取出试样,用蒸馏水冲洗干净、晾干。

④ 参照表 1-6-4 确定纤维的种类。

表 1-6-4　几种新型纤维的着色反应

状态	Lyocell	Modal	大豆蛋白纤维	牛奶蛋白纤维	竹纤维
湿态	黑蓝	黑蓝	褐色	褐色	不着色
干态	黑蓝	蓝灰色	褐色	褐色	不着色

四、实训报告

用表格形式记录实验中所得的结果,然后综合考虑,得出鉴别结论。

纺织纤维的鉴别报告单

温、湿度_____　　　　　　　　　　　　　　测试日期_____

测试方法		试样编号					
		1#	2#	3#	4#	5#	6#
燃烧法	燃烧状态						
	残留物特征						
	燃烧气味						
溶解法	75%硫酸(室温)						
	5%氢氧化钠(沸)						
	20%盐酸(室温)						
	二甲基甲酰胺(沸)						
着色剂	HI 纤维鉴别着色剂						
	碘—碘化钾饱和溶液						
定性结论							

五、思考题

叙述新型纺织纤维的常用鉴别方法。

任务二　纺织纤维几何形态与尺寸的测定

纺织纤维的几何形态与尺寸主要指纤维的长度、细度、卷曲或转曲等,它们与纤维的可纺性、成纱质量、手感、保暖性等的关系密切,是常规检验项目。

子任务一　纺织纤维的长度测量

纺织纤维的种类不同,纤维的长度及整齐度的差异很大。天然纤维如棉、麻、毛、绢丝等都是短纤维,纤维长度一般为 25～250 mm。不同种类的天然纤维,长度差异很大,即使是同一种天然纤维,长度离散度也很大。化学纤维有长丝和短纤维之分,其中短纤维可根据产品的性能及纺纱工艺要求,切成不同长度的等长化纤(棉型、毛型、中长型)或不等长化纤。化学纤维的长度离散性小,但其中的超长纤维和倍长纤维对纺纱工艺的危害较大。

根据纺织纤维的长度分布特点,创建了对应的纤维长度测试方法和长度指标,而且不同的测试方法所测得的长度指标有所不同。常用的纤维长度测量方法有罗拉式长度分析仪法(用于棉纤维的长度测定)、梳片式长度分析仪法(用于羊毛、苎麻、绢丝或不等长化纤的长度测定)、中段切断称量法(用于等长化纤的长度测定)、排图法(用于羊毛、棉、苎麻、绢丝或不等长化纤等长度分布的测定)、电容法(用于毛条或棉麻条中纤维的长度测定),表征纤维长度的指标随测试方法而异。

实训一　罗拉式棉纤维长度测试

棉纤维的长度是指纤维伸直但不伸长时两端间的距离,是棉花品质的一项重要指标,与纺纱工艺及成纱质量有着十分密切的关系。在商业贸易中,纤维长度是决定价格的重要因素。本方法适用于测定棉纤维长度指标,不适用于棉与其他纤维的混合物中取出的纤维以及从棉纱或棉织物中取出的纤维的长度测定。

一、实训目的与要求

(1) 学习用罗拉式纤维长度分析仪测定棉纤维的长度,了解罗拉式纤维长度分析仪的结构。

(2) 熟悉罗拉式纤维长度分析的试验方法,掌握棉纤维长度各指标的计算方法。

(3) 熟悉 GB/T 6098.1《棉纤维长度试验方法　第 1 部分:罗拉式分析仪法》、GB/T 6529《纺织品　调湿和试验用标准大气》和 GB/T 6097《棉纤维试验取样方法》等标准。

二、仪器、用具与试样

Y111型罗拉式纤维长度分析仪(图2-1-1)、扭力天平(分度值为0.05 mg)、限制器绒板、一号夹子、二号夹子、垫木、压板、梳子(密梳、稀梳)、黑绒板、镊子、小钢尺以及已制作好的试验棉条。

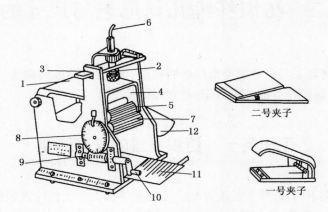

二号夹子

一号夹子

图 2-1-1   Y111 型罗拉式纤维长度分析仪

1—盖子   2—弹簧   3—压板   4—撑脚   5—目罗拉   6—偏心杠杆
7—下罗拉   8—蜗轮   9—蜗杆   10—手柄   11—溜板   12—偏心盘

三、基本原理

使用罗拉式纤维长度分析仪,将一定质量、一端排列整齐的棉纤维束,按一定组距进行分组,分别称量后,求出纤维长度的各项指标。

四、操作步骤

① 从试验棉条中取出试验试样,整理成小棉束,在 50 mg 扭力天平上称量(细绒棉称取30 mg,长绒棉称取35 mg)。试样质量一旦确定后,必须注意在整个试验过程中不得丢弃任何一根纤维。

② 用手扯法将试样整理成一端平齐、伸直的小棉束。

③ 用手捏住小棉束的整齐一端,将一号夹子搁在限制器绒板的前挡片上,并使夹口紧抵两个前挡片,夹取棉束中伸出的最长纤维(从长至短),分层平铺在限制器绒板上,铺成宽32 mm,且厚薄均匀,露出挡片的一端要整齐,一号夹子夹住纤维的长度不超过 1 mm。如此反复三次,制成一端整齐、平直光滑、层次清晰的棉层。在整理过程中,不允许丢弃任何一根纤维。

④ 揭开罗拉式纤维长度分析仪的盖子,摇转手柄,使蜗轮上的刻度"9"与指针重合。

⑤ 翻下限制器绒板的前挡片,用一号夹子从绒板上将棉层夹起,移至仪器中。移动时,一号夹子的挡片紧靠溜板,用水平垫木垫住一号夹子,使棉层处于水平状态。放下盖子,松去夹子,用弹簧加压 68.6 N 握住纤维。

⑥ 扳倒溜板,转动手柄一周,使蜗轮上的刻度"10"与指针重合,此时罗拉将纤维送出

1 mm(罗拉半径为 9.5 mm),凡 10.5 mm 及以下的纤维都没有被夹持住,用二号夹子分三次夹取这些未被握持的纤维,置于黑绒板上,搓成小环,这是最短一组纤维(二号夹子的弹簧压力应为 1.96 N)。

⑦ 此后,每转动手柄两周,夹取三次,制成小环,放在黑绒板上,等蜗轮上的刻度"16"与指针重合时,将溜板抬起。以后用二号夹子夹取纤维时,都要靠住溜板的边缘,直至全部纤维取完为止。

⑧ 将分组后的各组纤维,依次由短到长地在扭力天平上称量(精确至 0.05 mg),并记录。

四、测试结果计算

(1) 真实质量

$$G_L = 0.17g_{L-2} + 0.46g_L + 0.37g_{L+2} \qquad (2\text{-}1\text{-}1)$$

式中:G_L 为长度为 L(mm)的一组纤维的真实质量(mg);g_L 为长度为 L(mm)的一组纤维的称得质量(mg);g_{L-2} 为长度为 $(L-2)$ mm 的一组纤维的称得质量(mg);g_{L+2} 为长度为 $(L+2)$ mm 的一组纤维的称得质量(mg)。

(2) 主体长度

$$L_m = (L_n - 1) + \frac{2(G_n - G_{n-2})}{(G_n - G_{n-2}) + (G_n - G_{n+2})} \qquad (2\text{-}1\text{-}2)$$

式中:L_m 为纤维的主体长度(mm);L_n 为最重一组的纤维平均长度(mm);G_n 为最重一组的纤维的质量(mm);G_{n-2} 为长度为 (L_n-2) mm 一组纤维的质量(mg);G_{n+2} 为长度为 (L_n+2) mm 一组纤维的质量(mg)。

(3) 品质长度

$$L_p = L_n + \frac{\sum iG_{n+i}}{y + \sum G_{n+i}} \quad (i = 2, 4, 6, 8, \cdots) \qquad (2\text{-}1\text{-}3)$$

式中:L_p 为品质长度(mm);L_n 为最重一组的纤维平均长度(mm);y 为最重一组内长度超过主体长度的纤维质量(mg);$\sum G_{n+i}$ 等于 $G_{n+2} + G_{n+4} + G_{n+6} + \cdots$,即长度比最重一组长(但不包括最重一组)的各组纤维质量之和(mg);$\sum iG_{n+i}$ 等于 $2G_{n+2} + 4G_{n+4} + 6G_{n+6} + \cdots$,即长度比最重一组长的各组纤维质量 G_{n+i} 与各组对应值 i 的乘积之和。

其中 y 的计算式如下:

$$y = [(L_n + 1) - L_m] \times \frac{G_n}{2} \qquad (2\text{-}1\text{-}4)$$

式中:G_n 为最重一组的纤维质量(mg)。

(4) 基数

当 $G_{n+2} \geqslant G_{n-2}$ 时,

$$S = \frac{G_n + G_{n+2} + 0.55G_{n-2}}{\sum G_k} \times 100\% \tag{2-1-5}$$

当 $G_{n+2} < G_{n-2}$ 时，

$$S = \frac{G_n + G_{n-2} + 0.55G_{n+2}}{\sum G_k} \times 100\% \tag{2-1-6}$$

式中：S 为基数（%）；$\sum G_k$ 为各组纤维的质量和（mg）；

（5）均匀度

$$R = L_m \times S \tag{2-1-7}$$

式中：R 为均匀度；L_m 为主体长度（mm）；S 为基数（%）。

（6）短绒率

$$P = \frac{G_p}{\sum G_k} \times 100\% \tag{2-1-8}$$

式中：P 为短绒率（%）；G_p 为长度等于和短于 15.5 mm（细绒棉）或 19.5 mm（长绒棉）的短绒的质量（mg）；$\sum G_k$ 为各组纤维的质量和（mg）。

六、实训报告

将记录的测试结果填入报告单中。

Y111 型罗拉式纤维长度分析仪实训报告单

品级长度_____   实验日期_____

品   种_____   温 湿 度_____

分级顺序数 j	蜗轮刻度	各组纤维的长度范围（mm）	各组纤维的平均长度 L_j（mm）	各组纤维的称得质量 g_j（mg）	各组纤维的真实质量 G_j（mg）	乘积 $(j-n)G_j$	计算结果
1	—	—	7.5				主体长度 L_m
2	10	低于 8.50	9.5				（mm）
3	12	8.50～10.49	11.5				品质长度 L_p
4	14	10.50～12.49	13.5				（mm）
5	16	12.50～14.49	15.5				平均长度 L
6	18	14.50～16.49	17.5				（mm）
7	20	16.50～18.49	19.5				短绒率 P
8	22	20.50～22.49	21.5				（%）

七、思考题

（1）为使测试结果准确，操作中应注意哪些问题？

（2）纤维长度质量分布的规律是什么？

（3）用罗拉式纤维长度分析仪测得的各组纤维的质量，为什么必须加以修正？

实训二 梳片式羊毛纤维长度测试

　　羊毛纤维的长度是羊毛的重要品质之一。羊毛长度不仅影响毛纺织产品的质量，而且是决定其纺纱工艺参数的重要依据。当羊毛的线密度相同时，纤维长而整齐、短毛含量少的羊毛，成纱强力和条干都较好。毛纤维的长度分为自然长度和伸直长度，自然长度是指羊毛在自然卷曲状态下纤维两端间的直线距离，一般用于毛丛长度测量；伸直长度是指毛纤维消除弯钩后的长度，一般用于毛条的纤维长度测量。

一、实训目的与要求

（1）通过测试，了解梳片式长度分析仪的结构。

（2）学会测定羊毛纤维长度的方法，会计算羊毛纤维的各项长度指标。

（3）熟悉 GB/T 6501《羊毛纤维长度试验方法　梳片法》、GB/T 6529《纺织品　调湿和试验用标准大气》等标准。

二、仪器、用具与试样

　　Y131 型梳片式羊毛长度分析仪（图 2-2-1）、扭力天平及毛条若干。

三、基本原理

　　用梳片式羊毛长度分析仪，将一定量的试样梳理并排列成一端平齐、有一定宽度的纤维束，再按一定组距进行分组，分别称出各组的质量，按相关公式计算各长度指标。

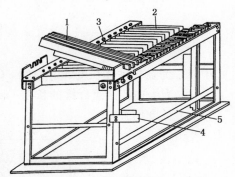

图 2-2-1　Y131 型梳片式羊毛长度分析仪

1—上梳片　2—下梳片　3—触头
4—预梳片　5—挡杆

四、操作步骤

　　① 放样。从样品中任意抽取试样毛条三根，每根长约 50 cm。用双手先后将三根毛条各持一端，轻轻施加张力，平直地放在长度分析仪上。三根毛条须分清，毛条一端露出 10～15 cm，将每根毛条压入下梳片针内，宽度小于纤维夹子的宽度。

　　② 夹取。将露出梳片的毛条，用手轻轻拉去一端，在距离第一下梳片 5 cm（支数毛）或 8 cm（改良级数毛与土种毛）处，用纤维夹子夹取纤维，使毛条端部与第一下梳片平齐。然后，将第一下梳片放下，用纤维夹子将一根毛条全部宽度内的纤维紧紧夹住，并从下拉片中缓缓拉出，用预梳片从根部开始梳理两次，去除游离纤维。每根毛条夹取三次，每次夹取长度为 3 mm。

将梳理后的纤维转移到第二台分析仪上,用左手夹住纤维,防止纤维扩散,并保持纤维平直。纤维夹子的钳口靠近第二下梳片,用压叉将毛条压入针内并缓缓向前拖,使毛条尖端与第一下梳片的针内侧平齐。三根毛条继续夹取数次,当第二台分析仪上的毛束宽度在 10 cm 左右、质量为 2.0～2.5 g 时,停止夹取。

③ 分组取样并称量。在第二台分析仪上,先加上第一下梳片,再加上五把上梳片,将分析仪旋转 180°,逐一降落梳片,直至最长纤维露出为止,用纤维夹子夹取各组纤维,并依次放入金属盒内,然后分别用扭力天平称量,精确至 0.001 g。

④ 试样长度取两次测试结果的平均值,如短毛率的两次试验结果的差异超过其平均值的 20% 时,需进行第三次试验,并以三次测试结果的平均值为最终结果。

五、测试结果计算

(1) 质量加权平均长度

$$\overline{L_g} = \frac{\sum L_i G_i}{\sum G_i} \tag{2-2-1}$$

式中:$\overline{L_g}$ 为质量加权平均长度(mm);L_i 为各组羊毛的平均长度,即组中值(mm);G_i 为各组羊毛的质量(mg)。

(2) 加权主体长度

$$L_m = \frac{L_1 G_1 + L_2 G_2 + L_3 G_3 + L_4 G_4}{G_1 + G_2 + G_3 + G_4} \tag{2-2-2}$$

式中:L_m 为加权主体长度(mm);G_1、G_2、G_3、G_4 为连续四组纤维的质量(mg);L_1、L_2、L_3、L_4 为为连续四组纤维的长度(mm)。

(3) 长度均方差

$$\sigma_L = \sqrt{\frac{\sum (L_i - \overline{L_g})^2 G_i}{\sum G_i}} = \sqrt{\frac{\sum L_i^2 G_i}{\sum G_i} - \left(\frac{\sum L_i G_i}{\sum G_i}\right)^2} \tag{2-2-3}$$

式中:σ_L 为长度均方差(mm)。

(4) 长度变异系数

$$CV_L = \frac{\sigma_L}{\overline{L_g}} \times 100\% \tag{2-2-4}$$

式中:CV_L 为长度变异系数(%)。

(5) 主体基数

$$S = \frac{G_1 + G_2 + G_3 + G_4}{\sum G_i} \times 100\% \tag{2-2-5}$$

式中:S 为主体基数(%)。

（6）短毛率

$$P = \frac{G_P}{\sum G_i} \times 100\%\qquad(2-2-6)$$

式中：P 为短毛率（%）；G_P 为长度短于 30 mm 的毛纤维的质量（mg）。

六、实训报告

将记录的测试结果填入报告单中。

梳片式羊毛长度分析仪实训报告单

品级长度_____　　　　　　　　实验日期_____

品　　种_____　　　　　　　　温 湿 度_____

长度组距(mm)	组中值 L_i(mm)	各组纤维的质量 G_j(mg)	$G_j L_i$	$G_j u$	$g_j u^2$	计算结果
<3	2.5					质量加权平均长度 (mm)
3~4	3.5					
4~5	4.5					长度均方差 (mm)
5~6	5.5					
6~7	6.5					
7~8	7.5					长度变异系数 (%)
8~9	8.5					
9~10	9.5					
...	...					
19~20	19.5					短毛率(%)
总和						

七、思考题

（1）简述毛纤维长度对成纱性质的影响。

（2）简述梳片式羊毛长度分析仪的原理。

实训三 化学纤维长度测试

化学短纤维可以分为棉型纤维（长度范围为 30～40 mm）、毛型纤维（70～150 mm）和中长型纤维（51～65 mm）。化学短纤维可以是等长的，也可以是不等长的，即使是等长的化学短纤维，它们的长度也不完全相等，而是有一定的差异。其中倍长纤维（超过名义长度 2 倍及以上者）在纺纱过程中容易绕罗拉，影响纺纱加工的顺利进行。

一、实训目的与要求

（1）熟悉测定化学纤维长度的方法，掌握其长度指标的计算方法。

(2) 熟悉 GB/T 14336《化学纤维　短纤维长度试验方法》、GB/T 14334《化学纤维　短纤维取样方法》、GB/T 6529《纺织品　调湿和试验用标准大气》等标准。

二、仪器、用具与试样

Y171 型纤维切断器(棉型和中长型用 20 mm 的中段切断器,毛型用 30 mm 的中段切断器)(图 2-3-1)、扭力天平(分度值为 0.1 mg)、小钢尺、限制器绒板、一号夹子、金属梳片及化学短纤维一种。

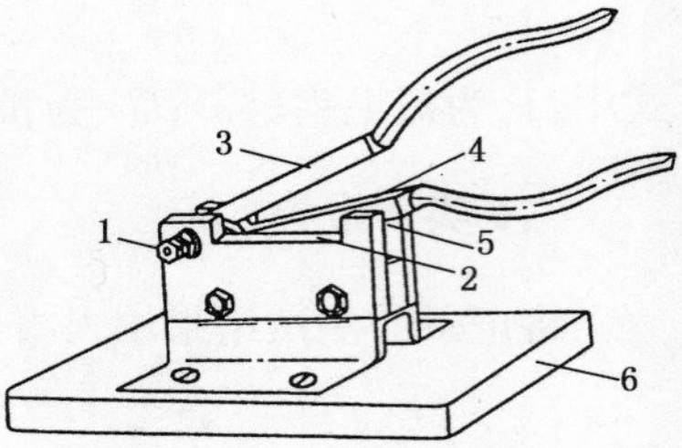

图 2-3-1　Y171 型纤维切断器

1—短轴　2,5—切刀
3—上夹板　4—下夹板　6—底座

三、基本原理

用手扯法将纤维梳理整齐,切取一定长度的中段纤维,在过短纤维极少的情况下,总质量与中段质量之比愈大,纤维的平均长度愈长。因此,纤维的平均长度用中段长度乘以总质量与中段质量之比表示。

四、操作步骤

① 用镊子从样品中随机、多处地取出 4 000～5 000 根纤维,经手扯整理成束。

② 经手扯整理后,试样再经限制器绒板整理,成为长纤维在下、短纤维在上的一端整齐、宽约 25 mm 的纤维束。

③ 用一号夹子夹住纤维束整齐一端 5～6 mm 处,用金属梳片进行梳理。

④ 将梳下的纤维加以整理,长于短纤维界限的纤维仍归入纤维束中,短纤维则排在绒板上,测量最短纤维的长度,并在扭力天平上称量。

⑤ 整理纤维束时,将超长纤维取出,称量后仍并入纤维束。

⑥ 把整理好的纤维束,用纤维切断器切取中段纤维(棉型和中长型切取 20 mm;毛型切取 30 mm;有过短纤维时,棉型和中长型切取 10 mm),切取时,纤维束整齐一端距离切断口 10 mm,并保持纤维束平直,而且与刀口垂直。

⑦ 用扭力天平分别称出纤维束中段质量、纤维束两端质量。

五、测试结果计算

(1) 平均长度

$$L_n = \frac{G}{\dfrac{G_c}{L_c} + \dfrac{2G_s}{L_s + L_{ss}}}$$ (2-3-1)

$$G = G_s + G_c + G_t$$

式中:L_n 为平均长度(mm);L 为纤维总质量(mg);G_s 为短纤维的质量(mg);G_c 为中段纤维的质量(mg);G_t 为两端纤维的质量(mg);L_s 为短纤维界限(mm);L_{ss} 为最短纤维的长度(mm);L_c 为中段纤维的长度(mm)。

(2) 超长纤维率

$$Z = \frac{G_{op}}{G} \times 100\%$$ (2-3-2)

式中:Z 为超长纤维率(%);G_{op} 为超长纤维的质量(mg)。

（3）短纤维率

$$B = \frac{G_s}{G} \times 100\% \qquad (2-3-3)$$

式中:B 为短纤维率(%)。

六、实训报告

将记录的测试结果填入报告单中。

中段切断法测试化学纤维长度实训报告单

实验日期＿＿＿＿＿＿＿＿＿　　　　　　　　　　　　温湿度 ＿＿＿＿＿＿＿

测试结果	试样编号	
	1#	2#
中段纤维质量(mg)		
两端纤维质量(mg)		
中段纤维长度(mm)		
平均长度(mm)		
短纤维率(%)		

七、思考题

（1）影响测试结果的因素有哪些?

（2）中段切断法能否测定棉纤维的各项长度指标? 为什么?

子任务二　纺织纤维的细度测量

纤维细度是指纤维的粗细程度。细度是纤维重要的形态尺寸和质量指标之一。纤维细度与纺纱工艺及成纱质量的关系密切,而且直接影响织物风格。

纤维细度的测试方法分直接法与间接法两种,直接法有显微投影测量法(用于羊毛纤维的细度测定)、激光细度仪法(用于快速测量羊毛及化纤细度)、微机图像法(用于测量棉、毛、丝、麻及化纤的细度)等,间接法有中段称量法(用于测定棉纤维细度)、气流仪法(用于测量棉纤维、同质羊毛及化纤的细度)、振动法(用于测量单根化纤的细度)等。

对于棉纤维,还可使用马克隆值,作为反映棉纤维细度及成熟度的综合性指标。

实训四 中段称量法测试棉纤维细度

中段称量法多用于棉纤维的细度测定。化学纤维的细度(特别是长丝)测定也可采用此法,但需消除卷曲,以免影响测试结果。此法只能测得纤维的平均细度指标,无法获得细度的离散指标。此外,棉纤维沿长度方向粗细不匀,根和梢部细、中部粗,故棉纤维细度的测试结果比实际细度偏大。

一、实训目的与要求

(1) 掌握中段称量法测定纤维线密度(细度)的方法及相关指标的计算。

(2) 熟悉 GB/T 6100《棉纤维线密度试验方法 中段称量法》、GB/T 6498《棉纤维马克隆值试验方法》、GB/T 6097《棉纤维试验取样方法》和 GB/T 6529《纺织品 调湿和试验用标准大气》等标准。

二、仪器、用具与试样

Y171 型纤维切断器、限制器黑绒板、一号夹子、梳子(稀梳、密梳)、天平(分度值为 0.01 mg)、显微镜(或投影仪)、镊子、甘油、载玻片、盖玻片及棉纤维少许。

三、基本原理

将棉纤维排成一端平齐、平行伸直的纤维束,然后用纤维切断器在纤维中段切取 10 mm 长的试样,再在扭力天平上称量,并计数这一束中段纤维的根数。根据纤维切断长度、根数和质量,计算棉纤维的线密度平均值。

四、操作程序

① 取样。从试验棉条中取出 1 500～2 000 根(一般为 8～10 mg)。

② 整理棉束。将取出的试样手扯整理两次,再用一号夹子和限制器绒板反复移置两次,最终整理成长纤维在下、短纤维在上且一端整齐、宽 5～6 mm 的棉束。

③ 梳理。用一号夹子夹住棉束距整齐一端 5～6 mm 处,先用稀梳、后用密梳,从棉束尖端开始,逐步靠近夹子部位进行梳理,梳去棉束中的游离纤维。然后将棉束移至另一夹子上,使整齐一端露出夹子外 16 mm 或 20 mm,按表 2-4-1 的技术要求,先用稀梳、后用密梳,梳去短纤维,剩下的一端整齐、宽 5～6 mm 的棉束作为试验棉束。

表 2-4-1 棉束整理和切断时的技术要求

手扯长度	梳去短纤维长度(mm)	切断时棉束整齐端外露长度(mm)
31 mm 及以下	16	5
31 mm 以上	20	7

④ 切取。将梳理后的平直棉束放在纤维切断器的上、下夹板之间,棉束与切刀垂直,使切下的中段纤维的长度为 10 mm,手扯长度为 31 mm 及以下的,整齐端露出 5 mm,手扯长度 31 mm 以上的,整齐端露出 7 mm,然后切断。放置棉束时两手用力一致,使纤维拉直但不伸长。

⑤ 预处理。用镊子将中段和两端的纤维移至标准大气条件下预处理 1 h,使纤维中的水分达到平衡状态。

⑥ 称量。用扭力天平分别称量,记录棉束中段和两端纤维的质量,精确至 0.01 mg。

⑦ 计数。在载玻片的两边涂上少许胶水,将称得的中段纤维互相不重叠地平铺在载玻片上,使胶水黏住纤维,再用盖玻片覆盖,然后在 150～200 倍的显微镜或投影仪下逐根计数,记下每片总根数。

五、测试结果计算

$$Tt = \frac{10^3 \times G_c}{L_c \times n_c} \tag{2-4-1}$$

式中:Tt 为纤维的线密度(tex);G_c 为中段纤维的质量(mg);L_c 为中段纤维的长度(mm);n_c 为中段纤维的根数。

六、实训报告

将记录的测试结果填入报告单中。

中段称量法测试棉纤维细度实训报告单

实训日期_____　　　　　　　　　　　　　　　　　　　温 湿 度_____

结　　果	试样编号	
	1	2
中段纤维质量(mg)		
中段纤维长度(mm)		
中段纤维根数		
细度		

七、思考题

(1) 用中段称量法测定的棉纤维的线密度是否与整根纤维的线密度相同? 请说明原因。

(2) 列举测量纤维细度的其他方法。

实训五　气流仪法测试棉纤维马克隆值

在国际贸易中,马克隆值列为棉花质量的考核指标。马克隆值试验是各国普遍采用的一种测试方法,马克隆值越大,表示纤维越成熟,线密度越大。国际上将马克隆值 3.5～4.9 作为优质马克隆值,我国 GB 1103《棉花　细绒棉》将马克隆值分为 A、B、C 三级,B 级为标准级,A 级取值范围为 3.7～4.2,品质最好;B 级取值范围为 3.5～3.6 和 4.3～4.9;C 级取值范围为 3.4 及以下和 5.0 及以上,品质最差。

一、实训目的与要求

(1) 能熟练操作气流仪,熟悉气流仪的原理,掌握气流仪测定纤维细度的试验方法。

(2) 能对测试数据进行处理并完成实训报告。

（3）熟悉：GB/T 6498《棉纤维马克隆值试验方法》、GB/T 6097《棉纤维试验取样方法》和GB/T 6529《纺织品　调湿和试验用标准大气》等标准。

二、仪器、用具与试样

Y175型棉纤维气流仪（图2-5-1）及原棉试样。

三、基本原理

气流仪是在一定压力差下，测量纤维集合体的空气流量，根据流量与纤维的比表面积之间的关系来间接地测量纤维的细度。用气流仪上指示的透气性的刻度，可以标定为马克隆值；也可以用流量或压力差读数表示，再换算成马克隆值。

图2-5-1　Y175型棉纤维气流仪

四、操作步骤

（1）仪器校验

试验前，首先用校正阀调整仪器至正常状态，对仪器进行粗调，然后用三个校准棉样进一步校准仪器。

① 校正阀校验。仪器开启后，接通电源，将校正阀插入试样筒内。将手柄向下扳至前位，将校正阀顶端的圆柱塞拉出，检查压差表的指针是否在"mic 2.5"，若不在，可调节零位调节阀，直至合适。将校正阀的圆柱塞推入，检查压差表的指针是否在"mic 6.5"，如果不符合，调节量程调节阀，直至达到标定值。重复校验，直至两个标定值基本符合。然后将手柄回复至后位，取出校正阀，放回校正阀托架内。

② 校准棉样校验。将马克隆值较低和较高的校准棉样分别放入试样筒内，将手柄向下扳至前位，检查压差表指针是否在校准棉样的标定值。如果指针不在标定值，对低马克隆值的棉样，调节零位调节阀直至合适；对高马克隆值的棉样，调节量程调节阀直至合适。重复校验，直至指示值和标定值之间的误差不超过0.1，然后用马克隆值处于中间的校准棉样在仪器上进行测试，若仪器指示的马克隆值和标定值的差异不超过0.1，则该仪器已校准，可进行正常测试；若超过0.1，则重复上述步骤，根据差异情况，适当地将高、低两个棉样的值调得偏高或偏低于标定值，使三个校准样的仪器指示值与标定值之间的误差都不超过0.1。

（2）试样称量

用原棉杂质分析机对试样进行开松除杂，调湿后按仪器指定的质量称取2～3份试样，称量精确度为试样质量的±0.2%。

（3）测试

① 将试样均匀地装入试样筒，可用手扯松纤维，以分解开棉块，但不要过分地牵伸，防止纤维趋向平行，然后盖上试样筒上盖，并锁定在规定的位置上。

② 将手柄扳至前位，从压差表上读取马克隆值（精确到两位小数）。

③ 将手柄扳至后位，打开试样筒上盖，取出试样，准备下一个试样的测试。

④ 测试两个试样。如果两个试样的马克隆值差异超过0.10，则从同一样品中再取一个新试样进行测试，根据三个试样的测试结果计算平均值。注意，从仪器中取出试样时不要丢失纤

维,并尽可能地避免以手接触试样,以保持试样原有的温湿度。

五、测试结果计算

取两次实验结果的平均值作为马克隆值的最终结果,修约至两位小数。

六、实训报告

将记录的测试结果填入报告单中。

棉纤维马克隆值检测实训报告单

实训日期＿＿＿＿＿＿＿＿＿　　　　　　　　　　　　　　温 湿 度＿＿＿＿＿＿＿＿

测试次数	马克隆值
1	
2	
3	
4	
平均	

六、思考题

(1) 棉纤维的马克隆值的含义是什么?
(2) 棉纤维的马克隆值与棉纤维细度有什么关系?

实训六　显微投影法测试毛纤维细度

羊毛的细度与羊毛的各项物理性能的关系很大,与毛织物的品质和风格的关系也很密切。羊毛的截面近似圆形,可以用羊毛的平均直径来表示羊毛的细度。现多用显微投影法测定羊毛细度,该法亦适用于横截面接近圆形的纤维。

一、实训目的与要求

(1) 了解显微投影仪的结构,掌握操作要领,熟悉长度指标的计算,达到国家职业标准《纺织纤维检验工》中级的技能要求。

(2) 熟悉 GB/T 10685《羊毛纤维直径试验方法　投影显微镜法》及 GB/T 6978《含脂毛洗净率试验方法　烘箱法》等标准。

二、仪器、用具与试样

显微投影仪、标准刻度尺(接微测微尺)、刀片、液体石蜡油、载玻片、盖玻片、试样瓶、楔尺及毛条。

三、基本原理

将纤维切片的映像放大 500 倍并投影到屏幕上,用通过屏幕圆心的毫米刻度尺量出与纤维正交处的宽度或用楔尺测量屏幕圈内的纤维直径,逐根记录,并计算出纤维直径的平均值。

四、操作步骤

(1) 取样与制片

随机抽取若干纤维试样,用手扯法整理平直,再用单面刀片或剪刀切取长度为 0.2~0.4 mm 的纤维片段,置于试样瓶中,滴适量石蜡油,用玻璃棒搅拌均匀,然后取少量试样均匀地涂在载玻片上,先将盖玻片的一边接触载玻片,再将另一边轻轻放下,以避免产生气泡。

(2) 校准放大倍数

将接微测微尺(分度值为 0.01 mm)放在载物台上,聚焦后将其投影在屏幕上,测微尺上的 5 个分度值应正好覆盖楔形尺的一个组距(25 μm),此时的放大倍数刚好为 500 倍。

(3) 测量

将待测的试样片放在 500 倍显微投影仪的载物台上,调整到纤维成像清晰,然后从载玻片一端用楔尺逐一测量每根纤维的直径,不可跳跃或重复。如一根纤维的粗细相差较大时,量其中等部位,重叠或不明显的不量。将逐根量得的纤维直径记录在楔尺纸上。

每个试样测三片,先测量两个试样片,测量根数规定支数毛为 400 根、改良级数毛及土种毛为 500 根,以两个试样片的测试结果的平均值为最终结果。

五、测试结果计算

(1) 平均直径

$$\bar{d} = \frac{\sum d_i n_i}{\sum n_i} \qquad (2\text{-}6\text{-}1)$$

式中:$\bar{d}$ 为羊毛纤维的平均直径(μm);d_i 为第 i 组羊毛纤维的平均直径,即组中值(μm);n_i 为第 i 组羊毛纤维的根数。

(2) 直径标准差

$$\sigma_d = \sqrt{\frac{\sum (d_i - \bar{d})^2 n_i}{\sum n_i}} = \sqrt{\frac{\sum d_i^2 n_i}{\sum n_i} - \left(\frac{\sum d_i n_i}{\sum n_i}\right)^2} \qquad (2\text{-}6\text{-}2)$$

式中:σ_d 为直径标准差。

(3) 直径变异系数

$$\mathrm{CV_d} = \frac{\sigma_d}{\bar{d}} \times 100\% \qquad (2\text{-}6\text{-}3)$$

式中:$\mathrm{CV_d}$ 为直径变异系数(%)。

六、实训报告

(1) 记录:试样名称、仪器型号、仪器工作参数、原始数据。

（2）计算：纤维直径的测量根数、纤维平均直径、直径标准差、直径变异和变异系数等。

七、思考题

（1）测定羊毛细度的方法有哪些?

（2）调焦和测量时应注意哪些问题?

子任务三　纺织纤维的卷曲特征测定

卷曲可以增加短纤维之间的摩擦力和抱合力,从而提高成纱强力,同时可以提高纤维和纺织品的弹性,改善织物的抗皱性和保暖性等服用性能,如羊毛纤维的天然卷曲。合成纤维的表面比较光滑,纤维之间的摩擦力小,抱合作用差,为提高纤维的可纺性和改善织物的服用性,一般给合成纤维加上一定的卷曲,有的利用纤维内部结构的不对称性,以热空气、热水等处理后产生卷曲,有的利用纤维的热塑性,采用机械方法挤压而产生卷曲,前者的卷曲牢度较好。

实训七　纤维卷曲率和卷曲弹性测试

一、实训目的与要求

（1）了解卷曲弹性仪的结构和测试原理,熟悉卷曲弹性仪的测定方法,掌握纤维卷曲弹性的有关指标。

（2）熟悉 GB/T 14338《化学纤维　短纤维卷曲性能试验方法》、GB/T 6529《纺织品　调湿和试验用标准大气》和 GB/T 8170《数值修约规则与极限数值的表示和判定》等标准。

二、仪器、用具与试样

YG361 型卷曲弹性仪（图 2-7-1）、镊子、黑绒板及化学纤维一种或羊毛。

三、基本原理

采用卷曲弹性仪,根据纤维的粗细,在规定的张力下,在一定的受力时间内,测定纤维在不同负荷下的长度变化,确定纤维的卷曲数、卷曲率、卷曲弹性率及卷曲回复率。本仪器可根据纤维在不同负荷下的长度变化值,自动计算测试结果并显示在显示管上。

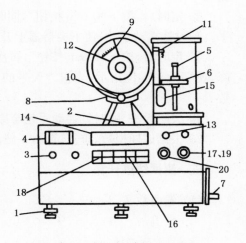

图 2-7-1　YG361 型卷曲弹性仪

1—水平调节螺丝　2—水平泡　3—电源开关
4—标牌　5—上夹持器 6—下夹持器
7—手轮　8—扭力天平　9—天平读数指针
10—天平制动旋钮　11—天平臂　12—天平旋钮
13—平衡触点指示灯　14—读数显示
15—放大镜片　16—2 min 定时按钮
17—计时指示灯　18—0 min 按钮
19—定时指示　20—定时止熄

四、操作步骤

① 用水平调节螺丝调节仪器至水平位置。

② 开启电源开关,接通电源,电源指示灯亮。

③ 检查扭力天平的零位及力点平衡。

④ 用 20.00 mm 校正棒校正上、下夹持器的间距,并检查是否与自动显示(20.00)相符。如不符,应调节下夹持器,使之相符。

⑤ 从试样中随机取 30 束卷曲状态没有破坏的纤维,并排列在黑绒板上。

⑥ 用张力夹从纤维束中夹取一根纤维,悬挂在天平横梁上,然后用镊子将纤维的另一端放入下夹持器的钳口中,这时,纤维呈松弛状态,实际长度应大于 20 mm。

⑦ 旋转扭力天平的旋钮,对纤维施加轻负荷(0.018 cN/tex),此时天平横杆上翘。

⑧ 摇动手轮,使下夹持器平稳下降,同时牵引天平横杆下降,观察天平零位指示,当扭力天平的平衡触点指示灯亮时,立即停止摇动手轮,记下显示读数 L_0。

⑨ 转动下夹持器顶部的 25 mm 长度指针与放大镜片,透过放大镜,读取 25 mm 长度的卷曲个数,记下数值 C。

⑩ 旋转扭力天平的旋钮,对纤维施加重负荷(0.882 cN/tex),此时天平横杆上翘。

⑪ 沿逆时针方向摇动手轮,使下夹持器继续牵行天平横杆下降,观察天平零位指示,在扭力天平的平衡触点指示灯亮时,立即停止摇动手轮,记下显示读数 L_1,同时揿下"2 min 定时按钮"。

⑫ 定时后,按下"0 min 按钮",同时反向转动扭力天平的旋钮,撤销天平施加之力,关闭天平。顺时针摇动手轮,使下夹持器上升至原来位置(20.00 mm)时,按下"2 min 定时按钮"。

⑬ 定时后,按下"0 min 按钮",再次对纤维加轻负荷,逆时针方向摇动手轮,使下夹持器下降,观察天平零位指示,当扭力天平的平衡触点指示灯亮时,立即停止摇动手轮,记下显示读数 L_2。

⑭ 关闭天平,顺时针摇动手轮至原来位置,取下张力夹与被测纤维。

⑮ 根据试样根数,重复试验,一般测 30 根纤维。

五、测试结果计算

(1) 卷曲数 J_n

$$J_n = \frac{J_A}{2 \times 2.5} \tag{2-7-1}$$

式中:J_n 为卷曲数(个/10 mm);J_A 为 20 mm 长的纤维上的全部卷曲峰和卷曲谷的数量。

(2) 卷曲率 J

$$J = \frac{L_1 - L_0}{L_1} \times 100\% \tag{2-7-2}$$

式中:J 为卷曲率(%);L_0 为加轻负荷至平衡时记下的读数(mm);L_1 为加重负荷至平衡时记下的读数(mm)。

（3）卷曲回复率 J_{w}

$$J_{\mathrm{w}} = \frac{L_1 - L_2}{L_1} \times 100\% \tag{2-7-3}$$

式中：J_{w} 为卷曲回复率（%）；L_1 为加重负荷至平衡时记下的读数（mm）；L_2 为保持 30 s，去除全部负荷，2 min 后再加轻负荷至平衡时记下的读数（mm）。

（4）卷曲弹性回复率 J_{d}

$$J_{\mathrm{d}} = \frac{L_1 - L_2}{L_1 - L_0} \times 100\% \tag{2-7-4}$$

六、实训报告

将记录的测试结果填入报告单中。

化学纤维卷曲性能测试实训报告单

实验日期＿＿＿＿＿＿＿＿＿＿　　　　　　　　　　　　　　　温湿度＿＿＿＿＿＿＿＿＿＿

结　　果	试样编号						
	1	2	3	…	28	29	30
纤维在轻负荷下测得的长度（mm）							
纤维在重负荷下测得的长度（mm）							
纤维在重负荷释放并回复后，再在轻负荷下测得的长度（mm）							
卷曲数							
卷曲率							
卷曲回复率							
卷曲弹性回复率							

七、思考题

（1）纤维卷曲弹性各指标的物理意义是什么？

（2）影响测试结果的因素有哪些？

子任务四　棉纤维成熟度测试

　　棉纤维的成熟度是指棉纤维的细胞壁增厚程度，是反映棉纤维品质的综合性指标。成熟度的高低与棉纤维的细度、强度、弹性、吸湿性、染色性、转曲形态及可纺性有密切关系，是原棉品质测试的重要内容。

　　棉纤维成熟度的测试方法有中腔胞壁对比法、氢氧化钠膨胀法、偏振光法等。

实训八 中腔胞壁对比法测试棉纤维成熟度

一、实训目的与要求

(1) 了解不同成熟度的棉纤维外形特征,熟悉用中腔胞壁对比法测定棉纤维的成熟度。

(2) 熟悉 GB/T 6099《棉纤维成熟系数试验方法》和 GB/T 6097《棉纤维试验取样方法》等标准。

二、仪器、用具与试样

生物显微镜、一号夹子、限制器绒板、梳子、载玻片、盖玻片、胶水、小钢尺、黑绒板及原棉一种。

三、基本原理

将待测棉纤维置于载玻片上,在显微镜下逐根观察,根据棉纤维形态,结合中腔宽度与壁厚的比值,测定每一根纤维的成熟系数。

四、操作步骤

① 从棉条中抽取棉样 4～6 mg,用手扯法整理成为一端整齐的小棉束。先用稀梳,后用密梳,从棉束整齐一端梳理至另一端,舍弃棉束两旁的纤维,留下中间部分 180～220 根纤维。

② 将载玻片放在黑绒板上,在载玻片的边缘涂一些胶水,左手捏住棉束整齐一端,右手用夹子从棉束另一端夹取数根纤维,并均匀地排列在载玻片上,直至排完为止。待胶水干后,用细针将纤维整理平直,并用胶水黏牢纤维的另一端,然后轻轻地在纤维上面放置盖玻片。

③ 将制好的片子放在低倍生物显微镜下,逐根观察载玻片中部的纤维区段,根据腔壁比值决定其成熟系数,并记录。腔壁比值应在天然转曲中部即纤维宽度的最宽处进行测定,若两壁厚薄不同,可取其平均值,没有转曲的纤维也须在观察范围内最宽处测定。

④ 观察时,可在载玻片上的纤维中部画两条间隔线,间隔距离一般为 2 mm,在间隔线范围内观察,一般观察一个视野,以确定每根纤维的成熟系数。

五、实训报告

(1) 记录:试样名称、环境温湿度、原始数据。

(2) 计算:平均成熟系数、成熟系数变异系数。

六、思考题

(1) 试述中腔胞壁对比法测定棉纤维成熟度的基本原理。

(2) 腔壁比值愈大,成熟系数如何?

实训九　偏振光法测试棉纤维成熟度

一、实训目的与要求

（1）了解偏振光显微镜的结构及 Y147 型棉纤维偏光成熟度仪的测定原理，掌握测定时的操作步骤，熟悉不同成熟度棉纤维的干涉色和棉纤维成熟度的测定方法。

（2）熟悉 GB/T 6099《棉纤维成熟系数试验方法》和 GB/T 6097《棉纤维试验取样方法》等标准。

二、仪器、用具与试样

偏振光显微镜（附起偏振片、检偏振片、一级红或三级红晶片）、Y147 型棉纤维偏光成熟度仪、毛玻璃照明灯、一号夹子、限制器黑绒板、金属梳片、载玻片、胶水、剪刀、稳压器、专用计算尺及棉纤维。

三、基本原理

根据棉纤维的双折射性能，应用光电方法测量偏振光透过棉纤维和检偏振片后的光强度，其光强度与棉纤维的成熟系数、成熟度、成熟纤维百分率均呈正相关，通过一定的数学模型转化，可求得棉纤维的成熟系数、成熟度比、成熟纤维百分率等指标。

四、操作步骤

（1）偏振光显微镜法

① 将纤维平直、整齐地排列在载玻片上，并用脱水将纤维黏在载玻片两端，盖上盖玻片。

② 将毛玻璃照明灯射在偏振光显微镜（放大倍数为 200 倍左右）的反射镜上，按照普通生物显微镜的操作方法调节视界亮度。

③ 调节起偏振片与检偏振片的偏振面至相互垂直，此时视野应呈全暗。

④ 将步骤①所得载玻片放入正交的起偏振片和检偏振片之间，使纤维轴与起偏振片的偏振面呈 45°，然后通过调焦装置调节镜筒位置，使观察清晰。此时，棉纤维应呈明亮的白色，周围视野仍为暗黑色。

（5）放入一级红晶片或三级红晶片补偿器，如果用一级红晶片，其慢光方向应与棉纤维的轴向重合；如用三级红晶片，其快光方向应与棉纤维的轴向重合。

放入一级红或三级红晶片后，在偏振光显微镜下观察时，周围视野呈玫瑰红色，而棉纤维由于成熟度不同，其胞壁厚度不同，而呈现不同的干涉色彩。

⑥ 在载玻片上纤维中段的一个视野内，逐根观察纤维中腔宽广区段的色彩，根据表 2-9-1 确定各根棉纤维的成熟度。当色彩难以判断时，可沿纤维轴向前后移动观察而决定。

表 2-9-1 棉纤维的干涉色彩

纤维成熟情况	一级红补偿器(光程差相加法)	三级红补偿器(光程差相减法)
未成熟	透明蓝红色、紫色、蓝色	透明红色
已成熟	橙色、金黄色、黄色、黄绿色、黄色带绿、绿色	黄色、绿色

⑦ 分别记录成熟纤维与未成熟纤维的根数,纤维测试总根数为 200～300 根。

（2）Y147 型棉纤维偏光成熟度仪测定法

Y147 型棉纤维偏光成熟度仪外形如图 2-9-1 所示。

① 开启仪器的稳压器开关和电源开关,预热 20 min 左右。

② 从试样棉条中取出棉样,质量约 25 mg,用手扯法整理,使纤维伸直、平行且一端整齐。

③ 用金属梳片梳去游离纤维及长度为 18 mm 及以下的短纤维,然后将棉束分成三个小棉束,每个小棉束约 5 mg。

④ 用左手握住小棉束的整齐一端,右手用一号夹子在小棉束的尖端处分层夹取,逐根放在限制器黑绒板上,叠成一端整齐、宽约 25 mm 且长纤维在下、短纤维在上、纤维间伸直、平行、均匀的棉束。

⑤ 翻下限制器黑绒板一端的木板,再用一号夹子在整齐一端将棉束夹紧并取下,保持纤维平直、均匀。

⑥ 将载玻片擦拭干净,放在黑绒板上,将平直均匀的棉束放在距离载玻片一端 10 mm 的位置,然后盖上另一片载玻片,用小夹子夹紧,并剪去露在载玻片两侧的纤维。

⑦ 将夹有两片空白载玻片的试样插片插入试样插口中,然后将拨杆前移(即将衰减片推入光路),转动电位器的旋钮,使电流表的指针指在表盘刻度的"100"上(应使电流表指针稳定在"100 mA"刻度上,如有波动应略等数分钟后再试)。

⑧ 抽出有两片空白载玻片的试样片,插入夹有试样的插片,此时电流表指针向左偏移,指示出该试样的纤维数量(电流表的指针指在 55～65 mA 的刻度范围内)。

⑨ 将拨杆后移(即将起偏振片推入光路),此时电流表指针指示出该试样在偏振光下的光强读数。

（10）根据上述两步所得到的纤维数量及光强读数,用仪器附件中的专用计算尺,即可求出该试样的成熟度。

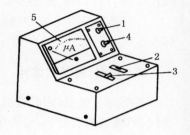

图 2-9-1 Y147 型棉纤维偏光
成熟度仪外形

1—电源开关 2—试样插口
3—拨杆 4—电位器旋钮 5—电流表

五、测试结果计算

$$成熟纤维百分率 = \frac{成熟纤维根数}{观察纤维总根数} \times 100\%$$

六、实训报告

（1）记录:试样名称、仪器型号、原始数据。

（2）计算:偏振光显微镜法、Y147 型棉纤维偏光成熟度仪测定的相关指标。

七、思考题

简述偏振光显微镜及 Y147 型棉纤维偏光成熟度仪测定棉纤维成熟度的原理。

任务三　纺织纤维的力学性能测试

纤维在纺织品加工和使用过程中都会受到各种外力作用而产生变形,甚至被破坏。纤维承受各种外力作用所呈现的特性称为力学性能。纤维的力学性能是纤维品质检验的重要内容,它与纤维的纺织加工性能和纺织品的服用性能的关系非常密切。

纤维力学性能的测试项目主要有拉伸性能(包括一次性拉伸断裂、拉伸弹性、蠕变与松弛、拉伸疲劳)、压缩性能和表面摩擦性能等。

实训一　单纤维拉伸性能测试

一、实训目的与要求

(1) 学会使用电子式单纤维强力仪测定纤维的强度等指标。

(2) 熟悉 GB/T 9997《化学纤维单纤维断裂强力和断裂伸长的测定》、GB/T 14337《化学纤维　短纤维拉伸性能试验方法》、GB/T 14334《化学纤维　短纤维取样方法》和 GB/T 6529《纺织品　调湿和试验用标准大气》等标准。

二、仪器、用具与试样

LLY-06B 型电子式单纤维强力仪(图 3-1-1)、黑绒板、镊子、预加张力夹、校验用砝码及化学纤维实验室样品。

三、基本原理

被测纤维的一端由上夹持器夹持住,另一端施加按标准规定的预张力后由下夹持器夹紧。测试时,下夹持器以恒定的速度拉伸试样,下夹持器下降的位移即为试样的伸长。试样受到的拉伸力通过和上夹持器相连的传感器转变成电信号,经放大器放大及 A/D 转换器转换后,由单片机计算出试样在拉伸过程中的受力情况。

图 3-1-1　LLY-06B 型电子式单纤维强力仪

四、操作步骤

1. 仪器调整

① 打开电源,开机后预热 30 min。

② 调节夹持器距离。松开仪器背面上部的隔距形状固定螺钉,挂上上夹持器,按"下行"键,使上夹持器下降一段距离。放上标准量块,按"上行"键,当量块上升到与上夹持器刚好接触时按"停止"键。放下背面的隔距开关,使之与丝杆刚好接触,拧紧固定螺丝,按"下行"键,使下夹持器下移一段距离后按"上行"键,夹持器上升到与量块刚好接触即自动停止。如误差太大,则重复以上操作至准确为止。

③ 调零。在复位状态下,按"清零"键,仪器显示"FO=00.00"。在上夹持器上放上100 g的砝码,等上夹持器稳定后,按"满度"键,再按"校验"键,仪器显示"FX=100.00"(如不是,再按"满度"键,使之准确)。按"复位"键返回复位状态,调整完成。

2. 试样准备

从实验室样品中随机均匀地取出 10 g 作为试样,进行预调湿和调湿处理,使试样达到吸湿平衡。从已达平衡的试样中随机取出约 500 根纤维,平顺地直铺在黑绒板上,以方便随机抽取 50 根进行测试。

3. 操作步骤

(1)设置试验参数。按"设定"键进入设置状态,光标在某数据处闪动。如想改变某数据按"左移"或"右移"键,使光标移到需改变的数据处,按"清除"键将"旧"的数据清除,按"0~9"数字键置入相应的数字后,按"确认"键,计算机存储。

① 隔距长度。当试样的名义长度≥35 mm 时,隔距长度为 20 mm;当试样的名义长度<35 mm 时,隔距长度为 10 mm。

② 拉伸速度。当试样的平均断裂伸长率<8%时,拉伸速度为每分钟 50%名义隔距长度;当试样的平均断裂伸长率≥50%时,拉伸速度为每分钟 200%名义隔距长度。

③ 线密度和预张力。线密度按试样的名义线密度设置,腈纶、涤纶的预张力为 0.075 cN/dtex,丙纶、氯纶、维纶、锦纶的预张力为 0.05 cN/dtex。

④ 测试次数为 50 次。

⑤ 功能设置。如想改变功能应按"设定"键,使光标在最后一行闪动,不断地按"功能"键,显示屏循环显示八种功能(定速拉伸、定伸长拉伸、定负荷拉伸、一次拉伸等)。选择功能 1(定速拉伸),再按"设定"键,光标消失,退出设置状态。

(2)测试步骤。

① 按"实验"键,进入实验状态。

② 用预加张力钳从黑绒板上夹取一根纤维,取下上夹持器,将纤维一端夹入上夹持器,然后把上夹持器挂在传感器上,再将纤维的另一端引入下夹持器,纤维在预加张力作用下自然下垂,夹紧下夹持器。

③ 按"拉伸"键,仪器开始拉伸,纤维断裂后,下夹持器自动返回起始位置,显示"OK"及本次测试数据,并打印出断裂时间、断裂伸长、断裂强力、断裂功、初始模量及不同伸长时的应力值。若在纤维断裂前按"返回"键,则放弃本次测试。

④ 重复上述步骤,测第二根纤维,直到 50 根纤维测试完毕。

⑤ 本组测试完毕后,进入删除状态,这时仪器显示"Z-DEL"。查看打印数据,如需要删除某次测试数据,按"上行/上翻"键或"下行/下翻"键查找,找到待删除数据后按"删除"键,即可删除。按"停止"键从删除状态返回实验状态,显示屏显示"STOP",补测被测数据,显示屏又出现"Z-DEL"字样。如不需要删除,则按"停止"键,显示屏显示"SYAN2"字样。按"统计"

键,打印本组数据的平均值(X)、标准差(S)及不匀率值(CV);如需要复制,按"复制"键,打印机再次打印本组所有测试数据。

⑥ 按"复位"键,本组测试完毕。

五、实训报告

在打印表(仪器的名称、试验日期、温湿度等)上签署测试者的姓名,并分析影响测试结果的因素。

六、思考题

(1) 试述电子式单纤维强力仪的工作原理。

(2) 影响单纤维强力测试结果的因素有哪些?

实训二 棉束纤维强力测试

棉纤维的强力是反映棉纤维品质的重要指标,纤维的强力越高,加工性能越好,纺出纱线的强力也越高。棉纤维的强力测定一般采用束纤维法。

一、实训目的与要求

(1) 掌握棉束纤维强力的测定方法,了解束纤维强力仪的结构和工作原理。

(2) 熟悉 GB/T 13783《棉纤维断裂比强度的测定 平束法》、GB 6101《棉纤维断裂强力试验方法 束纤维法》、GB/T 6529《纺织品 调湿和试验用标准大气》和 GB/T 13776《用校准棉样校准棉纤维试验结果》等标准。

二、仪器、用具与试样

YG011 型束纤维强力机(图 3-2-1)、限制器绒板、小钢尺、秒表、金属梳片、扳手、割刀、镊子、扭力天平及校准棉样和试验棉条。

三、基本原理

采用束纤维强力机测定平束纤维拉伸至断裂时所承受的强力和伸长,根据束纤维的长度和质量,便可计算出纤维束的断裂比强度。试验应在标准大气状态下进行,并用校准棉校准试验结果。

四、操作步骤

1. 仪器调整

① 调节仪器至水平。

② 校准加荷速度。以适当的金属垫片(零隔距或3.2 mm隔距)代替棉束,放在卜氏试样夹持器内,拧紧两个卜氏试样夹持器的螺丝,将卜氏试样夹持器插入夹头座,调节夹头座上的调节螺丝,以消除夹头座的间隙,将夹头座上的锁紧螺母锁紧。按下扳手,用秒表记录强力指针从 0 移动至 70 N 的时间,并调节硅油阻尼器的调节螺丝,使得强力指针从 0 移动至 70 N 所

需时间为 7 s,保证加荷速度为 10 N/s。

③ 零位校准。从夹头座上取出卜氏试样夹持器,再按下扳手,使加荷臂翻倒,这时强力指针及伸长指针都应停在零位(强力指针在强力刻度尺零位与第一刻度线之间的任何地方即被认为在零位),否则左右移动强力指针少许或强力刻度尺少许或左右、上下移动伸长刻度尺少许。

④ 零伸长松动间隔的校准。将卜氏试样夹持器(金属垫片不取出)插入夹头座内,再按下扳手,并用手握住摆锤,使强力指针停在 20 N 时伸长指针应在刻度零线左边的刻度 20 上,否则松开夹头座上的锁紧螺母,通过调节螺丝调节伸长指针在刻度尺上的位置,准确后锁紧螺母。使强力指针从 20 N 转到 70 N 时停止,伸长指针应在刻度零线左边的 20～70 之间;否则,通过夹头座上的锁紧螺母、调节螺丝重新调整。

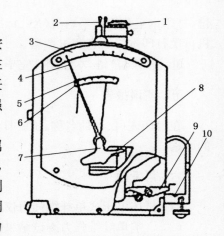

图 3-2-1　YG011 型束纤维强力机主机结构图

1—锁紧螺母　2—卜氏试样夹持器
3—强力刻度尺　4—强力指针
5—伸长指针　6—伸长刻度尺
7—凸轮片　8—拨针
9—扳手　10—水准器

2. **试验试样制备**

① 从试验棉条中取出细绒棉 30 mg(或长绒棉 35 mg)左右的棉样,棉束至少要足够制备六个试验试样。

② 先用手扯和限制器绒板整理成棉束,再用稀梳、密梳梳理棉束的一端及另一端,棉束的中部也必须受到充分的梳理。

③ 将棉束沿纵向分成六个小棉束,用密梳梳理 2～3 次,目的是去除短纤维(对零隔距及 3.2 mm 隔距,应分别梳去 15 mm 和 20 mm 及以下的短纤维)、游离纤维和杂质。要适当控制梳齿刺入棉束的深度,尽可能防止纤维断裂。棉束的宽度要保持在 6 mm 左右。

④ 将六个小棉束放置在绒板或培养皿上进行预调湿和调湿处理至少 2 h。

⑤ 将小棉束夹入卜氏试样夹持器,把夹持器锁紧在台钳(有预张力装置)中,打开夹持器,将小棉束的平齐一端夹入可动张力夹中,张开固定张力夹的夹口,把试样的松散端插入其中,然后把可动张力夹向前拉,直到它被扣在张力杆的钩子上。用力压住固定张力夹,以防止纤维滑脱,然后松开张力杆弹簧,对平束试样施加张力。关上夹持器夹,并用 90 N·cm 的扭矩将它拧紧(首先拧紧靠近固定张力夹的一个夹持器),以保证两个夹头之间具有规定的张力,使纤维伸直。扭矩可以通过装在台钳座上的扭矩指示器进行控制。从台钳上取下夹持器,用割刀把棉束的伸出端切掉。使用无预张力装置的台钳时,直接用手将平束试样夹入夹持器,用 90 N·cm 的扭矩将它拧紧。

3. **测试步骤**

① 将夹有棉束的卜氏试样夹持器插入夹头座内,掀起扳手,记录负荷及伸长值(负荷最好为 40～60 N,若负荷小于 30 N,舍去此值)。

② 取下夹持器,放在台钳上,打开夹持器,用镊子取出正常断裂的全部纤维,放置于黑绒板上。

③ 按上述操作方法,继续拉断其余的小棉束。

④ 依次测定并记录置于黑绒板上的小棉束的质量(精确至 0.01 mg)。

⑤ 同法,分别测试六个校准棉样的负荷及伸长值、小棉束的质量。

五、测试结果计算

1. 断裂比强度

（1）零隔距试验

$$P_t = \frac{1.18 \times P}{m} \tag{3-2-1}$$

式中：P_t 为断裂比强度（cN/tex）；P 为断裂负荷（N）；m 为棉束质量（mg）。

（2）3.2 mm 隔距试验

$$P_t = \frac{1.50 \times P}{m} \tag{3-2-2}$$

（3）平均断裂比强度

根据各试样的计算结果，计算平均断裂比强度，结果修约至一位小数。

2. 断裂比强度修正

根据六个校准试样计算出各校准样的平均断裂比强度后，计算断裂比强度修正系数 K_1。

断裂比强度修正系数 K_1 = 校准棉样的标准值 / 校准棉样的实测值

按数字修约规则修约至三位小数，修正系数 K 应在 0.9～1.1 范围内。

修正后的断裂比强度 = 平均断裂比强度 × K

计算结果按数字修约规则修约至一位小数。

3. 平均断裂伸长率及修正

对于 3.2 mm 隔距试验，由记录的各试样的断裂伸长率计算平均断裂伸长率。

修正后的断裂伸长率 = 各试样的平均断裂伸长率 × 伸长率修正系数 K_2

断裂伸长率修正系数 K_2 的求法同上，计算结果按数字修约规则修约至一位小数。

六、实训报告

（1）记录：实验日期、零隔距或 3.2 mm 隔距、各小棉束的负荷、伸长率、质量及环境温湿度。

（2）计算：棉束的断裂比强度、平均断裂比强度和平均断裂伸长率。

七、思考题

影响棉束纤维强力测试的因素有哪些？

实训三 纤维摩擦系数测试

纺织纤维的摩擦性能不仅影响纺织工艺的顺利进行，而且与纱和织物的质量的关系密切，特别是合成纤维广泛用于纺织工业后，对纤维摩擦特性的研究倍受关注。纤维的摩擦性能通常用摩擦阻力和摩擦系数表示。摩擦阻力是两个相互接触的物体在法向压力的作用下，沿着切向相互移动时的阻力。当法向压力为零时,摩擦力也为零。摩擦力与法向压力的比值,称为摩擦系数。摩擦力分为静摩擦力和动摩擦力,摩擦系数也分为静摩擦系数和动摩擦系数。

一、实训目的与要求

(1)熟悉 Y151 型纤维摩擦系数测定仪的结构。

(2)了解纤维摩擦系数的测试方法。

二、仪器、用具与试样

Y151 型纤维摩擦系数测定仪图 3-3-1 和附件(摩擦辊芯、预加张力夹、铁夹子、金属梳片)、扭力天平、镊子、成型板及化学纤维一种(涤纶、腈纶、锦纶或丙纶等)。

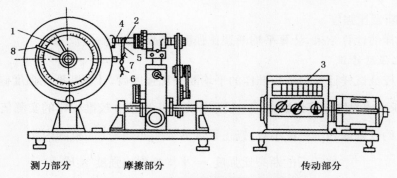

图 3-3-1　Y151 型纤维摩擦系数测定仪

1—扭力天平　2—金属辊芯轴　3—多级齿轮变速箱　4—纤维辊
5—纤维　6—张力夹头　7—张力夹头　8—扭力天平手柄

三、基本原理

在被测纤维或挂丝的两端夹上同等重量的张力钳 100 mg(或 200 mg),然后绕在摩擦辊上,使外边的一个张力钳骑挂在扭力天平的秤钩上,另一个张力钳自由悬垂,并使纤维或挂丝之间的包角为 180°。扭力天平的秤钩充分受力,测出扭力天平受力 m,即 f_2 等于张力钳质量,f_1 为张力钳质量与 m 之差,代入欧拉公式,得:

$$\mu = \frac{\ln f_2 - \ln f_1}{\theta}$$

式中:μ 为摩擦系数;f_2 为张力钳质量(mg);f_1 为张力钳质量与扭力天平受力 m 之差(mg)。

四、操作步骤

1. 仪器调整

① 调整仪器至水平。

② 调整软轴的歪斜程度,使软轴伸直。

③ 调节扭力天平的零位。

④ 调节摩擦辊的转速,一般采用 30 r/min。

2. 制作纤维辊

① 从试样中取出 0.5 g 左右的纤维,用手扯法整理成一端平齐、纤维顺直的纤维束(注意:在整理纤维的过程中,手必须洗干净,而且只能握持纤维的两端,不能接触纤维束的中段),然后用左手夹持纤维束的一端,用金属梳片梳理另一端,去掉纤维束中的纤维结和乱纤维,梳理完一端再梳理另一端。此时,纤维片宽度约 3 cm、厚度约 0.5 mm。

② 用镊子将纤维夹到纤维成型板上,并使纤维片的一端超出成型板上端边缘 2～3 cm,将此超出部分折入成型板的下侧,用铁夹子夹住。

③ 成型板上的纤维片经金属梳片梳理整齐后,用塑料胶带沿成型板前端(不夹夹子的一端)将纤维片黏住,须注意,应以胶带的一半左右宽度黏住纤维,留出另一半宽度(3 mm 左右),胶带长度应比纤维片的宽度长,两端各留出 5 mm 左右,黏在试验台上。

④ 去掉夹子,抽出成型板,将弯曲的纤维剪掉,使留下的纤维长度在 3 cm 左右。揭起黏在试验台上的塑料胶带的右端,将其黏在金属辊芯的顶端,旋转辊芯,被塑料胶带黏住的纤维片就卷绕在辊芯表面。卷绕时,应使纤维束的一端(黏住的一端)与金属辊的下端平齐。卷好后,将露出在辊芯上端(2～3 mm)的胶带和黏住的纤维折入端孔,然后用金属梳子梳不整齐的一端,使纤维平行于金属辊芯,均匀地排列在辊芯表面,并用剪刀剪齐。

⑤ 先从金属辊芯右端套入螺母,再从金属辊芯左端套入螺钉,并用左手拇指抵住金属辊芯右端,然后三指用力,使螺钉贴紧辊芯圆锥面,将纤维一端压紧。这时,应使纤维平行、伸直并贴紧在金属辊表面,再拧紧螺母。注意,在拧紧过程中,固定螺钉的左手不能放松,只能用右手旋紧螺母,否则已平行于辊芯的纤维会旋成螺旋形,破坏试样表面状态。

⑥ 检查纤维辊表面是否平滑,如有毛丝,应用镊子夹去。

注:在制作纤维辊的过程中,手指不能接触辊芯表面包覆的纤维层,否则会影响测试结果。

3. 静摩擦系数测试

① 旋转螺母,使之向右移至极限位置,将准备好的摩擦辊(金属辊、橡胶辊或纤维辊)插入仪器主轴孔内,并旋紧右侧螺钉。打开扭力天平和秤盒,调整摩擦辊与天平秤钩的相对位置,使摩擦辊大致位于天平秤钩的正上方。

② 取一根被测纤维,在其两端夹上同等质量的张力钳,纤维细度在 4.44 tex(4D)以下用 100 mg、在 4.44 tex(4D)以上用 200 mg,然后将挂丝挂在摩擦辊上,调整摩擦辊与扭力天平秤钩之间的相对位置,使外面的一个张力钳上下铅垂地骑挂在扭力天平的秤钩上,另一个张力钳自由悬垂,并使挂丝与摩擦辊的夹角为 180°。

③ 右手拉动传动带,将其向扭力天平一侧拉转,则天平指针向右偏,左手匀速(约 7 s 加 100 mg 的速度)转动扭力天平的手柄,至扭力天平指针突然向左滑动时为止,读取扭力天平上的读数 m。

④ 将天平手柄复位,每根挂丝测两次,记录读数。

⑤ 每个摩擦辊测六根挂丝。若为纤维辊,五个纤维辊上各测六根挂丝,共得 60 个数据(可根据需要增减测定次数)。

4. 动摩擦系数测试

① 同静摩擦系数测定的步骤①和②。

② 右手拉动传动带,使扭力天平的指针向右偏过。

③ 插上电源,打开电动机开关,使摩擦辊转动。

④ 旋转扭力天平的手柄,使扭力天平的指针在平衡点中心等幅度摆动,读取扭力天平的读取 m,并记录。

⑤ 将天平手柄复位,每根挂丝测定两次,记录读数。

⑥ 试验次数与静摩擦系数相同。

⑦ 试验完毕,将仪器复原。

五、实训报告

(1)记录:试样名称、仪器型号、仪器工作参数、环境温湿度、原始数据。

(2)计算:动、静摩擦系数。

六、思考题

(1)动摩擦系数和静摩擦系数在概念上有什么不同?

(2)如何测定纤维的动、静摩擦系数?

任务四　纺织纤维的其他性能测试

子任务一　纺织纤维吸湿性能测试

吸湿性检测是纺织材料性能检测中的重要内容之一。按照吸湿性能测试仪器的特点,大致可分为直接测定法和间接测定法。直接法测定是从回潮率的定义出发,以直接去除纤维中含有的水分、使纤维与水分分离为基本特征,测得纤维的湿量和干量,从而得到回潮率的测试方法,如烘箱干燥法、吸湿剂干燥法、真空干燥法、红外线干燥法等,其中通风式烘箱干燥法是国家标准中规定的方法。间接法测定则利用纺织纤维中的含湿量与某些性质密切相关的原理,通过测试这些性质来推测纺织纤维的回潮率,如电阻测湿法、电容测湿法、微波吸收法等。

实训一　烘箱法测定纺织纤维的回潮率

一、实训目的与要求

(1)能使用烘箱测定纺织纤维的回潮率。

(2)会进行数据处理并完成实训报告。

(3)熟悉 GB/T 9995《纺织材料含水率和回潮率的测定　烘箱干燥法》、GB/T 14341《合成纤维回潮率试验方法》、GB/T 3291.3《纺织　纺织材料性能和试验术语》和 GB/T 6529《纺织品　调湿和试验用标准大气》等标准。

二、仪器、用具与试样

YG747型通风式烘箱(图4-1-1)、天平及各种天然纤维和化学纤维。

三、基本原理

烘箱法就是利用烘箱里的电热丝加热箱内空气,通过热空气使纤维的温度上升,达到蒸发水分的目的,使纤维干燥。影响烘箱法测试结果的因素主要有烘燥温度、烘燥方式、试样量、烘干时间、箱内湿度和称量等。

图4-1-1　YG747型通风式烘箱

四、参数设置

烘干试样的温度一般不超过水的沸点,使纤维中的水分子有足够的热运动能力,脱离纤维进入大气中。为了使测试结果稳定并具有可比性,国家标准对不同的测试对象规定了不同的烘燥温度(表4-1-1)。

表4-1-1　常见纤维的烘箱温度设定范围

纤维种类	桑蚕丝	腈纶	氯纶	其他纤维
烘箱温度(℃)	140±2	110±2	77±2	105±2

五、操作步骤

① 校正天平,使钩篮器与空铝篮的质量与天平称盘平衡。

② 称取试样在室温条件下的质量(精确至0.01 g),并记录。

③ 根据试样的测试要求,调整温控仪设定烘箱温度,并打开烘箱顶部的排气孔。打开电源开关,按下"启动"按钮,烘箱进入升温及恒温控制状态。

④ 当烘箱温度达到恒定时,打开烘箱,将试样依次投入铝篮中,分别记录编号,关闭烘箱。

⑤ 按照标准,将试样烘燥一定时间(如25 min),按下"暂停"按钮,然后保持1 min。

⑥ 称量。开启烘箱内的照明灯,通过烘箱顶部的视窗观察铝篮的位置,然后旋转转篮手柄,将铝篮旋至适当位置。开启烘箱顶部的伸缩孔,将钩篮器穿过天平底板左侧的称量孔及烘箱的伸缩孔插入烘箱,并勾住此时位于伸缩孔正下方的一只铝篮,进行称量并记录。旋动转篮手柄,依次称完所有铝篮。

握住钩篮器,将其从天平左端的挂钩内取下,并将勾住的铝篮放回转篮架的原挂钩上,然后脱开钩篮器,将钩篮器取出。关闭伸缩盖,打开排气阀,按下"启动"按钮,使试样在设定温度下继续烘燥,达到规定称量间隔时间(5 min)即按下"暂停"按钮,然后保持1 min。

分别对试样进行第二次称量并记录。如该次称量值与前次称量值的差异大于该次称量值的0.05%,则试样尚未烘干,应继续烘燥。直到两次称量值的差异小于第二次称量值的0.05%,则第二次称得的质量即可作为试样的烘干质量。

⑦ 关闭烘箱电源,打开烘箱,取出铝篮及试样,装入新的待烘试样继续测试。

六、实训报告

（1）记录：试样的名称、编号、原料种类及数量、烘箱型号、环境温湿度、试验日期和试验操作人。

（2）计算：各试样的回潮率。

七、思考题

用烘箱法测得的纤维干量是否为绝对干量？为什么？

实训二　电测法原棉水分测试

一、实训目的与要求

（1）了解 Y412A 型原棉电阻测湿仪的基本结构，掌握其操作方法，并进行原棉回潮率测定。

（2）熟悉 GB/T 6102.2《原棉回潮率试验方法　电测器法》等标准。

二、仪器、用具与试样

Y412A 型原棉电阻测湿仪（图 4-2-1）、天平（分度值为 0.1 g）及原棉一种。

三、基本原理

在棉花的体积、密度和湿度一定的条件下，其回潮率与电阻之间有一定的关系，棉花的回潮率愈大，其电阻愈小；在外加电压一定的条件下，棉花的电阻愈小，通过棉花的电流就愈大。因此，可根据电流大小间接测得棉花的回潮率。实际上，可从仪器表头直接读出棉花的回潮率。

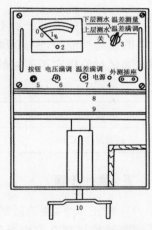

图 4-2-1　Y412A 型原棉测湿仪

1—表头指针　2—小螺丝
3—校验开关　4—电源
5—按钮　6—电压满调电位器
7—温差满调电位器
8，9—极板　10—压力器

四、操作步骤

① 打开底座，将干电池装入电池盒，注意电池的正负极与盒盖上的标记相符合，切勿接错。

② 检查表头指针是否与起点线重合，如不重合，则用小螺丝刀缓慢旋动表头下方的小螺丝进行调节，使表头指针与起点线重合（注意：检查时不开启电源）。

③ 将校验开关拨至"满度调整"档，然后开启电源开关，这时，表头指针立即向右偏转，指针应指示满度，如有偏移应旋转"满度调整"旋钮，使指针与终点线重合，调整完毕关闭电源。

④ 从试样筒中取出棉样，如棉样为硬块，应撕松，并拣去大的杂质，用天平称取 50 g±5 g 试样。

⑤ 将称得的试样迅速撕松，并均匀地放入仪器的两极板之间，盖好玻璃盖，旋转手柄，对试样施加一定压力，使压力器的指针尖端指在小红点处。此时，两极板间的压力为 735 N(75 kgf)左右。

⑥ 将校验开关拨至"上层测水"或"下层测水"，棉纤维的含水率一般为 6%～12%，使用上层测水；如含水率为 8%～15%，使用下层测水。然后开启电源开关，指针立即偏转，待指针稳定后，记下读数。再将校验开关拨至"温差测量"，待指针稳定后，记下读数。此时，指针所指读数就是温差修正值，根据该值对试样测定值进行修正，即得原棉的含水率，再查表折算成回潮率。

⑦ 关闭电源，取出试样。

五、实训报告

将记录的测试结果填入报告单中。

原棉回潮率测试实训报告单

温湿度_____　　　　　　　　　　　　　　　实验日期_____

件数			试样份数		试样份数	
取样时间			实验时间		实验时间	
回潮率(%)						平均回潮率(%)

六、思考题

(1) 简述电阻测湿仪测定原棉回潮率的原理。

(2) 试比较烘箱法和 Y412A 型原棉测湿仪测试回潮率的优缺点。

子任务二　羊毛油脂与化纤油剂含量测试

对于原毛和毛条，需测定其油脂含量。原毛的油脂含量与净毛率、洗毛工艺以及羊种培育等有关；毛条的油脂包括洗毛后的残留油脂以及后道纺织加工过程中施加的油剂，毛条的油脂含量不仅影响毛条的质量，而且影响后道加工工艺。

对于化学纤维，需测定其油剂含量。化学纤维中的油剂分纺丝油剂和纺织油剂。施加纺丝油剂仅仅是纺丝工艺的需要，将在后道工序中被洗除；施加纺织油剂则能使纺织工艺顺利进行，纺织油剂因纤维品种及纺织加工工序要求而异，各种油剂的成分和配方并不相同。

羊毛油脂和化学纤维油剂的含量测定一般采用萃取法。合纤长丝和变形丝还可用皂液洗涤法,涤纶短纤维也可用光折射法。

实训三 萃取法测试羊毛油脂与化纤油剂含量

一、实训目的与要求

(1) 学习使用油脂抽取器(索氏萃取器)测定羊毛油脂或化纤油剂含量的方法。

(2) 熟悉 FZ/T 20002《毛纺织品含油脂率的测定》、GB/T 14340《合成短纤维含油率试验方法》和 GB/T 8170《数值修约规则与极限数值的表示和判定》等标准。

二、仪器、用具与试样

油脂抽取器、恒温水浴锅、恒温烘箱、分析天平(感量为 0.000 1 g)、滤纸、溶剂若干(表 4-3-3)及羊毛或化纤一种。

表 4-3-3 不同纤维所需溶剂

纤维名称	羊毛	黏胶、富纤	涤纶	锦纶	腈纶	维纶
适用溶剂	乙醚,四氯化碳	乙醚	乙醚,甲醇,苯—乙醇(2:1),四氯化碳	四氯化碳	苯—乙醇(2:1),乙醚,三氯甲烷	苯,甲醇(2:1)

三、基本原理

利用油剂能溶解于特定有机溶剂的性质,以适当的有机溶剂通过索氏萃取器将试样中的油剂萃取出来,然后将溶剂蒸发,称量残留油剂的质量及试样质量,计算试样的含油率。

四、操作步骤

① 试验前,将接收瓶放入烘箱内烘干(前后两次称量值相差 0.000 5 g 以下),然后放入干燥器内冷却 20~30 min,并在分析天平上称量,得到接收瓶的干量。

② 称取试样 3~5 g,取两份,进行平行试验。

③ 用滤纸将试样包好,放入抽取管内(试样包卷长度不得超过虹吸管口),注入按表 4-3-3 选择的溶剂,溶剂量约为接收瓶容量的 1/2~3/4。

④ 整套装置连接后放在恒温水浴锅上,冷凝器接通冷凝水,接收瓶中的溶剂蒸发,其蒸汽上升到冷凝管,冷却后回复液体状态,滴入抽取管,抽取管内的溶剂使纤维中的油剂溶解。当抽取管内的液面达到虹吸管的上弯道时,由于虹吸作用而产生回流,使抽取管内的溶剂通过虹吸管回到接收瓶中。总回流次数根据所选用的溶剂而定,一般回流 12~18 次(乙醚 18 次,时间不少于 2 h;四氯化碳、苯—乙醇 12 次,时间不少于 3 h),将试样中的油脂洗净。

⑤ 抽取完毕,取出试样,蒸馏回收溶剂,将接收瓶内的剩余油剂和试样放在烘箱内烘至恒重,从烘箱中取出,并放在干燥器内,冷却 30 min 后,用分析天平分别称出试样去油后的干量及接收瓶和油剂的干量(精确至 0.1 mg)。

(6) 试样的实测含油率,应取两份试样的试验结果的平均值。若两份试样的试验结果有差异,油毛条超过 0.5%,干毛条超过 0.2%时,应进行第三份试样的试验,最后根据三份试样的试验结果计算平均值。若测化纤油剂含量,当两份试样的含油率差异超过平均值的 2.5％ 时,须重新取样,再进行平行试验,以四次测试结果的平均值表示。

五、测试结果计算

$$含油率 = \frac{G_2 - G_1}{G_0} \times 100\%　\qquad (4-3-1)$$

式中:G_0 为试样去油后的干量(g);G_1 为接收瓶的干量(g);G_2 为接收瓶和油剂的干量(g)。

六、实训报告

将测试及计算结果填入报告单中。

纤维含油率测试实训报告单

实验日期＿＿＿＿＿＿＿＿　　　　　　　　　　　　　　　温湿度＿＿＿＿＿＿＿＿

结　果	试 样 编 号	
	1	2
试样含油率(％)		
平均含油率(％)		

七、思考题

(1)羊毛和化纤含油率测定的实际意义是什么?
(2)试述影响测试结果准确性的因素。

子任务三　合成纤维热收缩率测定

通常,合成纤维受热会产生收缩,称为热收缩。一般来说,合成纤维是具有热收缩性能的纤维。在合成纤维的纺丝成形中,为改善纤维的物理机械性能,受到比较强烈的拉伸作用,使纤维内部残留了部分应力,遇到热作用时纤维就会产生收缩。不同品种的合成纤维,由于制造工艺不同,其热收缩率有差异。氯纶和维纶的热收缩率较大,氯纶在 70℃ 左右开始收缩,100℃ 时收缩率在 50％ 以上;维纶在热水中的收缩率为 5％ 以上。

纺织厂如果将热收缩率差异较大的合成纤维混用或进行交织,在后续的染整加工中,织物表面会形成疵点。因此,纺织厂要检验各批合成纤维的热收缩率,作为原料选配的参考。

纤维的热收缩率大小,与热处理的方式、处理温度和时间等因素有关。热处理的方式有沸水收缩、热空气收缩和饱和蒸汽收缩三种。在一般情况下,纤维的热收缩率在饱和蒸汽中为最大,沸水中次之,热空气中最小。通常测试热空气收缩率、饱和蒸汽收缩率和沸水收缩率。

实训四 合成纤维的热空气收缩率测定

一、实训目的与要求

(1) 用纤维热收缩测定仪测定纤维的热收缩率,要求熟悉实验操作方法。

(2) 熟悉 FZ/T 50004《涤纶短纤维干热收缩率试验方法》和 GB/T 6505《化学纤维 长丝热收缩率试验方法》等标准。

二、仪器、用具与试样

纤维热收缩测定仪(图 4-4-1)、小型干热空气加热箱、压力锅、张力弹簧夹、镊子及化学纤维若干。

三、基本原理

纤维遇热空气或热水时会发生收缩,长度发生变化,利用光学放大原理,测量纤维收缩前后的长度变化,即可计算热收缩率。

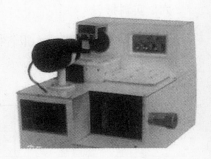

图 4-4-1 纤维热收缩测定仪

四、操作步骤

(1) 试样准备

用弯头镊子夹持不锈钢弹簧的两端,稍用力,使弹簧弯曲,然后用镊子从试样中随机取出一根纤维,一端夹入弹簧中,另一端夹入不锈钢张力弹簧(下弹簧)中。张力弹簧质量的选择与单纤维断裂强力试验相同,纤维在张力弹簧中的夹持点尽可能位于弹簧的中间位置,使纤维自由下垂时与张力弹簧垂直。纤维的夹持长度根据热处理方式和纤维的收缩率大小不同,在一定范围内随机夹取,但务必使收缩后的长度不短于 15 mm,以免自动测试程序失控。

用弯头镊子夹持上弹簧,连同纤维、张力弹簧一起移置于试样筒的圆槽内,如此连续夹取纤维。上弹簧在圆槽内的位置须使纤维的夹持点在弹簧的最低端,而且纤维不能包缠在弹簧上。

(2) 热处理前的长度测试

① 开启电源开关,预热 10 min,此时测量开关应关断,指示红灯亮。

② 合上测量开关,自动测量长度,记录数码管上各顺序号的纤维长度 L_1,直至 30 根纤维测量完毕。

③ 纤维品种不同,采用的热处理条件也不同,详见表 4-4-1。

表 4-4-1 热处理条件

纤维品种	热处理温度与介质	处理时间
涤纶、锦纶	180℃干热空气	30 min
腈纶	沸水或 120℃蒸汽	30 min
维纶	沸水	30 min

　　其中,干热空气处理采用小型干热空气加热箱(烘箱),进行热处理时,应预热,使加热箱达到热处理温度后,迅速放入试样筒,处理 30 min 后立即取出;蒸汽处理采用装有压力表的压力锅,试样筒先放入锅内,扣上限压阀加热,在锅内蒸汽压力达 1.2 kg/cm² 或限压阀开始放气后开始计时,30 min 后停止加热。

　　经沸水或蒸汽处理后,将试样筒放入 45℃ 的烘箱内烘 30 min,然后放置在标准温湿度条件下平衡。经干热空气处理后,样筒可直接在标准温湿度条件下平衡。

　　(3)热处理后长度的测试

　　试样筒在标准温湿度条件下平衡 30 min 后,重新装到测试仪的转轴上,按前述同样方法测量纤维的长度,记录各顺序号的纤维长度 L_2。

五、测试结果计算

　　各根纤维的热收缩率和 30 根纤维的平均热收缩率及变异系数按下式计算:

$$S_i = \frac{L_1 - L_2}{L_1} \times 100\% \tag{4-4-1}$$

$$\overline{S} = \frac{\sum S_i}{n} \times 100\% \tag{4-4-2}$$

$$CV = \frac{1}{\overline{S}}\sqrt{\frac{\sum (S_i - \overline{S})^2}{n-1}} \tag{4-4-3}$$

式中:S_i 为各根纤维的热收缩率(%);$\overline{S}$ 为 30 根纤维的平均收缩率(%);CV 为 30 根纤维的热收缩率变异系数(%);L_1 为热收缩前的试样长度(mm);L_2 为热收缩后的试样长度(mm);n 为纤维的测试根数。

六、实训报告

　　(1)记录:试样名称与规格、仪器型号、仪器工作参数、环境温湿度等。
　　(2)计算:纤维的热收缩率、平均热收缩率及变异系数。

七、思考题

　　试述测定纤维热收缩率的实际意义。

子任务四　纤维比电阻测试

　　表示纤维导电能力的指标是比电阻,比电阻的值越大,纤维的导电能力越差。比电阻有表面比电阻、体积比电阻和质量比电阻等三种。合成纤维的吸湿能力一般较差,回潮率低,比电阻较高,在加工过程中容易产生静电,影响加工的顺利进行。因此,测量合成纤维的比电阻,对预测纤维的加工性能具有重要的意义。测量单根纤维的比电阻是很困难的,也没有实际意义,一般测量一团纤维的比电阻。

实训五　合成纤维比电阻测试

一、实训目的与要求

(1) 熟悉 YG321 型纤维比电阻仪,了解该仪器测定纤维电阻的原理,掌握测量纤维比电阻的方法。

(2) 熟悉 FZ/T 50004《涤纶短纤维干热收缩率试验方法》和 GB/T 6505《化学纤维　长丝热收缩率试验方法》等标准。

二、仪器、用具与试样

YG321 型纤维比电阻仪(图 4-5-1)、天平(精度为 0.01 g)、镊子、黑绒板、粗梳、密梳及化学纤维一种。

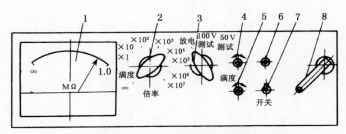

图 4-5-1　Y321 型纤维比电阻仪面板

1—表头　2—倍率开关　3—放电-测试开关　4—"∞"电位器旋钮
5—"满度"电位器旋钮　6—指示灯　7—电源开关　8—摇手柄

三、基本原理

根据欧姆定律,把一定质量的纤维放入一定容积的测试盒里,放入压块后一起放入箱体内,对试样进行加压,使其具有一定密度,两端加上一定电压,通过表头测出试样电阻值,代入公式计算出纤维的质量比电阻和体积比电阻。

四、操作步骤

(1) 仪器调整

① 使用前,仪器面板上各开关的位置应为:电源开关在"关"的位置,"倍率"开关在"∞"处,"放电—测试"开关在"放电"位置。

② 将仪器接地端用导线妥善接地。

③ 接通电源,合上电源开关,将"放电—测试"开关拨至"测试"位置,待仪器预热 30 min 后慢慢调节"∞"电位器旋钮,使表头指针指在"∞"处。

④ 反复将"倍率"开关拨至"满度"位置,检查表头指针是否指在"满度"位置。

⑤ 调试时,不允许把纤维放入纤维测量盒。用四氯化碳将测试盒内清洗干净,并用纤维比电阻仪测试其电阻,不低于 1 014 Ω,方可使用。

（2）测试

① 取试样 50 g，用手扯松后，置于标准大气条件下平衡 4 h 以上，用天平称取三份试样，每份重 15 g。

② 取出纤维测量盒，用专用钩子将压块取出，并用大镊子将一份试样（15 g）均匀地填入测量盒内，推入压块，把纤维测量盒放入仪器槽内，转动摇手柄，直至摇不动为止。

③ 将"放电—测试"开关置于"放电"位置，待极板上因填装纤维产生的静电散逸后，即可拨至"测试"位置进行测量。

④ 测试电压选在"100 V"档，拨动"倍率"开关，使电表稳定在一定读数上。这时，表头读数乘以倍率即为试样的电阻值。

五、测试结果计算

（1）体积比电阻

$$\rho_v = R \times \frac{m}{l^2 \times d} \tag{4-5-1}$$

（2）质量比电阻

$$\rho_m = R \times \frac{m}{l^2} \tag{4-5-2}$$

式中：ρ_v 为试样的体积比电阻（$\Omega \cdot cm$）；ρ_m 为试样的质量比电阻（$\Omega \cdot g/cm^2$）；R 为试样的电阻值（Ω）；l 为两极板间的距离（2 cm）；m 为试样质量（15 g）；d 为试样密度（g/cm^3）。

六、实训报告

（1）记录：试样名称与规格、仪器型号、仪器工作参数、原始数据、环境温湿度。
（2）计算：试样的体积比电阻、质量比电阻。

七、思考题

试述影响化学纤维质量比电阻测试结果的主要因素。

任务五　纺织纤维的品质检验与评定

纱线品质取决于纤维性质和工艺，而纺丝工艺又受到纤维性质的影响。采用相同的纺纱设备，在相同的纺纱条件下，有些纤维容易纺纱，成纱品质优良；而有些纤维的加工性能差，纺纱速度低，产品质量差。现代纺纱技术要求原料的加工性能好，即不但能加工出符合质量要求的产品，还必须使成本降低、经济效益提高。因此，在纺纱投产之前，必须对原材料的品质进行全面考核和品质评定。由于纺织原料品种繁多，各品种之间，品质标准很难统一，所以各种纤维有各自的品质评定办法和标准。

实训一 原棉的品级与手扯长度检验

原棉的品质会影响纺纱工艺和纱线质量。原棉的品质检验有利于企业根据自身情况合理地采购和使用原棉，做到优质优价、优质优用，提高纱线质量。因此，原棉的品质检验是原棉各项检验中的一项重要内容。原棉的品质检验包括品级检验、长度检验、马克隆值检验、异性纤维检验和断裂比强度检验。

一、实训目的与要求

（1）掌握原棉品级评定的依据、方法以及手扯长度的抽样和测量方法。

（2）熟悉 GB 1103《棉花　细绒棉》和 GB/T 13786《棉花分级室的模拟昼光照明》等标准。

（3）能根据检验结果对照标准进行品级评定。

二、仪器、用具与试样

锯齿棉和皮辊棉的品级实物标准各一套、棉花分级室、各品级锯齿棉或皮辊棉若干。

三、基本原理

依据国家标准的规定，在分级室（具有标准模拟心昼光照明或北窗光线）内，对照棉花品级的实物标准，结合品级条件和品级参考指标进行品级的评定。

（1）原棉品级条件（表 5-1-1）

表 5-1-1 品级条件

品级	籽棉	皮辊棉			锯齿棉		
		成熟程度	色泽特征	轧工质量	成熟程度	色泽特征	轧工质量
一级	早、中期优质白棉，棉瓣肥大，有少量一般白棉和带淡黄尖、黄线的棉瓣，杂质很少	成熟好	色洁白或乳白，丝光好，稍有淡黄染	黄根、杂质很少	成熟好	色洁白或乳白，丝光好，微有淡黄染	索丝、棉结、杂质很少
二级	早、中期好白棉，棉瓣大，有少量轻雨锈棉和个别半僵瓣棉，杂质少	成熟正常	色洁白或乳白，有丝光，有少量淡黄染	黄根、杂质少	成熟正常	色洁白或乳白，有丝光，稍有淡黄染	索丝、棉结、杂质少
三级	早、中期一般白棉和晚期好白棉，棉瓣大小都有，有少量雨锈棉和个别僵瓣棉，杂质稍多	成熟一般	色白或乳白，稍见阴黄，稍有丝光，淡黄染、黄染稍多	黄根、杂质稍多	成熟一般	色白或乳白，稍有丝光，有少量淡黄染	索丝、棉结、杂质少
四级	早、中期较差的白棉和晚期白棉，棉瓣小，有少量僵瓣或轻霜、淡灰棉，杂质较多	成熟稍差	色白略带灰、黄，有少量污染棉	黄根、杂质较多	成熟稍差	色白略带阴黄，有淡灰、黄染	索丝、棉结、杂质稍多

（续 表）

品级	籽 棉	皮 辊 棉			锯 齿 棉		
		成熟程度	色泽特征	轧工质量	成熟程度	色泽特征	轧工质量
五级	晚期较差的白棉和早、中期僵瓣棉,杂质多	成熟较差	色灰白,带阴黄,污染棉较多,有糟绒	黄根、杂质多	成熟较差	色灰白,有阴黄,有污染棉和糟绒	索丝、棉结、杂质较多
六级	各种僵瓣棉和部分晚期次白棉,杂质很多	成熟差	色灰黄,略带灰白,各种污染棉、糟绒多	杂质很多	成熟差	色灰白或阴黄,污染棉、糟绒较多	索丝、棉结、杂质多
七级	各种僵瓣棉、污染棉和部分烂桃棉,杂质很多	成熟很差	色灰暗,各种污染棉、糟绒很多	杂质很多	成熟很差	色灰黄,污染棉、糟绒多	索丝、棉结、杂质很多

（2）原棉品级条件参考指标（表5-1-2）

表5-1-2　品级条件参考指标

品级	成熟系数 ≥	断裂比强度 (cN/tex) ≥	轧 工 质 量					
			皮辊棉		锯齿棉			
			黄根率(%) ≤	毛头率(%) ≤	疵点(粒/100 g) ≤	毛头率(%) ≤	不孕籽含棉率(%)	
一级	1.6	30	0.3	0.4	1 000	0.4		
二级	1.5	28	0.3	0.4	1 200	0.4		
三级	1.4	28	0.5	0.6	1 500	0.6	20～30	
四级	1.2	26	0.5	0.6	2 000	0.6		
五级	1.0 ·	26	0.5	0.6	3 000	0.6		

注:疵点包括破籽、不孕籽、索丝、软籽表皮、僵片、带纤维籽屑及棉结七种;轧工质量指标也是对皮棉的质量要求;断裂比强度隔距3.2 mm,国际校准棉花标准(HVICC)校准水平。

（3）棉花实物标准

根据品级条件和品级条件参考指标制作而产生的实物标准,是装入棉花品级标准盒中各品级最差的棉花实物,锯齿棉、皮辊棉各六盒。

四、操作步骤

（1）取样

① 取样应具有代表性。

② 成包皮棉第10包(不足10包按10包计)抽1包,每个取样棉包抽取检验样品约300 g,形成批样。

③ 成包皮棉从棉包上部开包后,去掉棉包表层的棉花,抽取完整成块样品,供品级、长度、马克隆值、异性纤维和含杂率等检验,装入取样筒;再从棉包10～15 cm深处,抽出检验样品,装入取样筒内,密封。

（2）品级检验

① 检验品级时,手持棉样压平、握紧并举起,使棉样密度与品级实物的标准密度相似,在实物标准旁进行对照,确定品级。

② 分级时,应用手将棉样从分级台上抓起,使底部呈平行状态转向上,拿至稍低于肩胛离眼睛 40～50 cm 处,与实物标准对照进行检验。凡在本标准以上、上一级标准以下的原棉,即定为该品级。

③ 原棉品级应按取样数逐一检验,并记录其品级。

3. 手扯长度检验

手扯长度法在我国分为一头齐法和两头齐法两种,通常采用一头齐法,其操作过程如下:

① 选取棉样。对批样逐一检验长度,每份样品检验一个试样。检验时,在需要鉴定的棉样中,从不同部位多处选取有代表性的棉样,将所选的适量小样加以整理,使纤维基本趋于平顺。

② 双手平分。将选取的小样,放在双手并拢的拇指与食指间,使两拇指并齐,手背分向左右,用力握紧,以其余四指作支点,两肘紧贴两肋,用力扯,由两拇指处缓缓向外分开,然后将右手的棉样弃去或合并于左手重叠握持。

③ 抽取纤维。右手的拇指与食指的第一节平行对齐,在截面多处夹取纤维,每处抽取 3 次,将每次抽取的纤维均匀整齐地重叠在一起,制成适当的棉束。

④ 整理棉束。用左手清除棉束中的游离纤维、杂质、索丝等,然后用左手拇指与食指将棉束轻拢合并,给棉束适当压力,缩小棉束面积,使之成为秃毛笔状的伸直平顺状,以待抽拔。

⑤ 反复抽拔。将整理过的棉束,用右手压紧,以左手的拇指与食指的第一节平行对齐,抽取右手棉束中伸出的纤维,每次抽取一薄层,均匀排列,并随时清除纤维中的棉结、杂物等。每次夹取的一端长度不宜超过 1.5 mm,每次抽取整齐的一端应放在食指的一条线上,使之平齐。拔成粗束后,以同法反复抽拔 2～3 次,使其成为一端齐而另一端不齐的平直光洁的棉束。棉束质量一般为 60 mg 左右,长纤维可多些,短纤维可少些。

⑥ 测量棉束长度。将制成的一端整齐的棉束平放在黑绒板上,棉束无歪斜变形,用小钢尺刀面,在整齐一端少切些、参差不齐的一端多切些,两端均以不见黑绒板为宜。棉束两端的切痕相互平行,且均垂直于纤维轴线方向,然后用小钢尺测量两切痕间的距离,即为棉束的手扯长度,测量结果保留一位小数(以 mm 为单位),逐一记录。

五、实训报告

将记录的测试结果填入报告单中。

原棉品级与手扯长度检验实训报告单

批样来源_____   实验日期_____

品　　种_____   温湿度_____

项目	试样 1	试样 2	试样 3	试样 4	试样 5	试样 6	试样 7	……
品级								
手扯长度								
主体品级、各相邻品级所占百分比								
试样长度的算术平均值及各长度级的百分比								

六、思考题

(1) 原棉的品质检验包括哪些内容？

(2) 怎样测得批样的主体品级和长度级？

实训二 原棉杂质测试

原棉中含有的非纤维物质及附着性纤维，如沙土、枝叶、铃壳、虫尸、虫屎、棉籽、籽棉、破籽、不孕籽、带纤维籽屑和软籽表皮等，都称为杂质。杂质既影响用棉量，又影响纺纱工艺和纱布质量，特别是不易清除的杂质多时，会造成清梳负担重、成纱棉结杂质多、条干均匀度差。原棉含杂的多少用含杂率表示，含杂率是指原棉中含有的杂质质量占原棉质量的百分率。原棉含杂率是原棉检验的一项重要内容，皮辊棉的标准含杂率为 3.0%，锯齿棉为 2.5%。

一、实训目的与要求

(1) 认识原棉中的各种杂质，了解原棉杂质分析机的结构原理，掌握原棉杂质分析机的操作使用方法，实测一种原棉的含杂率。

(2) 熟悉 GB/T 6499《原棉含杂率试验方法》、GB 1103《棉花 细绒棉》和 GB 5705《纺织名词术语(棉部分)》等标准。

二、仪器、用具与试样

Y101 型原棉杂质分析机(图 5-2-1)、天平、案秤(分度值为 1 g)、棕刷、镊子及锯齿棉或皮辊棉若干。

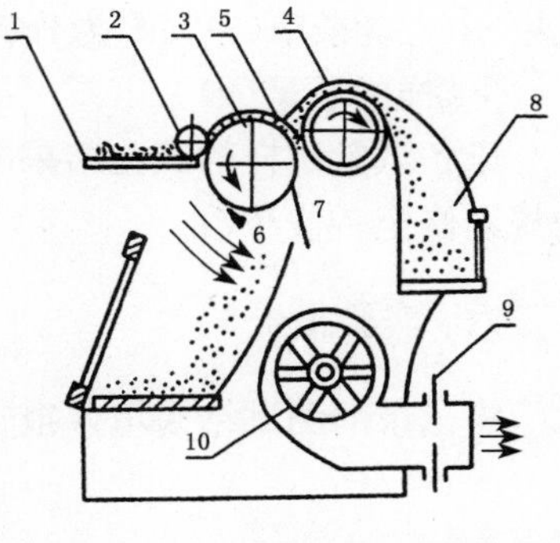

三、基本原理

原棉杂质分析机是根据机械空气动力学原理设计的。原棉经刺辊锯齿分梳松散后的纤维及黏附杂质，在机械和气流的作用下，由于其形状及质量不同，其上的作用力也不同，从而将纤维和杂质分离，称取杂质质量，可计算出原棉的含杂率。

图 5-2-1 Y101 型原棉杂质分析机

1—给棉板 2—给棉罗拉 3—刺辊
4—尘笼 5—剥棉刀 6—气流板
7—挡风板 8—集棉箱
9—风门 10—风扇

四、操作步骤

(1) 取样

① 取样份数和方法按 GB 1103 的规定或有关方面制定的办法抽取。

② 用案秤称取实验室样品，当批量在 50 包以下时，称取 300 g；批量为 50～400 包时，称取 600 g；批量在 400 包以上时，称取 800 g。

③ 从混合均匀的实验室样品中，采用四分法抽取有代表性的试验试样。当件数在 50 包以下时，称取两个 50 g 的试验试样和一个 50 g 的备用试验试样；当件数为 50～400 包时，称取两个 100 g 的试验试样和一个 100 g 的备用试验试样；当件数在 400 包以上时，称取三个 100 g

的试验试样和一个 100 g 的备用试验试样。

（2）测试

① 开机前，打开电源和照明灯，并将风扇活门全部开启，开机空转 1~2 min，然后停机，待停稳后清洁杂质箱、刺辊、给棉板和集棉箱。

② 取一份试验试样，放在给棉板上用手撕松，平整均匀地铺在给棉板上，遇棉籽、籽棉等粗大杂质时应拣出并放好。在铺的过程中，不要丢失杂质，以免影响试验结果。

③ 开机，待运转正常后，打开给棉罗拉，两手手指微屈，靠近给棉罗拉，将试样喂入给棉罗拉与给棉板之间，直至整个试验试样分析完毕。

④ 待该试验试样中最后的纤维在尘笼上出现后，给棉罗拉停转，把风扇活门轻轻关闭并随后打开，使尘笼上的棉纤维全部落入棉箱内。

⑤ 关机停稳后，收集杂盘内的杂质，注意收集杂质箱各处的全部细小杂质。

⑥ 分别取出净棉和杂质，第一次分析完毕。

⑦ 将收集的杂质与拣出的粗大杂质分别称量、记录。

⑧ 重复上述步骤，分析其余的试验试样。

五、测试结果计算

含杂率按下式计算：

$$Z = \frac{F+C}{S} \times 100\% \tag{5-2-1}$$

式中：Z 为含杂率（%）；F 为分析的杂质的质量（g）；C 为拣出的粗大杂质的质量（g）；S 为试验试样的质量（g）。

以各试验试样的试验结果平均值作为该样品的含杂率，计算结果保留两位小数，按数值修约规则修至一位小数。

六、实验报告

将记录的测试结果填入报告单中。

原棉杂质分析实训报告单

批样来源_____　　　　　　　　实验室样品编号_____

品级长度_____　　　　　　　　实验日期_____

品　　种_____　　　　　　　　温湿度_____

件数			试样份数			
取样时间			实验时间			
平均含杂率（%）	测试次数	试样质量(g)	分析杂质质量(g)	拣出杂质质量(g)	含杂率（%）	备注
	1					
	2					
	3					
	4					

六、思考题

(1) 简述原棉杂质分析机的工作原理。

(2) 原棉的杂质包括哪些？它们对纺纱工艺和产品性能有什么影响？

实训三　化学短纤维的品质评定试验

一、实训目的与要求

(1) 了解化学短纤维的质量指标、技术要求，熟悉化学短纤维各指标的测试方法，掌握化学短纤维品质评定的主要内容。

(2) 熟悉 GB/T 14463《黏胶短纤维》、GB/T 14464《涤纶短纤维》、FZ/T 52002《锦纶短纤维》、FZ/T 52003《丙纶短纤维》、GB/T 16602《腈纶短纤维和丝束》、FZ/T 52008《维纶短纤维》和 FZ/T 52001《氯纶短纤维》等标准。

二、仪器、用具与试样

电子单纤维强力仪、中段切断器、卷曲弹性仪、比电阻仪、热收缩仪、烘箱、索氏萃取器、原棉杂质分析机、镊子、钢尺、黑绒板及常见化学短纤维一种。

三、基本原理

根据化学短纤维的考核项目，分别测试，计算相关指标及偏差，对照各等级的要求进行评等，最终以各项中最低一项的等级作为该批产品的等级。

1. 涤纶短纤维

涤纶短纤维分为优等品、一等品、二等品、三等品四个等级。各等级的质量指标分别见表 5-3-1 和表 5-3-2，表中的各项质量指标均为考核项目。

表 5-3-1　棉型涤纶短纤的质量指标

序号	考核项目	高强棉型				普强棉型			
		优等品	一等品	二等品	三等品	优等品	一等品	二等品	三等品
1	断裂强度(cN/dtex)≥	5.25	5.00	4.80		4.30	4.10	3.90	
2	断裂伸长率(%)M_1±	4.0	5.0	7.0	8.0	4.0	5.0	8.0	10.0
3	线密度偏差率(%)±	3.0	4.0	6.0	8.0	3.0	4.0	6.0	8.0
4	长度偏差率(%)±	3.0	6.0	7.0	10.0	3.0	6.0	7.0	10.0
5	超长纤维率(%)≤	0.5	1.0	1.4	3.0	0.5	1.0	1.4	3.0
6	倍长纤维含量(mg/100 g)≤	2.0	6.0	15.0	30.0	2.0	6.0	15.0	30.0
7	疵点含量(mg/100 g)≤	2.0	8.0	15.0	40.0	2.0	8.0	15.0	40.0
8	卷曲数(个/25 mm)M_2±	2.5		3.5		2.5		3.5	
9	卷曲率(%)　M_3±	2.5		3.5		2.5		3.5	
10	180℃干热收缩率/(%)　M_4±	2.0		3.0		2.0		3.5	

（续　表）

序号	考核项目	高强棉型				普强棉型			
		优等品	一等品	二等品	三等品	优等品	一等品	二等品	三等品
11	比电阻（Ω·cm）≤	$M_5 \times 10^8$		$M_5 \times 10^9$		$M_5 \times 10^8$		$M_5 \times 10^9$	
12	10%定伸长强度（cN/dtex）≥	2.65				2.00		—	
13	断裂强度变异系数（%）≤	10.0		15.0		12		—	

注：① M_1 由生产厂确定，确定后不得任意变更。
　　② M_2、M_3 由双方协商确定。
　　③ M_4，高强棉型≤7.0，普通棉型≤9.0，中长型≤10.0，由生产厂确定。
　　④ 1.0≤M_5<10.0。

表 5-3-2　中长型涤纶短纤的质量指标

序号	考核项目	高强中长型				普强中长型			
		优等品	一等品	二等品	三等品	优等品	一等品	二等品	三等品
1	断裂强度（cN/dtex）≥	4.00	3.80	3.60		3.70	3.50	3.30	
2	断裂伸长率（%）$M_1\pm$	6.0	8.0	10.0	12.0	7.0	9.0	11.0	13.0
3	线密度偏差率（%）±	4.0	5.0	6.0	8.0	4.0	5.0	6.0	8.0
4	长度偏差率（%）±	3.0	6.0	7.0	10.0	—			
5	超长纤维率（%）≤	0.3	0.6	1.0		—			
6	倍长纤维含量（mg/100 g）≤	2.0	6.0	15.0	30.0	5.0	15.0	20.0	40.0
7	疵点含量（mg/100 g）≤	3.0	10.0	15.0	40.0	5.0	15.0	25.0	50.0
8	卷曲数（个/25 mm）$M_2\pm$	2.5		3.5		2.5		3.5	
9	卷曲率（%）　$M_3\pm$	2.5		3.5		2.5		3.5	
10	180℃干热收缩率/% 　$M_4\pm$	$M_4\pm2.0$		$M_4\pm3.5$		≤5.5	≤7.5	≤9.0	≤10.0
11	比电阻（Ω·cm）≤	$M_5 \times 10^8$		$M_5 \times 10^9$		$M_5 \times 10^8$		$M_5 \times 10^9$	
12	10%定伸长强度（cN/dtex）≥	—				—			
13	断裂强度变异系数（%）≤	13.0		—		—			

2. 锦纶短纤维

锦纶 6 毛型短纤维的品质分优等品、一等品、二等品、三等品，低于三等者为等外品，其质量指标见表 5-3-3。

表 5-3-3　锦纶 6 毛型短纤的质量指标

序号	检验项目	3.0~5.6 dtex				5.7~14.0 dtex			
		优等品	一等品	二等品	三等品	优等品	一等品	二等品	三等品
1	线密度偏差率（%）±	6.0	8.0	10.0	12.0	6.0	8.0	10.0	12.0
2	长度偏差率（%）±	6.0	8.0	10.0	12.0	6.0	9.0	11.0	13.0
3	断裂强度（cN/dtex）≥	3.80	3.60	3.40	3.20	4.00	3.60	3.40	3.20
4	断裂伸长率（%）≤	60.0	65.0	70.0	75.0	60.0	65.0	70.0	75.0
5	疵点含量（mg/100 g）≤	10.0	20.0	40.0	60.0	10.0	20.0	40.0	60.0
6	倍长纤维含量（mg/100 g）≤	15.0	50.0	70.0	100.0	20.0	60.0	80.0	100.0
7	卷曲数（个/25 mm）$M\pm$	2.0	2.5	3.0	3.0	2.0	2.5	3.0	3.0

注：M 为卷曲中心值，由供需双方协商确定。

3. 腈纶短纤维

腈纶短纤维的主要质量指标见表 5-3-4。

表 5-3-4　腈纶短纤维的主要质量指标

序号	考核项目	品　种	等　级		
			优等品	一等品	合格品
1	线密度偏差率(%) ±	1.67 dtex	6	8	12
		3.33 dtex, 6.67 dtex	8	10	14
2	断裂强度(cN/dtex)≥	1.67 dtex	2.6	2.4	2
		3.33 dtex	2.5	2.3	1.9
		6.67 dtex	2.3	2.1	1.8
3	断裂伸长率(%) ≥	1.67 dtex	30~45	28~50	20~55
		3.33 dtex, 6.67 dtex	32~50	30~50	25~55
4	疵点含量 (mg/100 g)≤	1.67 dtex	15	20	100
		3.33 dtex, 6.67 dtex	15	60	200
5	倍长纤维含量(mg/100 g)≤	1.67 dtex	40	60	600
		3.33 dtex, 6.67 dtex	100	500	1500
6	长度偏差率(%) ±	1.67 dtex	6	10	16
		3.33 dtex, 6.67 dtex	8	10	16
7	上色率(%)±	1.67 dtex, 3.33 dtex, 6.67 dtex	3	4	7
8	卷曲数(个 10 cm) ≥	1.67 dtex	40	35	25
		3.33 dtex	32	28	25
		6.67 dtex	28	25	20

4. 黏胶短纤维

黏胶短纤维分为优等品、一等品、二等品、三等品,低于三等品为等外品。棉型黏胶短纤维的质量指标见表 5-3-5,中长型黏胶短纤维的质量指标见表 5-3-6,毛型黏胶短纤维的质量指标见表 5-3-7。

表 5-3-5　棉型黏胶短纤维的质量指标

序号	项　目		优等品	一等品	二等品	三等品
1	干断裂强度(cN/dtex)	(棉浆)≥	2.10	1.95	1.85	1.75
		(木浆)	2.05	1.90	1.80	1.70
2	湿断裂强度(cN/dtex)	(棉浆)≥	1.20	1.05	1.00	0.90
		(木浆)	1.10	1.00	0.90	0.85
3	断裂伸长率(%) ≥		17.0	16.0	15.0	14.0
4	线密度偏差率(%) ±		4.00	7.00	9.00	11.00
5	长度偏差率(%) ±		6.0	7.0	9.0	11.0
6	超长纤维率(%) ≤		0.5	1.0	1.3	2.0

（续　表）

序号	项　目		优等品	一等品	二等品	三等品
7	倍长纤维含量(mg/100 g)≤		4.0	20.0	40.0	100.0
8	残硫量(mg/100 g)≤		14.0	20.0	28.0	38.0
9	疵点 (mg/100 g)≤		4.0	12.0	25.0	40.0
10	油污黄纤维(mg/100 g)≤		0.0	5.0	15.0	35.0
11	干强变异系数(%) ≤		18.00	—		
12	白度	（棉浆）≥	68.0	—		
		（木浆）	62.0	—		

表 5-3-6　中长型黏胶短纤维的质量指标

序号	项　目		优等品	一等品	二等品	三等品
1	干断裂强度(cN/dtex)	（棉浆）≥	2.05	1.90	1.80	1.70
		（木浆）	2.00	1.85	1.75	1.65
2	湿断裂强度(cN/dtex)	（棉浆）≥	1.15	1.05	0.95	0.85
		（木浆）	1.10	1.00	0.90	0.80
3	断裂伸长率(%) ≥		17.0	16.0	15.0	14.0
4	线密度偏差率(%) ±		4.00	7.00	9.00	11.00
5	长度偏差率(%) ±		6.0	7.0	9.0	11.0
6	超长纤维率(%) ≤		0.5	1.0	1.5	2.0
7	倍长纤维含量(mg/100 g)≤		6.0	30.0	50.0	110.0
8	残硫量(mg/100 g)≤		14.0	20.0	28.0	38.0
9	疵点 (mg/100 g)≤		4.0	12.0	25.0	40.0
10	油污黄纤维(mg/100 g)≤		0.0	5.0	15.0	35.0
11	干强变异系数(%) ≤		17.00	—		
12	白度	（棉浆）≥	66.0	—		
		（木浆）	60.0	—		

表 5-3-7　毛型黏胶短纤维的质量指标

序号	项　目		优等品	一等品	二等品	三等品
1	干断裂强度(cN/dtex)	（棉浆）≥	2.00	1.85	1.75	1.70
		（木浆）	1.95	1.80	1.70	1.65
2	湿断裂强度(cN/dtex)	（棉浆）≥	1.10	1.00	0.90	0.85
		（木浆）	1.05	0.95	0.85	0.80
3	断裂伸长率(%)≥		17.0	16.0	15.0	14.0
4	线密度偏差率(%) ±		4.00	7.00	9.00	11.00
5	长度偏差率(%) ±		7.0	9.0	11.0	13.0
6	倍长纤维含量(mg/100 g)≤		8.0	60.0	130.0	210.0

（续　表）

序号	项　目		优等品	一等品	二等品	三等品
7	残硫量(mg/100 g)≤		16.0	20.0	30.0	40.0
8	疵点 (mg/100 g)≤		4.0	12.0	30.0	60.0
9	油污黄纤维(mg/100 g)≤		0.0	5.0	20.0	40.0
10	干强变异系数(%)≤		16.00	—		
12	白度	（棉浆）≥	63.0	—		
		（木浆）	58.0	—		
	卷曲数(个/cm)≥		3.0		2.8	2.6

四、操作步骤

化学短纤维的品质检验方法和程序随化学短纤维的种类而不同。纤维长度、线密度、强伸度、热收缩率、含油率、疵点含量、卷曲、比电阻的测试参阅有关任务及相关文献。

1. 水中软化点检测

在梳理整齐的试样中取出 25 根纤维，合并成一束，在一端挂上一个铅锤（70 mg），然后绑在玻璃刻度板上，使纤维束下端的铅锤的上边线对准刻度的基准线，上端的绑结线与下端基准线之间的长度为 20 mm。每批试样测五束。将绑有试样的刻度板固定在温度计上，并将温度计插入盛有 2/3 容积的水的耐压玻璃管中，悬挂在橡皮塞上，加上压紧装置。加热至 80℃后，控制升温速度为 1℃/min。当纤维收缩 10％时，读取温度计上的温度，作为水中软化点的测定值。

2. 色差试验

在批量样品中，每包随机取一小束（约 1 g），用手扯法整理，使纤维基本平直。将整理好的纤维束平铺于绒板上（绒板颜色与纤维颜色成对比色），以其中最深一束与最浅一束的色差（包括同一束内部的色差），按 GB/T 250—2008《纺织品　色牢度试验》评定变色用灰色样卡进行比较，评定其等级。本白色纤维不考虑色差。

3. 纤维上色率的测定

按标准规定配制染液，并将配制好的染液吸入染色管，放入染色小样中。当温度达到70℃时，纤维入染，在 105℃下恒温染色 1 h。染色结束将热水放掉，放入冷却水冷却至室温。然后从染色管中吸取 3 mL 残液，并移入 100 mL 容量瓶中，用分光光度计在 620 nm 波长下测定溶液的吸光度。最后按下式计算上色率：

$$上色率 = \frac{染液吸光度 - 残液吸光度}{染液吸光度} \times 100\%$$

在化学短纤维的品质检验中，对不同的纤维还需要进行特殊的检验，如黏胶纤维要进行残硫量检验。

五、检验结果和评等

不同的化纤，根据检测得到的各项指标，对照标准要求评定其等级。

六、实训报告

实训报告内容应包括实训项目名称、实训目的与要求、简洁的实训步骤、原始数据及计算结果，评定一种化学短纤维的等级。

七、思考题

（1）品质检验有何实际意义？

（2）在化学短纤维的品质评定中，主要有哪些指标？

模块二

纱线的结构和性能测试

　　有关纱线结构的内容很多,这里主要研究纱线的外观形态结构。由于所用纤维品种不同,纺纱或变形工艺不同,所制成的纱线外观形态差异很大。如果将纤维品种、纺纱方法或变形工艺巧妙结合,就可以获得更多外观形态各异、性能不同的新型纱线。

　　本模块重点介绍纱线外观结构特征的识别,纱线的细度、细度偏差及细度不匀的测定,纱线捻度和毛羽的测试,纱线的力学性能测试,纱线吸湿性能的测试,纱线的品质检验与评定。

任务一　纱线形态结构的识别

　　纱线的形态结构与织物风格的关系密切,它将直接影响织物的手感、蓬松度、厚实性、保暖性、冷暖感、表面性能和光泽等。纱线的外观特征是鉴别纱线品种的重要依据。

实训一　纱线辨识

一、实训目的与要求

通过目测和手感,根据纱线的外观特征识别纱线品种大类,并说明其鉴别依据。

二、仪器、用具与试样

生物显微镜、放大镜等仪器及各种纱线若干。

三、基本原理

根据纱线的外观形态特征(表 1-1-1),进行辨识。

四、操作步骤

采用手感目测法。根据常用纱线的外观特征,进行辨认。

表 1-1-1　常用纱线的外观形态特征

纱线品种	外观形态特征
短纤纱	由短纤维通过纺纱工艺加捻而成,退捻分解后可直接得到短纤维,毛羽多且长短不一,手感较软、蓬松,纤维与纱轴有一定斜角,粗细不匀较显著
股线	毛羽较少,条干较均匀,退捻后得到单纱
竹节纱	沿纱的长度方向有长短不一、粗细不一的粗节,且有一定的规律性
变形丝	长丝经过各种变形加工而改变了纱线结构,蓬松柔软,有的伸缩性较好,因变形工艺不同,外观形态各异
高弹丝	伸缩性较大,弹性优良,其中的单丝呈现不同直径的螺旋形卷曲,有丝辫与丝圈结构,手感柔软、蓬松
低弹丝	伸缩性、弹性低于高弹丝,螺旋卷曲的弹性较小,螺距较大,没有明显的丝辫、丝圈结构
空气变形丝	表面有丝弧、丝圈,单丝之间的相互交缠较好,伸缩性很小,有短纤纱风格,有一定蓬松性
复合变形丝	具有复合变形工序形成的外观特征,将其分解后可看到复合变形前两种变形丝的外观特征
低弹网络丝	既有网络结,又低弹丝特征
异收缩网络丝	有网络结,两个网络结之间两股长丝的长度不同,短的是高收缩纤维,长的是低收缩纤维,松散在纱身外的是高收缩纤维
异色网络丝	有网络结,两股长丝的颜色不同,阳离子改性涤纶与普通涤纶网络丝染色后有此效果
异纤低弹网络丝	有网络结,各根丝的粗细不一,有低弹丝的形态特征
肥瘦丝高弹变形网络丝	有网络结,其他部位有高弹丝特征,单丝有不规律的粗细节
混合丝	由茧丝与其他纤维在制丝工程中复合而成
复合抱合丝	茧丝与化纤长丝平行排列,伸缩较小,光泽较好
复合交络丝	由茧丝与化纤长丝或短纤纱通过空气喷嘴而交络在一起,故两种纤维的黏附性较好
复合缠络丝	由茧丝与化纤长丝通过高速涡流将茧丝呈环圈状缠绕在化纤丝的外面,蓬松性较好
复合纱	由短纤维或短纤纱与长丝通过包芯、包覆或加捻制成,具有短纤纱与长丝的复合特征
包芯纱或包覆丝	一般芯为长丝,外包短纤维,如棉/氨包芯纱的芯为氨纶、棉为外包纤维,弹性很好,涤/棉包芯纱的芯为涤长丝、棉为外包纤维,也有长丝包覆长丝的,如锦/氨包芯丝、蚕丝/氨纶包芯等
花式线	由芯纱、饰线及股线组成,饰线呈各种形态固定在芯纱上,有结节、圆圈、毛茸、波波、螺旋等花式效应
短纤纱长丝复合纱	由短纤纱(如棉纱、毛纱、麻纱等)与长丝(如黏胶长丝、涤纶长丝等)复捻制成,表观具有两者的复合特征,退捻后可分离成短纤纱与长丝
新型短纤纱	相对于传统的环锭纱而言,采用新型的纺纱方法(如转杯法、喷气法、平行纺、赛络纺等)纺制而成,其特点是高速、高产、卷装容量大、工艺流程短,新型纱的结构不同于环锭纱,随纺纱方法的不同,具有各自的结构特征
转杯纱	与传统的环锭纱比较,纱表面有许多包缠纤维,捻度多,且在径向分布不均匀,即捻度存在分层结构,手感较硬,条干均匀度(短片段细度不匀)较好,毛羽少,蓬松,杂质较少
涡流纱	涡流纱与转杯纱的结构相似,纱中内外层纤维的捻角不同,呈包芯结构,较蓬松,但短片不匀率较高,粗细节、棉结较多

（续　表）

纱线品种	外观形态特征
喷气纱	由无捻或少捻的芯纱和外包纤维组成,外包纤维以螺旋形包缠较多,平行无包缠最少,无规则包缠次之。与传统的环锭纱相比较,喷气纱的粗细节少,条干较好,3 mm 以上的长毛羽少,呈单向分布,结构较蓬松,捻度较少,强力低
平行纱	由无捻平行的短纤维和长丝组成,其中长丝以螺旋形包缠在短纤维上,结构蓬松,直径比同线密度的环锭纱大,手感丰满,条干均匀,表面毛羽少
赛络纱	两组分有间距地在环锭细纱机的前罗拉处合并加捻,外观近似单纱,单组分的捻向与成纱的捻向相同,成纱表面纤维排列比较整齐,纱线结构紧密、光洁,毛羽少,手感柔软、光滑,长细节较多
自捻纱	靠两根单纱的假捻作用而自捻成纱

五、实训报告

（1）记录:实训项目名称、样品名称与规格、实验日期、实验人员。

（2）描绘:各种纱线的外观形态特征。

六、思考题

（1）根据纱线外观结构特征,如何识别纱线?

（2）收集常见纱线的样品。

实训二　纱线直径测试

一、实训目的与要求

（1）掌握使用生物显微镜或投影仪测试纱线直径的方法。

（2）熟悉显微镜和投影仪的操作方法。

（3）熟悉 FZ/T 01069《纱线直径测定方法》、GB/T 6529《纺织品　调湿和试验用标准大气》、GB/T 8170《数值修约规则与极限数值的表示和判定》等标准。

二、仪器、用具与试样

生物显微镜(配有目镜和物镜测微尺)或投影仪、张力重锤、载玻片、玻璃胶纸等以及纱线或长丝若干。

三、基本原理

将纱线置于装有目测微尺的 100 倍左右的显微镜或同样放大倍数的投影仪下,施加预定张力,随机测量纱线的宽度,即为该纱线的实测直径。

四、操作步骤

1. 显微镜法

显微镜的结构如图 1-2-1 所示。

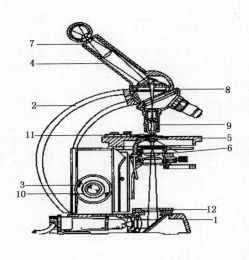
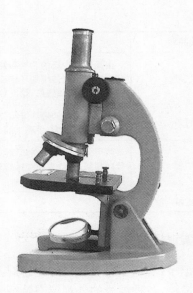

图 1-2-1　显微镜结构图

1—底座　2—镜臂　3—粗调装置　4—镜筒　5—载物台　6—集光器　7—目镜
8—物镜转换器　9—物镜　10—微调装置　11—移动装置　12—光阑

（1）显微镜调节

① 认识显微镜的各主要组成部件，并检查其是否正常，包括物镜和目镜移动装置、粗调和微调装置、集光器和光阑等。

② 将显微镜面对北光，扳动镜臂使其适当倾斜，以便于观察。选择适当倍数的目镜，安在镜筒上，将低倍物镜转至镜筒中心线，以便调焦。

③ 将集光器升至最高位置，并开启光阑至最大，用一目从目镜中观察，调节反射镜，使整个视野明亮而均匀。

④ 除去目镜，观察物镜后透镜，调节反射镜和集光器中心，使物镜后透镜处的光线均匀明亮，再调节光阑，使明亮光阑与物镜后透镜的大小相同或小些。

⑤ 装上目镜，用粗调装置将镜筒稍许升高，把试样载玻片放在载物台上的移动装置中。

⑥ 旋转粗调装置，将镜筒放至最低位置，注意使物镜不触及盖玻片，调节移动装置，使试样位于物镜中心。

⑦ 从目镜下视，旋转粗调装置，缓慢升起镜筒，当见到试样像后，再调节微调装置，使试样成像清晰。

⑧ 若视野中光线太强，可将集光器稍微降落，但不要随意改动光阑大小，以免影响通过集光器进入物镜的光锥顶角。

⑨ 如果采用高倍物镜，一般先用低倍物镜，然后转动物镜转换器，以高倍物镜代替低倍物镜。此时，只要稍微旋转微调装置，便可得到清晰的物像。

⑩ 为了充分利用高倍物镜的数值孔径，在用高倍物镜观察时，集光器光阑可适当放大。

（2）具体操作

① 根据纱线线密度选择适当的显微镜放大倍数（一般选择 100～200 倍）

② 将物镜测微尺（物镜测微尺是一块中间有刻度尺的长方形薄片，刻度尺的长度为 1

mm,划分为 100 小格,即每小格为 10 μm)放在显微镜载物台上。

③ 旋开目镜盖,然后放入目镜测微尺(目镜测微尺是一块圆形玻璃片,其上刻有一定分度的刻度尺)。

④ 根据上述操作步骤,调节到视野清晰,然后旋转目镜,并移动物镜测微尺,使目镜测微尺与物镜测微尺的起始刻度对齐,然后找寻两测微尺再次重合的刻度线,分别数出从起始至再次重合的格数(图 1-2-2)。

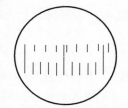

图 1-2-2　目镜测微尺与物镜测微尺

⑤ 按下式计算目镜测微尺每小格的刻度大小:

$$x = \frac{10 \times n_1}{n_2} \qquad (1\text{-}2\text{-}1)$$

式中:x 为目镜测微尺每小格的刻度大小(μm);n_1 为物镜、目镜测微尺开始至再次重合处物镜的格数;n_2 为物镜、目镜测微尺开始至再次重合处目镜的格数。

⑥ 取下物镜测微尺。

⑦ 对试样施加一定张力(一般纱线的预加张力为 1/4 cN/tex,化纤丝为 1/3.3 cN/tex,变形纱为 1/1.1 cN/tex),排列在载玻片上,再将置有试样的载玻片放在显微镜载物台上。

⑧ 移动载玻片,测量试样投影(不含毛羽)在目镜测微尺上占有的格数,并记录。对每一试样,在不同片段共测定 300 个以上的数据(本实训可测 30 个)。

⑨ 测试完毕,轻轻地取出目镜测微尺,使仪器状态复原。

2. 投影仪法

投影仪外观如图 1-2-3 所示。

① 将纱线的一端夹入投影仪载物台的夹持器中,另一端挂上适当的张力。

② 将变阻器手轮旋至串联电阻最大值,即"500 Ω"处,然后扳动电源开关,点亮照明光源,再旋转变阻器手轮,调节投影屏视场的合适亮度(这是减小冲击流、延长仪器灯泡寿命的有效程序,使用时务必注意,不能疏忽)。允许在使用过程中经常改变视场亮度,以适应观察与测量需要,但不宜长时间地在最大亮度状态下工作。

③ 旋转工作台升降手轮,调节焦距,使纱线成像清晰地出现在投影屏上。

④ 转动工作台横向测微鼓轮,将纱线

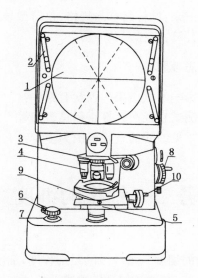

图 1-2-3　投影仪外观

1—投影屏　2—压图片　3—物镜转换器
4—物镜组(有三种倍率 20、50、100)
5—工作台(载物台)　6—电源开关
7—变阻器手轮(用于调节投影屏上照度的强弱)
8—工作台升降手轮(用于对试样调焦,保证成像清晰)
9—工作台横向测微鼓轮(用于读出工作台横向位移值)
10—工作台纵向测微鼓轮(用于读出工作台纵向位置或位移值)

物像的一侧边缘与投影屏上的横线重合,读出此时测微鼓轮上的读数 a_1,再转动横向测微鼓轮,使试样物像的另一侧边缘与投影屏上的横线重合(不包括毛羽),并读出此时测微鼓轮上的

读数 a_2。若测微鼓轮上游标尺的分度值为0.01 mm,则被测部分的纱线直径为:

$$d = |a_1 - a_2| \times 0.01 \tag{1-2-2}$$

式中:d 为纱线直径(mm)。

⑤ 松开夹头,将纱线轻轻地拉过一段距离,继续测试,每个试样测定 300 次以上(本实训可测 30 次),最后切断电源,使仪器状态复原。

五、测试结果计算

纱线直径按下式计算:

$$d = \frac{\sum N_i}{n} \times x \times \frac{1}{1\,000} \tag{1-2-3}$$

式中:d 为纱线直径(mm);N_i 为纱线在目镜测微尺上的各次读数;n 为测量次数;x 为目镜测微尺每小格的刻度大小(μm)。

六、实训报告

(1) 记录:试样名称与规格、仪器型号、仪器工作参数、原始数据。
(2) 计算:直径。

七、思考题

(1) 影响测试结果的因素有哪些?
(2) 测试直径与计算直径是否相等? 为什么?
(3) 常见纱线的直径范围为多少?

任务二　纱线的细度、细度偏差及细度不匀的测试

纱线的细度是指纱线的粗细程度,细度偏差是指实际纺成的纱线细度与设计的纱线细度的差异程度,细度不匀是指纱线沿长度方向的粗细不均匀程度。这三个纱线质量指标对织物的加工工艺及产品质量的影响很大,它们是纱线品级检验与评定的重要内容和依据。

子任务一　纱线的细度测试

纱线线密度决定织物的品种、用途、风格和物理机械性质。纱线线密度测试需确定试样的长度、质量,其中长度测定用框架式测长仪,质量测定用等臂天平或电子天平。

实训一　缕纱的煮练

缕纱通常含有油剂、整理剂或其他物质,通过煮练能去除这些物质。

一、实训目的与要求

(1) 熟悉去除缕纱中油剂、整理剂的过程,掌握测试时间及操作要领。

(2) 能根据实验结果填写实训报告。

(3) 熟悉 GB/T 6529《纺织品　调湿和试验用标准大气》和 GB/T 8170《数值修约规则与极限数值的表示和判定》等标准。

二、仪器、用具与试样

烘箱、天平、中性皂片或洗涤剂、软水、蒸馏水或脱矿质水、水锅(用抗腐蚀材料制成,能加热,装有排水和软水供应设备,而且能溢流冲洗)、辊筒脱水器或离心脱水器、口袋及缕纱。

三、基本原理

在每升水中加入 0.5 g 中性皂或少量的其他洗涤剂,对缕纱煮练,去除缕纱中含有的油剂、整理剂或其他物质。

四、操作步骤

① 把缕纱放入口袋,然后把装有缕纱的口袋浸入水锅内,锅内每克被煮练的缕纱必须至少有 25 mL 的水,每升水中含 0.5 g 中性皂或少量的其他洗涤剂,保持水锅沸煮和搅动状态,煮练 30 min 后,用 75℃±3℃的软水溢流冲洗,直到去除所有表面浮垢为止。

注:如果已知沸煮对试样有损害,则洗涤液的温度应经有关双方同意。

② 排除过量液体并轧干,分别用 75℃软水和室温,边搅拌边冲洗各 10 min,重复轧水,最后将缕纱轧干。

③ 检验煮练效果。用一种不能溶解试样的溶剂,萃取已经煮练并烘干的纱线,若得到的可萃取物质的量超过 0.1%,则必须改进煮练的效果,如用更多或更好的洗涤剂、较高的温度、较剧烈的搅拌、较长的时间或进行第二次煮练。

注:当仅由萃取得到的结果与通过煮练程序得到的可靠结果相同或二者间存在一常数比时,萃取可以用于已知产品的常规试验,但是对新材料或未知材料,不要以萃取代替煮练。

五、实训报告

(1) 记录:实验名称、仪器名称、样品名称和编号、实验日期、实验人员姓名。

(2) 描绘:煮练缕纱的过程。

六、思考题

影响缕纱煮练效果的因素有哪些?

实训二　纱线线密度测试

一、实训目的与要求

(1) 熟悉纱线线密度的测试过程,掌握操作要领。

(2) 能根据实验结果填写实训报告。

(3) 熟悉 GB/T 4743《纺织品　卷装纱　绞纱法线密度的测定》、GB/T 6529《纺织品　调湿和试验用标准大气》、GB/T 8170《数值修约规则与极限数值的表示和判定》等标准。

二、仪器、用具与试样

YG086 型电子缕纱测长仪(图 2-2-1)、电光天平或电子秤(灵敏度为 0.001 或 0.01)、Y802K 型通风式快速烘箱(图 2-2-2)及纱线少许。

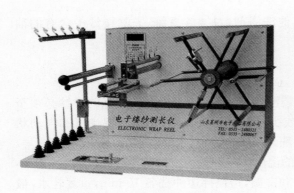

图 2-2-1　YG086 型电子缕纱测长仪

1—控制机构　2—纱锭插座　3—张力机构
4—张力调节器　5—导纱器　6—排纱器　7—显示器
8—摇纱框　9—主机箱　10—仪器基座

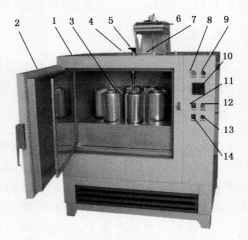

图 2-2-2　Y802K 型通风式快速烘箱

1—烘箱主体　2—双层烘箱门　3—烘篮
4—排出气阀　5—转篮手柄　6—电子天平
7—观察窗　8—工作指示灯　9—超温指示灯
10—温控器　11—电源开关　12—烘燥启动
13—烘燥停止　14—照明开关

三、基本原理

缕纱测长仪由单片微机控制,可以设定绕取圈数,每圈(纱框周长)1 m,预加张力可以调节。仪器启动,电机即带动纱框转动,按规定绕取一定长度的缕纱(一绞),逐缕称量后作为试样,然后将绕取的缕纱置于通风式快速烘箱内烘干,并在烘箱内称量试样,最后根据测得的质量计算纱线的线密度。

四、操作步骤

① 按规定的方法取样。

② 将试验纱线放在标准大气中进行调湿，时间不少于 8 h。然后从卷装中退绕纱线，去除起始的数米，采用 YG086 型电子缕纱测长仪摇取试验绞纱（缕纱），绞纱长度要求如表2-2-1所示。

表 2-2-1　绞纱长度要求

绞纱长度(m)	纱线线密度(tex)	绞纱长度(m)	纱线线密度(tex)
200	低于 12.5	50	大于 100　（单纱，股线）
100	12.5～100	10	大于 100　（复丝纱）

卷绕时应根据标准规定施加一定的卷绕张力，没有标准时采用表2-2-2中的值。

表 2-2-2　摇纱张力

公称线密度(tex)	7～7.5	8～10	11～13	14～15	16～20
摇纱张力(cN)	3.6	4.5	6	7.3	9
公称线密度(tex)	21～30	32～34	36～60	64～为80	88～192
摇纱张力(cN)	12.8	16.5	24	36	70

③ 从缕纱测长仪上取下绞纱。

④ 称量。以调湿绞纱为基础时，经调湿后的绞纱，用灵敏度为 0.001 的天平称取各绞纱的质量。以烘干纱线为基础时，把试样放在规定温度条件下烘干至恒定质量（时间间隔 20 min，逐次称量，质量变化不大于 0.1%）。

五、测试结果计算

（1）调湿绞纱的线密度

$$Tt = \frac{10^3 \times G}{L} \tag{2-2-1}$$

式中：G 为绞纱质量（g）；L 为绞纱长度（m）。

（2）烘干纱线的线密度

$$Tt = \frac{10^3 \times G_0}{L}(1 + W_k) \tag{2-2-2}$$

式中：G_0 为烘干纱线的质量（g）；W_k 为纱线的公定回潮率（%）。

试样为混纺纱线时，则：

$$Tt = \frac{G_0 \times 1\,000}{L}\left(1 + \frac{a \times W_{ak}}{100} + \frac{b \times W_{bk}}{100}\right) \tag{2-2-3}$$

式中：a 和 b 分别为混纺纱中各组分的混纺比例（%）；W_{ak} 和 W_{bk} 分别为混纺纱中各组分的公定回潮率（%）。

六、实训报告

（1）纪录：实验名称、仪器名称和型号、样品名称和编号、实验日期、实验人员姓名。

（2）计算：纱线线密度。

七、思考题

（1）影响线密度测定结果的因素有哪些？

（2）试推导线密度、纤度、公制支数、英制支数间的换算关系。

（3）30 缕棉纱的烘干质量为 76.84 g，求其线密度。

（4）30 缕涤/棉（65/35）混纺纱的烘干质量为 55.03 g，求其线密度。

实训三 变形丝线密度测试

一、实训目的与要求

（1）熟悉用定长称量法测定变形丝的线密度。

（2）能根据实验结果填写实训报告。

（3）熟悉 GB/T 4743《纺织品 卷装纱 绞纱法线密度的测定》、GB/T 6529《纺织品 调湿和试验用标准大气》、GB/T 8170《数值修约规则与极限数值的表示和判定》等标准。

二、仪器、用具与试样

米尺、扭力天平（25 mg 或 50 mg）、张力夹、镊子、秒表、剪刀、烘箱及弹力丝一种。

三、基本原理

准确量取 90 cm 长的试样，将其置于通风式快速烘箱内烘干并取出，再放在干燥器内 30 min，然后在扭力天平上称量，最后根据测得的质量计算变形丝的线密度。

四、操作步骤

① 在卷缩状态下，取出长 40～60 cm 的试样，将单根试样的上端夹入垂直悬挂的米尺上端的夹子中（夹子的钳口应对准米尺的零位），下端施加一定的预张力（1/9 cN/tex），30 s 后，准确量取 90 cm 长的试样。

② 将量好的试样放在烘箱内烘干，取出并放在干燥器内 30 min，然后在扭力天平上称量。试样根数不少于 30 根（本实训可测 5 根）。

五、测试结果计算

$$Tt = \frac{G_0 \times 1\,000}{0.9 \times n}(1 + W_k) \tag{2-3-1}$$

式中：Tt 为试样的线密度（tex）；G_0 为试样的干量（g）；n 为试样根数；W_k 为试样的公定回潮率（%）。

六、实训报告

（1）记录：试样名义长度与规格、原始数据。

（2）计算：线密度、线密度变异系数。

七、思考题

讨论影响弹力丝线密度测试结果的因素。

实训四 棉纱线筒子回潮率测试

一、实训目的与要求

（1）熟悉用 Y2-1 型纱线筒子测湿仪测试棉纱线的回潮率。

（2）能根据实验结果填写实训报告。

（3）熟悉 GB/T 6529《纺织品　调湿和试验用标准大气》、GB/T 8170《数值修约规则与极限数值的表示和判定》等标准。

二、仪器用具与试样

Y2-1 型纱线筒子测湿仪及 7151 型半导体温度计（图 2-4-1）和棉纱线筒子。

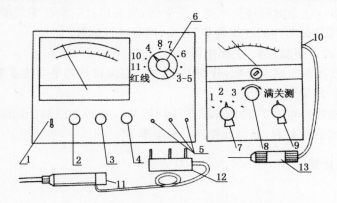

图 2-4-1　Y2-1 型纱线筒子测湿仪及 7151 型半导体温度计面板

1—电源开关　2—零位调节　3—红线调节　4—指示灯　5—控头插座
6—量程开关　7—温度计量程开关　8—温度计满度调节　9—校验开关
10—温度插孔　11—测湿探头　12—测温探头　13—温度计探头

三、操作步骤

① 将 Y2-1 型纱线筒子测湿仪放置平稳，接通电源，把四号电池装入半导体温度计中，检查并校正温度计表头指针的零位。

② 开启测湿仪电源开关，指示灯亮。

③ 调零刻度线（指左边的起始线），将量程开关拨到"3～11"的任意一档，然后旋转"零位调节"旋钮，使指针与零刻度线重合。

④ 调红线（指右边的满度线），将量程开关拨到"红线"档，旋动"红线调节"旋钮，使指针与满度红线重合。

⑤ 调零度和调红线需反复调节几次,至指针准确指在零刻度线和红线为止。调整后,将测温探头的接线柱插入测湿仪下方的插孔中。这时,指针应不偏离刻度线。

⑥ 将温度计量程开关拨到"1"档,校验开关拨到"满"档,旋动调节旋钮,使指针与满刻度线重合,然后将测温探头的插头插入半导体温度计右侧的插孔中,最后将校验开关拨到"测"档。

⑦ 将探头插入棉纱线筒子中,待温度计指针稳定后记录温度读数,温度读数精确到0.5℃(二舍八入,三七作五)。每个筒子测试一次,第一个筒子的温度测毕,则将测温探头插入第二个筒子内。

⑧ 回潮率测试。在距筒子外层10 mm处插入测湿探头(两根指针应沿筒子半径方向),拨动量程开关,使表头指针在刻度"0~1.0"之间。如指针在"0"的左侧,应将量程开关向右拨动;如在"1.0"的右侧,则将量程开关向左拨动。量程开关所指数字为回潮率的整数值,表头指针的读数为回潮率的小数值(读数精确到0.1),两者相加即为回潮率读数。3%~5%的回潮率读数从表头的下层刻度线直接读出。

⑨ 每个筒子两端各测试两次,每次读取回潮率值后,将筒子转动180°,第二次插入并读数。一端测毕,将筒子翻身,在另一端同样测试两次。每一筒子的正反面共测四点,两端的测点连线基本呈十字交叉。

⑩ 测试过程中应注意测湿探头不插入筒子时,表头指针应指在零刻度线。如不指在零刻度线应重新调整"零位调节"和"红线调节"开关,然后进行测量。

⑪ 测试完毕,拔去测温探头,关闭电源。

⑫ 根据温度读数和回潮率读数,分别求平均值,温度读数的平均值 T 精确到0.5℃,回潮率读数的平均值 W' 精确到0.01%。

⑬ 根据温度读数平均值 T、回潮率读数平均值 W',查棉纱线筒子回潮率温度修正系数表(表2-4-1),得温度修正系数,即可计算筒子回潮率 W。

四、测试结果计算

$$W = W' + 修正系数 \qquad (2\text{-}4\text{-}1)$$

式中:W 为筒子回潮率(%);W' 为表头读数(%)。

注意:温度修正表中,根据温度的不同,系数有正有负,代入上式时应为代数和。

五、实训报告

(1) 记录:试样名称与规格、仪器型号、环境温湿度、原始数据。
(2) 计算:回潮率。

六、思考题

(1) Y2-1型纱线筒子测湿仪能否用于测定毛纱、化纤纱线的筒子回潮率?为什么?
(2) 试分析引起仪器测试误差的原因。

表 2-4-1　棉纱线筒子回潮率温度修正系数表

（W' 为表头读数，T 为筒子温度）

$W'(\%)$	$T(℃)$											
	7.0	7.5	8.0	8.5	9.0	9.5	10.0	10.5	11.0	11.5	12.0	12.5
3.5	1.05	1.02	0.98	0.95	0.91	0.87	0.84	0.80	0.76	0.72	0.68	0.64
4.0	1.03	0.99	0.96	0.92	0.89	0.85	0.82	0.78	0.74	0.70	0.67	0.63
4.5	1.00	0.97	0.94	0.90	0.87	0.83	0.80	0.76	0.72	0.69	0.65	0.61
5.0	0.98	0.95	0.91	0.88	0.84	0.81	0.78	0.74	0.71	0.67	0.63	0.60
5.5	0.95	0.92	0.89	0.85	0.82	0.79	0.76	0.72	0.69	0.65	0.62	0.58
6.0	0.93	0.90	0.87	0.83	0.80	0.77	0.74	0.70	0.67	0.64	0.60	0.57
6.5	0.90	0.87	0.84	0.81	0.78	0.75	0.72	0.69	0.65	0.62	0.58	0.55
7.0	0.88	0.85	0.82	0.79	0.76	0.73	0.70	0.67	0.64	0.60	0.57	0.54
7.5	0.85	0.82	0.80	0.77	0.74	0.71	0.68	0.65	0.62	0.59	0.56	0.53
8.0	0.92	0.80	0.77	0.75	0.72	0.69	0.66	0.63	0.60	0.57	0.54	0.51
8.5	0.80	0.78	0.82	0.72	0.69	0.67	0.64	0.61	0.58	0.55	0.52	0.50
9.0	0.77	0.75	0.72	0.70	0.67	0.65	0.62	0.59	0.57	0.54	0.51	0.48
9.5	0.75	0.73	0.70	0.68	0.65	0.63	0.60	0.57	0.55	0.52	0.49	0.47
10.0	0.72	0.70	0.68	0.65	0.63	0.61	0.58	0.56	0.53	0.50	0.48	0.45
10.5	0.70	0.68	0.66	0.63	0.61	0.59	0.56	0.54	0.51	0.49	0.46	0.44
11.0	0.68	0.65	0.63	0.61	0.59	0.56	0.54	0.52	0.50	0.47	0.45	0.42
11.5	0.65	0.63	0.61	0.58	0.57	0.540	0.52	0.50	0.48	0.45	0.43	0.41
12.0	0.63	0.61	0.59	0.56	0.54	0.52	0.50	0.48	0.46	0.44	0.42	0.39
3.5	0.60	0.56	0.52	0.48	0.44	0.40	0.35	0.30	0.27	0.22	0.18	0.14
4.0	0.59	0.55	0.51	0.47	0.43	0.39	0.35	0.30	0.26	0.22	0.18	0.13
4.5	0.57	0.54	0.50	0.46	0.42	0.38	0.34	0.30	0.26	0.21	0.17	0.13
5.0	0.56	0.52	0.49	0.45	0.41	0.37	0.33	0.39	0.25	0.21	0.17	0.13
5.5	0.55	0.51	0.47	0.44	0.40	0.36	0.32	0.28	0.24	0.20	0.17	0.12
6.0	0.53	0.50	0.46	0.43	0.39	0.35	0.31	0.28	0.24	0.20	0.16	0.12
6.5	0.52	0.48	0.45	0.42	0.38	0.34	0.31	0.27	0.23	0.29	0.16	0.12
7.0	0.51	0.47	0.44	0.40	0.37	0.33	0.30	0.26	0.23	0.19	0.15	0.12
7.5	0.49	0.46	0.43	0.39	0.36	0.32	0.29	0.26	0.22	0.19	0.15	0.11

续 表

$W'(\%)$	$T(℃)$											
	13.0	13.5	14.0	14.5	15.0	15.5	16.0	16.5	17.0	17.5	18.0	18.5
8.0	0.48	0.45	0.42	0.38	0.35	0.31	0.28	0.25	0.22	0.18	0.15	0.11
8.5	0.47	0.43	0.40	0.37	0.34	0.31	0.28	0.24	0.21	0.18	0.14	0.11
9.0	0.45	0.42	0.39	0.36	0.33	0.30	0.27	0.24	0.20	0.17	0.14	0.10
9.5	0.44	0.41	0.38	0.35	0.32	0.29	0.26	0.23	0.20	0.17	0.13	0.10
10.0	0.42	0.40	0.37	0.34	0.31	0.28	0.25	0.22	0.19	0.16	0.13	0.10
10.5	0.41	0.38	0.36	0.33	0.30	0.27	0.24	0.22	0.19	0.16	0.13	0.09
11.0	0.40	0.37	0.35	0.32	0.29	0.27	0.24	0.21	0.18	0.15	0.12	0.09
11.5	0.38	0.36	0.33	0.31	0.28	0.26	0.23	0.20	0.18	0.15	0.12	0.09
12.0	0.37	0.35	0.32	0.30	0.27	0.25	0.22	0.20	0.17	0.14	0.12	0.09

$W'(\%)$	$T(℃)$											
	19.0	19.5	20.0	20.5	21.0	21.5	22.0	22.5	23.0	23.5	24.0	24.5
3.5	0.09	0.04	0.00	-0.05	-0.10	-0.15	-0.21	-0.26	-0.31	-0.37	-0.42	-0.47
4.0	0.09	0.04	0.00	-0.05	-0.10	-0.15	-0.20	-0.25	-0.31	-0.36	-0.41	-0.47
4.5	0.09	0.04	0.00	-0.05	-0.10	-0.15	-0.20	-0.25	-0.30	-0.35	-0.40	-0.46
5.0	0.09	0.04	0.00	-0.05	-0.10	-0.15	-0.20	-0.24	-0.29	-0.34	-0.40	-0.45
5.5	0.08	0.04	0.00	-0.05	-0.19	-0.14	-0.19	-0.24	-0.29	-0.34	-0.39	-0.44
6.0	0.08	0.04	0.00	-0.05	-0.09	-0.14	-0.19	-0.24	-0.28	-0.33	-0.38	-0.43
6.5	0.08	0.04	0.00	-0.05	-0.09	-0.14	-0.18	-0.23	-0.28	-0.32	-0.37	-0.42
7.0	0.08	0.04	0.00	-0.04	-0.09	-0.13	-0.18	-0.23	-0.27	-0.32	-0.37	-0.41
7.5	0.07	0.04	0.00	-0.04	-0.09	-0.13	-0.18	-0.22	-0.27	-0.31	-0.36	-0.40
8.0	0.07	0.04	0.00	-0.04	-0.09	-0.13	-0.17	-0.22	-0.26	-0.30	-0.35	-0.40
8.5	0.07	0.04	0.00	-0.04	-0.08	-0.13	-0.17	-0.21	-0.25	-0.30	-0.34	-0.39
9.0	0.07	0.03	0.00	-0.04	-0.08	-0.12	-0.16	-0.21	-0.25	-0.29	-0.33	-0.38
9.5	0.07	0.03	0.00	-0.04	-0.08	-0.12	-0.16	-0.20	-0.24	-0.28	-0.32	-0.37
10.0	0.07	0.03	0.00	-0.04	-0.08	-0.12	-0.16	-0.20	-0.23	-0.27	-0.32	-0.36
10.5	0.06	0.03	0.00	-0.04	-0.08	-0.11	-0.15	-0.19	-0.23	-0.27	-0.31	-0.35
11.0	0.06	0.03	0.00	-0.04	-0.07	-0.11	-0.15	-0.19	-0.22	-0.26	-0.31	-0.34

续　表

$W'(\%)$	$T(℃)$											
	19.0	19.5	20.0	20.5	21.0	21.5	22.0	22.5	23.0	23.5	24.0	24.5
11.5	0.06	0.03	0.00	−0.04	−0.07	−0.10	−0.14	−0.18	−0.22	−0.26	−0.30	−0.33
12.0	0.06	0.03	0.00	−0.04	−0.07	−0.10	−0.14	−0.18	−0.21	−0.25	−0.29	−0.32

$W'(\%)$	$T(℃)$										
	25.0	25.5	26.0	26.5	27.0	27.5	28.0	28.5	29.0	29.5	30.0
3.5	−0.53	−0.58	−0.64	−0.70	−0.75	−0.81	−0.87	−0.92	−0.98	−0.04	−0.10
4.0	−0.52	−0.57	−0.63	−0.68	−0.74	−079	−0.85	−0.91	−0.96	−0.02	−0.08
4.5	−0.51	−0.56	−0.62	−0.67	−0.72	−078	−0.84	−0.89	−0.95	−0.00	−0.06
5.0	−0.50	−0.55	−0.60	−0.66	−0.71	−0.76	−0.82	−0.87	−0.93	−0.98	−0.04
5.5	−0.49	−0.54	−0.59	−0.65	−0.70	−0.75	−0.80	−0.85	−0.91	−0.96	−0.02
6.0	−0.48	−0.53	−0.58	−0.64	−0.68	−0.74	−0.79	−0.84	−0.89	−0.95	−0.00
6.5	−0.47	−0.52	−0.57	−0.63	−0.67	−0.72	−0.77	−0.82	−0.88	−0.93	−0.98
7.0	−0.46	−0.51	−0.56	−0.62	−0.66	−0.71	−0.76	−0.81	−0.86	−0.91	−0.96
7.5	−0.45	−0.50	−0.55	−0.61	−0.64	−0.69	−0.74	−0.79	−0.84	−0.89	−0.94
8.0	−0.44	−0.49	−0.53	−0.59	−0.63	−0.68	−0.73	−0.77	−0.82	−0.87	−0.92
8.5	−0.43	−0.48	−0.52	−0.58	−0.62	−0.66	−0.71	−0.76	−0.81	−0.86	−0.90
9.0	−0.42	−0.47	−0.51	−0.57	−0.61	−0.65	−0.69	−0.74	−0.79	−0.84	−0.88
9.5	−0.41	−0.46	−0.50	−0.55	−059	−0.63	−0.68	−0.72	−0.77	−0.82	−0.86
10.0	−0.40	−0.45	−0.49	−0.54	−0.57	−0.62	−0.66	−0.71	−0.75	−0.80	−0.84
10.5	−0.39	−0.43	−0.48	−0.53	−0.56	−0.60	−0.65	−0.69	−0.74	−0.78	−0.83
11.0	−0.38	−0.42	−0.46	−0.51	−0.55	−0.59	−0.63	−0.68	−0.72	−0.76	−0.80
11.5	−0.37	−0.41	−0.45	−0.49	−0.53	−0.57	−0.62	−0.66	−0.70	−0.74	−0.79
12.0	−0.36	−0.40	−0.44	−0.48	−052	−0.56	−0.60	−0.64	−0.68	−0.73	−0.77

子任务二　纱线的细度不匀测试

　　纱线的细度不匀与布面质量、加工性能及使用性能的关系密切。当纱线的细度不匀显著时，则纱的强力下降，织造断头率增加，织物表面会形成多种疵点，如阴影、云斑、横路、纵向条纹、粗细结等，影响织物外观和内在质量。

常用的纱线细度不匀检测方法有三种,即测长称量法、黑板条干法和电容式条干均匀度仪法。现有一种新型的电子检视板法,尚需建立相应的国际与国内标准。

实训五 黑板条干法检测纱线细度不匀

一、实训目的与要求

(1)会操作摇黑板机并正确制备试样。
(2)能根据标准样,对照评定纱线的细度均匀度。
(3)会进行数据处理并填写实训报告。

二、仪器用具与试样

YG381型摇黑板机(图2-5-1)、黑板(18 cm×25 cm×0.2 cm)10块及棉、毛、麻或混纺纱条等试样若干。

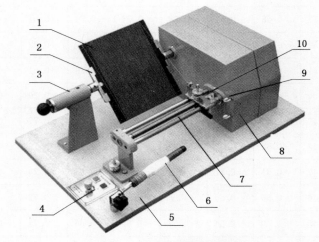

图2-5-1 YG381型摇黑板机

1—黑板 2—黑板固定夹 3—黑板大小调节固定装置 4—黑板转速调节和启停键 5—黑板机基座
6—试样 7—排纱驱动导向杆 8—整机驱动及变速箱 9—导纱器 10—排纱、张力装置

三、基本原理

将纱线按一定密度均匀地绕在黑板上,共摇10块黑板,然后在规定的检验条件下,与标准样对照,进行评定。

四、标准样照

标准样照按纱线品种分成两大类,即纯棉及棉与化纤混纺、化纤纯纺及化纤与化纤混纺。

标准样照按纱线细度分组,其中纯棉类有六组标准样照,化纤类有五组标准样照,每组三张,分设A、B、C三级。

各种纱线采用的标准样照如表2-5-1所示。

表 2-5-1　棉与化纤的标准样照

纤维类别	A 级	B 级	B 级	C 级
	优级条干	一级条干	优级条干	一级条干
纯棉及棉与化纤混纺	精梳纯棉纱 精梳棉与化纤混纺纱 普通纯棉股线 棉与化纤混纺股线		普通纯棉线 普梳棉与化纤混纺纱	
化纤纯纺及化纤与化纤混纺	化纤纯纺纱 化纤与化纤混纺股线		化纤与化纤混纺线 中长股线 黏胶股线	

五、操作步骤

① 根据纱线品种和粗细,调节摇黑板机的绕纱间距。

② 将试样摇在黑板上,绕纱密度均匀、排列整齐,必要时可手工调整。

③ 选择与试样组别对应的标准样照两张,样照应垂直平放在评级台的支架上。

④ 检验者(目力正常)与黑板的距离为 1 m±0.1 m,视线应与纱板中心水平。

表 2-5-2　样照分组与绕纱密度

样照分组	细度[tex(英支)]	绕纱密度(根/cm)	样照分组	细度[tex(英支)]	绕纱密度(根/cm)
1	5～7(120～75)	19	4	16～20(36～29)	11
2	8～10(74～56)	15	5	21～34(28～17)	9
3	11～15(55～37)	13	6	36～98(16～6)	7

六、评级规定

纱线条干的品级分四个级别,分别为优级、一级、二级、三级。评级规定如下:

(1) 根据纱线的条干总均匀度和含杂程度与标准样照对比作为评级的主要依据,对比结果好于或等于一级样照的评为一级,差于一级样照的评为二级。

(2) 严重疵点、阴阳板、一般规律性不匀评为二级,严重规律性不匀评为三级。

(3) 一级纱的大棉结根据产品标准另行规定。

① 粗节:纱线的投影宽度比正常纱线的直径粗(以目力所能辨认为界)。

② 细节:纱线的投影宽度比正常纱线的直径细(以目力所能辨认为界)。

③ 阴影:由较多直径偏细的纱线排列在一起而在黑板表面形成阴暗的块状。

④ 严重疵点:有两种情况,即严重粗节(直径粗于原纱 1～2 倍、长 5 cm 及以上的粗节)和严重细节(直径细于原纱 0.5 倍、长 10 cm 及以上的细节)。

⑤ 规律性不匀:有两种情况,即一般规律性不匀(纱线条干粗细不匀并形成规律,占黑板表面 1/2 及以上)和严重规律性不均匀(黑板呈规律性不匀,其阴影深度大于一级最深的阴影)。

⑥ 阴阳板:黑板表面的纱线有明显粗细分界线。

⑦ 大棉结:由一根或多根纤维缠结形成的未曾分解的团粒,比棉纱直径大 3 倍及以上的棉结。

评级时具体注意如下:

① 黑板上的阴影、粗节不可相互抵消,以最低一项评定。

② 黑板上的棉杂结质和条干均匀度不可相互抵消,以最低一项评定。

③ 粗节:粗节部分粗于样照时,即降级;粗节数量多于样照时,即降级,但短于样照时不降级;粗节虽少于样照,但显然粗于样照时,即降级。

④ 阴影:阴影普遍深于样照,即降级;阴影深浅相当于样照,若总面积显著大于样照时,即降级;阴影总面积虽然大于样照,但浅于样照,则不降级;阴影总面积小于样照,但显著深于样照,即降级。

⑤ 棉结杂质:优级板中,棉结杂质总数多于样照,即降级;一级板中,棉结杂质总数显著多于样照,即降级。

⑥ 疑难板的掌握:粗节从严,阴影从宽,但针织用纱的粗节从宽,阴影从严;粗节粗度从严,数量从宽;阴影深度从严,总面积从宽;大棉结从严,总数从严。

七、实训报告

(1) 记录:实验日期、批样来源、取样的方法、数量及降级条件。

(2) 结果:该批样的细度不匀,填写实训报告单。

八、思考题

(1) 纱线条干的品级依据是什么?

(2) 黑板条干法检测纱线细度不匀的优缺点是什么?

实训六 电容式条干法测试纱线条干均匀度

采用电容式条干仪测得的结果,对于鉴定纱样的质量、分析纱样结构和特征以及判断产生条干不匀的原因,有着重要的作用,如果仪器装有专家分析系统,可以进一步提高仪器的使用价值。测试的对象可以是由短纤维纺制的条子、粗纱、细纱等制品。电容式条干均匀度测试仪能够对试样的条干不匀率、纱疵及波谱等进行定性、定量的分析,测量棉、麻、毛、绢丝、化学短纤维的纯纺或混纺纱条的线密度不匀及不匀的结构和特征,是纺织工业控制实验室对纱条进行定性、定量分析的重要测试仪,测量的数据、波谱图可参照《乌斯特条干均匀度使用手册》及《乌斯特公报》进行分析,评定纱条质量。YG137 型条干仪是最新开发的新一代条干均匀度测试仪。

一、实训目的与要求

(1) 熟悉测定纱条短片段不匀率的方法和过程。

(2) 掌握测试操作要领。

(3) 熟悉 GB/T 3292.1《纱条条干不匀试验方法 第 1 部分:电容法》、ASTM D1425/

D1425M《用电容测试仪测定纱线束的不均匀度的试验方法》、GB/T 6529《纺织品　调湿和试验用标准大气》、GB/T 8170《数值修约规则与极限数值的表示和判定》等标准。

二、仪器、用具与试样

YG137 型电容式条干均匀度仪(图 2-6-1)及棉、毛、麻或混纺纱条等一种或几种。

图 2-6-1　YG137 型电容式条干均匀度仪

三、基本原理

电容式条干均匀度仪运用电容的基本原理,当试样以规定的速度通过电容传感器时,由于试样的细度变化会引起传感器平行极板电容介电常数的变化,从而导致电容量变化,由检测电路转换成与线密度变化相对应的电压变化,再经放大、A/D 转换后进入计算机专用软件管理系统,经运算处理后将试样细度不匀以曲线、数值、波谱等形式输出。电容式条干均匀度仪可以实现对细纱、粗纱、条子细度不匀程度的测量,还可提供 CV 值、各档门限疵点数等有价值的参考数据,并在屏幕上显示纱条实时不匀率曲线图、波谱图及其他统计图形。这些图形能直观地反映纱条状况,有助于对生产设备的运行状况进行监控与分析。

四、操作步骤

(1)取样

根据纱条种类和测试需要,随机抽取实验室样品,取样数量为:条子,4 个条筒或每眼一个条筒;粗纱,4 个卷装,在粗纱机的前、后排锭子上各取 2 个;细纱,10 个管纱。

试样先经调湿和预调湿,采用规定的二级标准大气,平衡 24 h;对大而紧的样品卷装或一个卷装需进行一次以上测试时,应平衡 48 h。

(2)仪器预热

打开电源开关,仪器首先进入操作系统,然后计算机自动进入测试系统,仪器预热20 min。

(3)参数设置

选择合适的试样类型,试样分棉型和毛型两大类,点击"试样类型"右侧的键选择。

根据表 2-6-1 选择合适的幅度,幅度用于放大或缩小不匀曲线的幅值,系统提供了12.5%～100%共四档,表中同时给出了试样所用的测试槽。

表 2-6-1　幅度和测试槽设定

试样	细纱	粗纱	棉条
测试槽号	5，4	3	1，2
幅度	100%，50%	50%	50%，25%，12.5%

① 比例设置：用于放大或缩小不匀率曲线沿试样长度方向的比例，以便观察、分析曲线变化趋势，对纱条不匀情况做出及时的判断。

② 测试速度设置：用于设置检测器罗拉牵引纱线的速度，可参照表 2-6-2 选择所需的测试速度。

依据试样类型和表 2-6-2 所示，输入测试所需的测试时间，并依次输入测试所需的文件名、使用的单位名称、测试者姓名、线密度等内容。

表 2-6-2　速度和时间设定

试样	测试速度（m/min）	测试时间（min）	试样	测试速度（m/min）	测试时间（min）
细纱	400	1	细纱/粗纱/条子	25	5，10
细纱	200	1，2.5	粗纱/条子	8	5，10
细纱	100	2.5	条子	4	5，10
细纱/粗纱	50	5			

（4）测试前准备

① 无料调零：测试前系统必须经过无料调零操作。首先确保传感器的测试槽为空，然后单击"调零"按钮，系统进入调零状态。若调零出错，系统弹出提示框，提示调零错误，应检查测试槽及信号电缆，再进行调零；若调零正确，可进行下一步操作。

② 张力调整：为防止试样经过测试槽时抖动而影响测量结果，测试前需调整检测分机上的张力旋钮调整张力，使纱线在通过张力器至测试槽的过程中无明显的抖动。

③ 测试槽的选择：检测分机上有两个电容传感器检测头，大检测头上装有两个测试槽，由左到右依次为 1 号和 2 号，用来测量条卷和条子的不匀；小检测头装有三个测试槽，由左到右依次为 3 号、4 号和 5 号，用来测量粗纱和细纱试样的不匀。五个槽通过导纱装置左右移动进行控制，可根据表 2-6-3 选择测试槽。

表 2-6-3　测试槽适用纱线范围

试样类型	条　子		粗　纱	细　纱	细　纱
测试槽号	1	2	3	4	5
公支	—	0.302	0.303～6.24	6.25～47.5	47.6～250
英支	0.011～0.073	0.074～0.267	0.268～5.53	5.54～42.1	42.2～221
线密度（tex）	—	3 301	3 300～160.1	160.0～21.1	21.0～4.0

试样通过测试槽时，应该掌握一个原则：条子靠一边走，粗纱上左下右斜着走，细纱靠中间走（图 2-6-2）。

条子　　　　粗纱　　　　细纱

图 2-6-2　试样经过测试槽的位置

（5）测试

按"启动"开关，罗拉开始转动。将试样从纱架上引入张力器中，然后通过选定的测试槽，再按"罗拉分离"开关，罗拉脱开后将试样放入两个罗拉中间，关闭开关，罗拉闭合。

待试样的运行速度正常并确认试样无明显抖动后，单击"开始"进入测试状态。进行首次测试时，系统会自动调整信号均值点，使曲线记录在合适的位置。单击"调零"调整均值，若调整有错，则显示"调均值出错"，自动停止测试。调整均值后，界面主窗口的上部、下部分别显示试样的不匀曲线、波谱图，界面底端显示相应的测试指标如 CV 值、细节、粗节、棉结等。

注意：在测试状态中，不能改变测试参数中测试条件的设置，如速度、时间、类型、幅度等。

单次测试完成后，若发现测试数据中存在错误，可选择"删除"，删除已经测试的错误数据。

当整个批次的测试结束后，系统退出当前的测试状态，单击"完成"，终止当前的测试批次，显示统计值。测试完成后，各项参数中的测试按钮回复起始状态。

测试完成后，单击"打印"进入打印输出界面。打印输出界面的"打印"选项，提供了不匀曲线、波谱图、报表等选项。对于不匀曲线和波谱图，提供了全部打印或部分打印两项选择。报表分为两种，即统计报表和常规报表，统计报表包含测试的所有指标，而常规报表包含 CV 值和三档常用的疵点值。

注意：需经常用毛刷清扫测试槽周围的飞花，用薄纸片清洗测试槽内的杂物。

五、测试结果计算

（1）标准差 S

$$S = \sqrt{\frac{\sum (x_i - \overline{x})^2}{n-1}} \tag{2-6-1}$$

（2）变异系数 CV

$$CV = \frac{S}{\overline{x}} \times 100\% \tag{2-6-2}$$

式中：S 为细节、粗节、棉结未折合成千米的标准差。

（3）不匀曲线

通常称为直观图,直接表示纱线条干的变化情况,主要用于检查偶发性疵点(包括特粗或特细的部分)、纱条粗细平均值的缓慢变化及长片段(波长大,波谱图无法判定者,一般大于40 m)周期性不匀。

六、实训报告

(1) 记录:执行标准、试样材料、规格和数量(必要时说明来源)、测试环境(温湿度)、仪器型号、测试速度和取样长度等测试参数。

(2) 计算:CV(U)值、千米纱疵数或一批试样的平均 CV(U)值、平均千米纱疵数。

(3) 分析:不匀曲线图、波谱图等。

七、思考题

试分析使用 YG137 型电容式条干均匀度仪测试纱线条干不匀的优缺点。

任务三 纱线捻度和毛羽的测试

短纤维通过加捻才能制成无限长的、具有一定物理机械性能的纱线。对于长丝,为了提高单丝的紧密度,便于加工并改善织物性能,往往也需要加捻。所谓加捻,就是将平行伸直的纤维或纱线沿其轴向扭转一个角度的一种加工。

子任务一 纱线捻度的测试

纱线捻度的测试方法有直接计数法、退加捻法,退捻加捻法又分为退捻加捻 A 法、退捻加捻 B 法和三次退捻加捻法。直接计数法适用于有捻复丝、缆线、股线,退捻加捻法适用于棉、毛、丝、麻及其他混纺纤维的单纱。

实训一 直接计数法测试纱线捻度

一、实训目的与要求

(1) 了解纱线捻度仪的基本结构和工作原理。

(2) 掌握仪器的操作方法和取样要求,并理解各指标的含义。

(3) 熟悉 GB/T 2543.1《纺织品 纱线捻度的测定 第 1 部分:直接计数法》、GB/T 2543.2《纺织品 纱线捻度的测定 第 2 部分:退捻加捻法》、GB/T 14345《化学纤维 长丝捻度试验方法》、FZ/T 10001《气流纱捻度的测定 退捻加捻法》等标准。

二、仪器用具与试样

1. 仪器用具

Y331LN 型纱线捻度仪(图 3-1-1)、分析针和剪刀及纱、线各一种或几种。

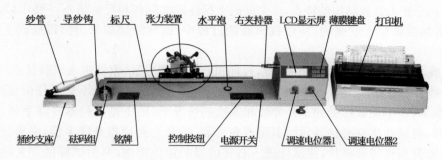

图 3-1-1 Y331LN 型纱线捻度仪

三、基本原理

直接计数法是指在规定的张力下,夹住一定长度的试样的两端,旋转试样一端,使试样解捻,直至纱线中的纤维与纱线轴向平行为止(用分析针从试样固定端顺利拨到旋转一端为准),从而测得捻回数的方法。退去的捻度即为试样该长度内的捻回数。

四、操作步骤

(1)试样准备

根据产品标准或者协议的有关规定抽取样品,如果从同一个卷装中取样超过 1 个,各试样之间至少有 1 m 以上的间隔;如果从同一个卷装中取样超过 2 个,应分组取样,每组不超过 5 个试样,各组之间有数米间隔。相对湿度的变化会引起某些试样的长度发生变化,从而对捻度有间接影响,因此试样需进行调试或预调湿。

(2)测试

以 13.2 tex 试样为例说明试验参数设置:捻回数 NS,100;方法 F,0;次数 C,30;长度 L,250;捻向 NS,S。

① 打开电源开关,捻度仪显示屏应显示"Y331LN"及试验参数(即复位状态);若显示屏显示试验状态,先按"总清"键,再按"复位"键,进入复位状态。

② 如需要打印,将打印机电源开关置于"ON"位置。

③ 试样长度设定:拧松星形手把螺丝,沿导轨移动滑块,使定位指针指向标尺的"250 mm"处,然后拧紧星形手把螺丝,试样长度设定完毕。

④ 试验参数设定:在复位状态下,按"设定"键,光标在纱号百位处闪烁,光标在哪一位闪烁,就可以修改哪一位数字,按"+"或"一"键使百位数字显示"0";按"位选"键,光标移到十位处,按"+"或"一"键使十位数字显示"1";按"位选"键,光标移到个位处,按"+"或"一"键使个位数字显示"3";再按"位选"键,光标移到十分位处,按"+"或"一"键使十分位数字显示"2"。纱号设定完毕,按"设定"键,光标移到次数处,修改方法同上。每按一次"设定"键,光标依次在"试验方法""次数""长度""时间""年月日""捻向"之间循环。如某些参数无需改动,可以按"设定"键跳过。

⑤ 按"测速/总清"键,观察显示屏右下角显示的当前每分钟转速是否符合要求,若不符合,则旋转"转速旋钮"(试验转速调整旋钮),选择适合的转速,设定完毕,按"复位"键。

⑥ 根据标准规定计算预加张力,以砝码的标称值选择合适的张力砝码,放至张力砝码盘处。

注意:由于张力装置结构的特点,张力砝码上标注的实际值与标称值不一致,因为标称值是经过换算后加在试样上的张力,所以在试验的过程中,试样的预加张力值以砝码上的标称值为准。

⑦ 试验参数设置完毕,按"试验"键,打印机打印设置参数,仪器进入试验状态。

⑧ 将纱管插在插纱支座上,调整插纱支座的位置,使纱线引出时不会受任何损伤;丢弃开始的试样数米,在不使试样受到意外伸长和退捻的情况下,压下左夹持器升降手柄,使左夹持器夹片松开,将试样从左夹持器后面引至右夹持器,松开左夹持器升降手柄,夹紧试样。打开锁紧装置,松开右夹持器夹片,使试样进入右夹持器的定位槽内,牵引试样使左夹持器向刻度标牌的零位移动,当零位指示灯亮时,指针对准刻度标牌的零位,松开右夹持器夹片,将试样夹紧,切除多余试样。

⑨ 按"启动"键,右夹持器旋转,开始解捻,至预置捻数时自停,观察解捻情况,如捻度未解完,再按"+"或"−"键,用点动继续解捻,如点动速度过快,可用调速旋钮(点动转速调整旋钮)调速,也可用手旋转右夹头直到完全解捻(以分析针插入股纱后从左夹持器处平移到右夹持器处为准)。此时,显示屏显示捻回数,按"处理"键,显示次数、捻度和捻系数,结束本次试验。

重复以上操作,进行下一次试验,达到设置次数后,显示屏左上角显示"CS:OK",表示本组试验已结束。这时,如果想删除本组中某一次数据,按"暂停"键,仪器进入删除状态,然后按"+"或"−"键找到需要删除的某一次数据,按"停止/删除"键,仪器删除本次数据,再按"暂停"键,仪器进入试验状态,重复步骤⑧和⑨补足删除次数,使本组试验完整。

⑩ 按"打印"键,打印机打印本次试验的统计值。

注意:如需复制,再按"打印"键,仪器复制本次所有数据。

表 3-1-1 给出了各类试样的测定参数。

表 3-1-1　各类试样的测定参数

方　法	类　　别	试验长度(mm)	预加张力(cN/tex)
	棉纱型	25	0.25
	中长纤维纱	50	0.25
	精、粗梳毛纱(包括混纺纱)	50	0.25
	绒线、针织绒单纱(包括混纺纱)	50 或 100	0.25
	苎麻、亚麻纱(包括混纺纱)	50	0.25
直接计数法	黄麻纱	200	0.25
	绢丝、䌷丝	50	0.50
	复丝(包括化纤丝)	200	0.50
	棉、毛、麻股线	250	0.25
	缆线	500	0.25
	绢纺丝、长丝线	500	0.50

五、测试结果计算

（1）捻度

$$T_t = \frac{\sum 0.4 \times n}{N} \qquad (3-1-1)$$

式中：T_t 为试样的特克斯制捻度（捻/10 cm）；n 为仪器转速；N 为试验次数。

（2）捻系数

$$a_t = T_t \sqrt{Tt} \qquad (3-1-2)$$

式中：a_t 为试样的特克斯制捻系数；Tt 为试样线密度（tex）；T_t 为试样的特克斯制捻度（捻/10 cm）。

六、实训报告

（1）记录：试样名称与规格、仪器型号、仪器工作参数、原始数据。
（2）计算：试样的捻度、捻系数、捻度变异系数。

七、思考题

（1）表示纱线加捻程度的指标有哪些？说明各自的含义。
（2）纱线的临界捻系数的定义是什么？短纤维纱与长丝纱的临界捻系数，哪个大？说明其原因。

实训二　退捻加捻 A 法测试纱线捻度

一、实训目的与要求

（1）了解 Y331A 型纱线捻度仪的基本结构和工作原理。
（2）掌握仪器的操作方法和取样要求，理解各指标的含义。
（3）熟悉 GB/T 2543.2《纺织品　纱线捻度的测定　第 2 部分：退捻加捻法》、GB/T 14345《化学纤维　长丝捻度试验方法》、GB/T 6529《纺织品　调湿和试验用标准大气》等标准。

二、仪器、用具与试样

Y331A 型纱线捻度仪（表 3-2-1）、分析针和剪刀及纱、线各一种或几种。

三、基本原理

取一段纱线，在一定的张力作用下，当加捻时的伸长与反向加捻时的缩短在数值上相等时，解捻数与反向加捻数也相等。用这种方法测定纱线的捻度时，为了避免纱线因伸长过多而发生断裂，仪器上装有伸长限位挡片，将纱线伸长控制在一定范围内。捻度解完以

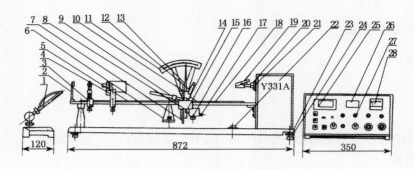

图 3-2-1　Y331A 型纱线捻度仪

1—插纱架　2—导纱钩　3—辅助夹　4—杉板　5—横轨　6—重锤盘　7—定位片　8—定位架
9—张力重锤　10—伸长限位　11—弧标尺　12—左纱夹　13—弧指针　14—摆动片　15—支紧螺钉
16—固紧螺钉　17—调节螺钉　18—定长标尺　19—右纱夹　20—零刻线　21—指示线　22—水平仪
23—支承螺钉　24—托脚　25—捻回显示窗　26—预置拨盘　27—调速变阻器　28—电源电压表

后，夹头继续回转就对纱条反向加捻，纱条长度缩短，指针向右回复至零位时，停止夹头回转，记下总捻回数 n，n 等于试样长度上所具有的捻回数的两倍，根据捻回数和试样长度，即可求得试样的捻度。

四、操作步骤

① 检查捻度机的各部分是否正常运行（如仪器水平、指针灵活），打开电源开关，电源指示灯亮，电源电压表指示电压数值。

② 将扭子开关拨向"退捻加捻"，根据纱线捻向确定夹头回转（退捻）方向，单纱一般多为"Z"捻，将解捻方向拨至"S"，使计数正向计数。

③ 旋松定距螺丝，按表 3-2-1 规定调节左、右纱夹之间的距离，然后旋紧支紧螺钉，使左纱夹固定。

④ 按表 3-2-1 规定调整张力杆上的张力重锤的位置，对试样加上规定的张力。

⑤ 按表 3-2-1 给出的限位值调整伸长限位挡片的位置。

⑥ 将定位片插好，在插纱架上插上管纱，从纱管顶端轻轻拉出细纱，防止细纱产生意外伸长和退捻，穿过导纱钩、指针上的弹簧片，将纱引至右纱夹的位置，夹紧左纱夹上的纱，然后放开定位片，使纱受到适当张力而伸直，轻轻牵动纱线，使指针指在弧形伸长刻度尺的零位时，撤动右纱夹的弹簧柄，将纱头夹紧在右纱夹上。

表 3-2-1　各类单纱测定参数

类别	试样长度（mm）	预加张力（cN/tex）	测定次数	允许伸长（mm）
棉纱（包括混纺纱）	250	$1.8\sqrt{Tt}-1.4$	30	4.0
中长纤维纱	250	$0.3\times Tt$	40	2.5
精、粗梳毛纱（包括混纺纱）	250	$0.1\times Tt$	40	2.5
苎麻纱（包括混纺纱）	250	$0.2\times Tt$	40	2.5
绢丝	250	$0.3\times Tt$	40	2.5
有捻单丝	500	$0.5\times Tt$	30	—

注：当试样长度为 500 mm 时，其允许伸长应按表中所示增加一倍，预加张力不变。

⑦ 按"清零"按钮,使数字显示为零,并根据试样材质选择转速,一般棉或丝选"Ⅰ"档(1 500 r/min),毛或麻选"Ⅱ"档(750 r/min)。

⑧ 按"S开机"钮,当弧指针离开零位又回到零位时,仪器自动停机。

第二根试样的试验和以后的试验重复步骤⑥⑦和⑧,最后切断电源,仪器状态复原。

五、测试结果计算

(1) 捻度

$$T_t = \frac{\sum 0.2 \times n}{N} \qquad (3\text{-}2\text{-}1)$$

式中:T_t 为试样的特克斯制捻度(捻/10 cm);n 为仪器转速;N 为试验次数。

(2) 捻系数

$$a_t = T_t \sqrt{Tt} \qquad (3\text{-}2\text{-}2)$$

式中:a_t 为试样的特克斯制捻系数;Tt 为试样线密度(tex);T_t 为试样的特克斯制捻度(捻/10 cm)。

六、实训报告

(1) 记录:试样名称与规格、仪器型号、仪器工作参数、原始数据。

(2) 计算:试样的捻度、捻系数、捻度变异系数。

七、思考题

加捻对单纱结构与性能有什么影响？选择单纱捻系数的依据是什么？

实训三　退捻加捻 B 法测试纱线捻度

一、实训目的与要求

(1) 了解 Y331LN 型纱线捻度仪的基本结构及工作原理。

(2) 掌握仪器的操作方法和取样要求,理解各项指标的含义。

(3) 熟悉 GB/T 2543.2《纺织品　纱线捻度的测定　第 2 部分:退捻加捻法》、GB/T 14345《化学纤维　长丝捻度试验方法》等标准。

二、仪器、用具与试样

Y331LN 型纱线捻度仪、分析针和剪刀及纱、线各一种或几种。

三、基本原理

退捻加捻 B 法是测定纱线捻度的间接方法。第一个试样采用 A 法进行测试,根据第一个试样测得的捻回数的 1/4,对第二个试样进行退捻,再加捻至其初始长度,从而避免了因预加张力和意外牵伸引起的测量误差。

四、操作步骤

（1）取样

根据产品标准或协议的有关规定抽取样品，产品标准或协议中没有规定的按表 3-3-1 抽取。

表 3-3-1　批量样品取样

一批或一次装载货物的箱数	≤3	4～10	11～30	31～74	≥75
随机抽取的最少箱数	1	2	3	4	5

（2）环境及修正

相对湿度的变化会引起某些材料的试样长度发生变化，从而对捻度有间接影响，因此调湿及测试用大气条件应符合 GB/T 6529 的规定。

（3）试样

① 以实际能做到的最小牵引力，从卷装的尾端或侧面抽取试样，为了避免不良纱段，舍弃卷装的始端和尾端各数米长。

② 若同一个卷装中取样数超过 1 个，各试样之间至少有 1 m 以上的间隔；若同一个卷装中取样数超过 2 个，应分组取样，每组不超过 5 个试样，各组之间有数米间隔。

（4）程序与操作

① 打开电源开关，显示器显示参数。

② 在复位状态下，按"测速"键，电机带动右夹持器转动，显示器显示每分钟转速，调整调速钮Ⅰ，使之以 1 000 r/min±200 r/min 的速度旋转，按"复位"键返回复位状态。

③ 确定允许伸长的限位值。设置隔距长度为 500 mm±1 mm，按 0.5 cN/tex±0.1 cN/tex 的要求调整预加张力，张力作用在两端夹持器夹持的试样上，同时调节试样长度，使指针指示在零位。然后，右夹持器以 800 r/min 或更慢的速度转动，开始退捻，直至纱线中的纤维产生明显滑移，这时读取伸长值，如果纱线没有断裂，应读取反向加捻前的最大伸长值，结果精确到 1 mm。按上述方式进行 5 次测试，计算平均值，最后以平均值的 1/4 作为允许伸长的限位值。

（5）确定预加张力

精纺毛纱的预加张力由捻系数决定（表 3-3-2），其他纱线的预加张力为 0.5 cN/tex±0.1 cN/tex，合成纤维长丝的预加张力如表 3-3-3 所示。

表 3-3-2　精纺毛纱的捻系数与预加张力的关系

捻系数	<80	80～150	>150
预加张力（cN/tex）	0.1±0.02	0.25±0.05	0.5±0.05

表 3-3-3　合成纤维长丝的预加张力

长丝品种	牵引丝	变形丝	高弹变形丝
预加张力（cN/tex）	0.050±0.005	0.10±0.01	0.20±0.02

（6）参数设定

① 设置隔距长度为 500 mm±1 mm，并检查和实际测试长度是否相符。

② 根据需要输入线密度、测试次数、测试方法(退捻加捻 A 法:F1;退捻加捻 B 法:F2)、捻向。

(7) 引纱操作

弃除始端的纱线数米,在不使试样受到意外伸长和退捻的情况下,开启左夹持器的钳口,将试样从左夹持器的钳口中穿过,引至右夹持器,夹紧左夹持器,开启右夹持器钳口,使纱线进入定位槽内,牵引纱线使左夹持器上的指针对准伸长标尺的零位,直至零位指示灯亮,然后锁紧右夹持器的钳口,将纱线夹紧,最后将纱线引至割纱刀,轻拉纱线,切断多余纱线。

(8) 测试

取试样设计捻度的 1/4,或以 A 法测得的捻回数的 1/4 为依据设置捻回数。执行 A 法的全部程序后,不要将计数器置零。取第二个试样,按照上述要求将其固定在夹持器之间,按"启动"键,右夹持器旋转开始解捻,当退掉上述设置捻回数时,电机反向加捻,直至零位指示灯亮,电机自动停止,并显示完成次数、捻回数/m、捻回数/10 cm、捻系数。重复以上操作,直到所有试样完成测试,按"打印"键,打印统计值。

五、测试结果计算

(1) 捻度

$$T_t = \frac{\sum 0.2 \times n}{N} \qquad (3-3-1)$$

式中:T_t 为试样的特克斯制捻度(捻/10 cm);n 为仪器转数;N 为试验次数。

(2) 捻系数

$$a_t = T_t \sqrt{Tt} \qquad (3-3-2)$$

式中:a_t 为试样的特克斯制捻系数;Tt 为试样线密度(tex);T_t 为试样的特克斯制捻度(捻/10 cm)。

六、实训报告

(1) 记录:试样名称与规格、仪器型号、仪器工作参数、原始数据。

(2) 计算:试样的捻度、捻系数、捻度变异系数。

七、思考题

(1) 分析影响纱线捻度测试结果的因素。

(2) 比较直接计数法和退捻加捻法的异同。

子任务二　纱线毛羽的测试

纱线毛羽是指伸出纱线主体的纤维端或圈。毛羽在纱线上呈空间分布,毛羽的性状(长短、形态)比较复杂,随纤维特性、纺纱方法、纺纱工艺参数、捻度等而不同。缝纫线、高支织物、轻薄织物、抗起球型织物要求纱线毛羽尽可能短而少,起毛织物则要求毛羽多而长。但纱线毛羽过长,不利于后道织造加工。

实训四 纱线毛羽测试

一、实训目的与要求

(1) 学会使用纱线毛羽仪测试纱线表面指定长度范围内的毛羽量。

(2) 熟练掌握测试纱线毛羽的方法,并对试验结果进行计算与分析。

(3) 熟悉 FZ/T 01086《纺织品 纱线毛羽测定方法 投影计数法》等标准。

二、仪器、用具与试样

YG171 型纱线毛羽测试仪(图 3-4-1)及各种短纤维纱。

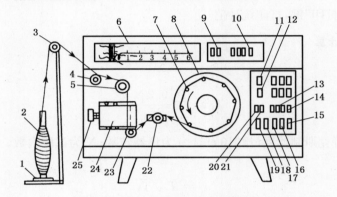

图 3-4-1 YG171 型纱线毛羽测试仪

1—纱管座 2—绕纱管 3—导纱轮 4—螺旋张力器 5—定位轮 A 6—投影屏
7—纱盘夹 8—绕纱器 9—次数显示 10—毛羽数显示 11—长度预置 12—次数预置
13—测试速度按钮 14—观察速度按钮 15—电源开关 16—投影开关 17—打印按钮
18—电动机按钮 19—测量按钮 20—校正按钮 21—测试按钮 22—弹簧张力器
23—定位轮 B 24—检测头 25—毛羽长度旋钮

三、基本原理

YG172 型纱线毛羽测试仪为投影计数式纱线毛羽仪,利用光电原理,当纱线连续通过检测区时,凡长于设定长度的毛羽会遮挡光线,使光敏元件产生信号而计数,得到单位长度纱线一侧的毛羽累计数,即毛羽指数。

检测点至纱线表面的距离(或称为设定长度)可以调节,毛羽指数是设定长度的函数,由于纱线表观直径存在不匀,且直径边界有一定的模糊性,所以设定长度的基线是纱线表观直径的平均值,且设定长度一般不小于 0.5 mm。

四、操作步骤

(1) 取样

按产品标准规定的方法取样,取得的试样应该没有损伤、擦毛和污染。试样为棉、毛、丝、麻短纤维的管纱,每种纱线取 12 个卷装,每个卷装测试 10 次,测试纱线片断长度为 10 m。

（2）实验条件和测试参数

测试一般要求在标准温湿度条件下进行，为此将试样放在标准大气中进行预调湿，时间不少于 4 h，然后暴露在试验用标准大气中 24 h 或暴露至少 30 min，至其质量变化不大于 0.1% 为止。

毛羽设定长度可参照表 3-4-1，按不同品种的纱线选定。

各种纱线的引纱张力：毛纱线为 0.25 cN/tex±0.025cN/tex，其他纱线为 0.5 cN/tex± 0.1 cN/tex。

表 3-4-1　各种纱线的毛羽设定长度

纱 线 种 类	棉纱线及棉型混纺纱线	毛纱线及毛型混纺纱线	中长纤维纱线	苎麻纱线	亚麻纱线	绢纺纱线
毛羽设定长度（mm）	2	3	2	4	2	2

（3）仪器预热及校验

接通电源前，电源开关和投影开关应处在断电位置。连接打印机，接通 220 V 电源，按电源开关，指示灯亮，使仪器预热 10 min。按"校正"按钮，然后按"测量"按钮，显示毛羽的标准 "400"，表示仪器正常。

（4）测试程序

按"测试"按钮，使仪器处于测试状态，选定测试片段长度、试验次数、测试速度。

将待测管纱插在管纱座上，从管纱中引出纱线，通过导纱轮，经螺旋张力器并绕一周。纱线由定位轮 A 和定位轮 B 定位。此时，纱线需通过检测头中的支撑板，再经弹簧张力器，将纱线固定在绕纱器中的纱盘夹上。按电动机开关，进行测试。测试完毕，自动停机。

取第二个管纱，重复上述过程，依次测完全部管纱。

（5）观察毛羽形状

完成测试后，按"观察"按钮，按下投影开关，即可在投影屏上观察试样及其表面毛羽放大后的形状。

五、测试结果计算

利用纱线毛羽测试仪附有的打印机，可自动打印测试结果，包括每次毛羽指数、总次数、总毛羽量、平均毛羽指数、标准差及标准差变异系数。

六、实训报告

记录：试样名称及规格、仪器型号、仪器工作参数、各指标值。

七、思考题

（1）测试纱线毛羽有何实际意义？

（2）毛羽对产品风格有何影响？

任务四　纱线的力学性能测试

纱线在纺织品加工和使用中承受各种外力作用呈现的性质称为力学性质,包括拉伸断裂、拉伸弹性、拉伸疲劳、蠕变与松弛、弯曲、压缩及表面摩擦性能等。这些力学性质的物理内涵、基本原理、指标及其对纺织加工工艺和纺织品服用性能的影响与纤维力学性质大致相同,只是测试仪器及试验参数有所不同。本任务重点介绍纱线的拉伸断裂性能和表面摩擦性能的测试。

纱线强力是纱线最主要的性能指标之一。在现行产品标准中,除考核断裂强力外,还需考核断裂强力的变异系数。一般来说,同一种纱线,强力越高,强力变异系数值越低,该纱线的性能越好。检验时,使用专用的仪器将试样拉伸至断裂,仪器自动记录纱线的断裂强力和伸长。可采用两种隔距长度,通常采用 500 mm(拉伸速度为 500 mm/min),特殊情况下采用 250 mm(拉伸速度为 250 mm/min)。以下介绍的方法适用于玻璃纱、弹性纱、芳纶纱、陶瓷纱和碳纤维纱以外的纱线。

实训一　电子式单纱强力仪测试纱线的强伸性能

纱线在拉力作用下所表现的应力与应变的关系称为拉伸性质,表示纱线拉伸性质的指标目前常用拉伸断裂强力、拉伸断裂强度和比强度、断裂伸长和断裂伸长率、强力不匀率和伸长不匀率等。

一、实训目的与要求

(1) 会应用 HD021N+型电子式单纱强力仪测定单根纱线的断裂强力和断裂伸长率。
(2) 掌握单纱强力仪的结构和操作方法,并了解影响测试结果准确性的因素。
(3) 熟悉 GB/T 3916《纺织品　卷装纱　单根纱线断裂强力和断裂伸长率的测定》和FZ/T 10013.1《温度与回潮率对棉及化纤纯纺、混纺制品断裂强力的修正方法》等标准。

二、仪器、用具与试样

HD021N+型电子单纱强力仪(图 4-1-1,其张力夹持器如图 4-1-2)及纱线若干。

三、基本原理

采用测力传感器,将试样所受的力转换成电信号,经放大转换后得到与受力大小成正比的信号,显示负荷值及断裂强力;由一定机构产生与试样变形量成正比的数字脉冲,通过计数电路显示试样的变形量及断裂伸长。

四、操作步骤

开启主机电源,仪器自检,结束后自动进入工作状态。在"自动隔距校正"状态下,上夹持器首先向下移动,遇到下基准位,上夹持器停止片刻,然后向上移动,到达设定的隔距后,上夹持器停止,界面返回"功能设置主菜单"。拉伸速度设定范围为 50～500 mm/min,平均断裂伸长率小于 8%,拉伸速度为试样初始长度的 50%/min;平均断率伸长率等于或大于 8% 而小于 50% 时,拉伸速度为初始长度的 100%/min;平均断裂伸长率大于或等于 50% 时,拉伸速度为初始长度的 200%/min;棉纱线一般选取 500 mm/min。

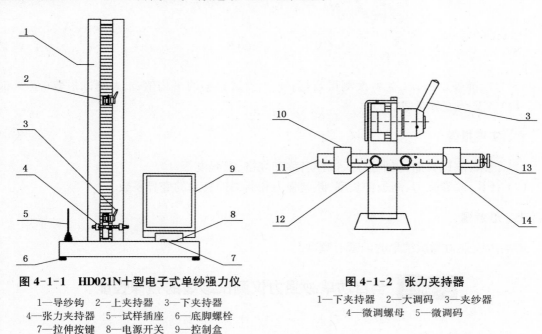

图 4-1-1　HD021N十型电子式单纱强力仪

1—导纱钩　2—上夹持器　3—下夹持器
4—张力夹持器　5—试样插座　6—底脚螺栓
7—拉伸按键　8—电源开关　9—控制盒

图 4-1-2　张力夹持器

1—下夹持器　2—大调码　3—夹纱器
4—微调螺母　5—微调码

试验参数设置完成后,按两次回车键,回到工作界面,这时可以开始测试。

① 先夹紧上夹持器,然后将纱线引入预加张力夹,调整预加张力(如调整的张力值大于仪器内置的预加张力值,则内置的张力值不起作用,张力值为纱线线密度的 1/2),按启动键启动,上夹持器向上移动,仪器显示实时的力值。

② 当纱线断裂后,上夹持器稍作停顿即自动向下运行,返回设定的隔距处,如与打印机连接,可打印测试报表,"强力显示"栏中显示最大的强力值。

③ 重复上述步骤,直到设定的管数和单管次数全部完成,最后由打印机打印统计报表。

五、测试结果计算

(1)断裂强力

$$\overline{F} = \frac{\sum F_i}{n} \tag{4-1-1}$$

式中:$\overline{F}$ 为平均断裂强力(cN);F_i 为各次断裂强力(cN);n 为拉伸次数。

(2)断裂伸长率

$$\overline{\varepsilon} = \frac{\sum \varepsilon_i}{n} \tag{4-1-2}$$

式中：$\bar{\varepsilon}$ 为平均断裂伸长率(％)；ε_i 为各次断裂伸长率(％)；n 为拉伸次数。

（3）断裂强力和断裂伸长率的标准差和变异系数

$$S = \sqrt{\frac{\sum(x_i - \bar{x})^2}{n-1}} \times 100\% \tag{4-1-3}$$

$$CV = \frac{S}{\bar{x}} \times 100\% \tag{4-1-4}$$

式中：S 为标准差(％)；x_i 为各次测得数据；$\bar{x}$ 为测试数据的平均值；n 为测试根数(至少 60 根)；CV 为变异系数(％)。

六、实训报告

（1）记录：测试日期、仪器型号、试样名称和规格、温湿度等。

（2）计算：断裂强力、断裂伸长率、断裂强力和断裂伸长率的变异系数。

七、思考题

影响纱线强力测试结果的因素有哪些？

实训二 全自动单纱强力仪测试纱线的强伸性能

一、实训目的与要求

（1）掌握单纱强伸性能的测定方法。

（2）了解全自动电子单纱强力仪的结构和工作原理，学会分析拉伸性能的各项指标。

（3）熟悉 GB/T 3916《纺织品　卷装纱　单根纱线断裂强力和断裂伸长率的测定》和 FZ/T 10013.1《温度与回潮率对棉及化纤纯纺、混纺制品断裂强力的修正方法》等标准。

二、仪器、用具与试样

YG061F 型全自动电子单纱强力仪（图 4-2-1）及纱线若干。

三、基本原理

试样的一端夹持在电子单纱强力仪的上夹持器中，另一端按标准规定加上预张力后用下夹持器夹紧，采用每分钟 100％隔距长度（相对于试样长度）的速度进行定速拉伸，直至试样断裂。此

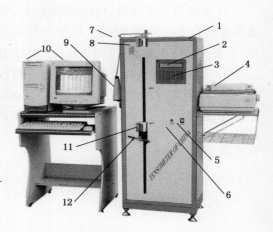

图 4-2-1　YG061F 型全自动电子单纱强力仪

1—主机　2—显示屏　3—键盘　4—打印机
5—电源开关　6—拉伸开关　7—导纱器
8—上夹持器　9—纱管支架　10—电脑组件
11—下夹持器　12—预张力器

时,测力传感器把上夹持器受到的力转换成相应的电压信号,经放大电路放大后进行 A/D 转换,最后把转换成的数字信号送入计算机进行处理。仪器自动记录每次测试的断裂强力、断裂伸长等指标,测试结束后,数据处理系统会给出所有指标的统计值。仪器连接电脑后,能增加多项测试功能,并且实时显示拉伸曲线,记录试验全过程,长期存储数据,更有利于网络化管理。图 4-2-2 所示为该强力仪的工作原理流程图。

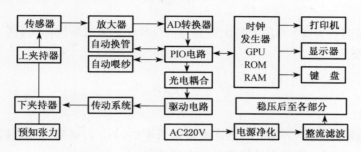

图 4-2-2　电子单纱强力仪的工作原理流程图

四、操作步骤

① 设置参数。隔距一般采用 500 mm,伸长率大的试样采用250 mm;拉伸速度设置,500 mm 隔距时采用 500 mm/min 速度,250 mm 隔距时采用 250 mm/min,特殊情况下允许采用更高的速度;输入其他参数,如测试次数、纱线细度等;选择测试方法,如定速拉伸测试、定时拉伸测试、弹性回复率测试等。

② 按"试验"键,进入测试状态。

③ 将纱管放在纱管支架上,牵引纱线经导纱器进入上、下夹持器的钳口后夹紧上夹持器。

④ 按表 4-2-1 所示给试样施加预张力。

表 4-2-1　几种纱线的预张力

聚酯和聚酰胺纱	醋酯、三醋酯和黏胶纱	双收缩和喷气膨体纱
2.0 cN/tex±0.2 cN/tex	1.0 cN/tex±0.1 cN/tex	0.5 cN/tex±0.05 cN/tex

⑤ 夹紧下夹持器,按"拉伸"开关,下夹持器下行,纱线断裂后下夹持器自动返回。在试验过程中,检查钳口之间的试样滑移不能超过 2 mm,如果多次出现滑移现象,须更换夹持器或者在钳口处衬垫。舍弃出现滑移时的试验数据,并且舍弃纱线断裂点距离钳口或夹持器5 mm以内的试验数据。

⑥ 重复步骤③~⑤,继续测试,直至拉伸到设定次数,测试结束。

⑦ 打印统计数据。测试完毕,关断电源。

当仪器需要校准时,可执行下列程序:预热 30 min,仪器在复位状态下按"清零"键,在上夹持器上放上 1 000 cN 砝码,数据显示稳定后,按"满度"键,然后按"校验"键,最后按"复位"键退出。

五、测试结果计算

（1）平均断裂强力

$$\overline{F} = \frac{\sum F_i}{n} \tag{4-2-1}$$

式中：$\overline{F}$ 为平均断裂强力（cN）；F_i 为各次断裂强力（cN）；n 为试验拉伸次数。

（2）平均断裂伸长率

$$\overline{\varepsilon} = \frac{\sum \varepsilon_i}{n} \tag{4-2-2}$$

式中：$\overline{\varepsilon}$ 为平均断裂伸长率（%）；ε_i 为各次断裂伸长率（%）；n 为试验拉伸次数。

（3）断裂强力和断裂伸长率的标准差和变异系数

$$S = \sqrt{\frac{\sum (x_i - \bar{x})^2}{n-1}} \times 100\% \tag{4-2-3}$$

$$CV = \frac{S}{\bar{x}} \times 100\% \tag{4-2-4}$$

式中：S 为标准差（%）；x_i 为各次测得数据；$\bar{x}$ 为测试数据的平均值；n 为测试根数（至少 60 根）；CV 为变异系数（%）。

六、实训报告

（1）记录：测试日期、仪器型号、试样名称和规格、温湿度等。
（2）计算：断裂强力、断裂伸长率、断裂强力和断裂伸长率的变异系数。

七、思考题

试叙述 YG061F 型全自动电子单纱强力仪的工作原理。

任务五　纱线的品质检验与评定

实训一　棉本色纱线品等评定

纱线品等评定是考核纺纱厂的产品质量和贯彻"优质优价""优质优用"等原则所必需的，在产品验收中可作为生产部门与商业部门质量评定的依据。

《棉本色纱线品等评定》是针对棉本色纱线产品的各项指标的检测，实际上是多种试验的综合。

一、实训目的与要求

（1）通过棉本色纱线的品等检测，掌握棉纱线的分等依据和评定方法。

（2）学会各项指标的计算，理解纱线品等测试的意义。

（3）熟悉 GB/T 398《棉本色纱线》、GB/T 2543.1《纺织品　纱线捻度的测定　第 1 部分：直接计数法》、GB/T 2543.2《纺织品　纱线捻度的测定　第 2 部分：退捻加捻法》、GB/T 3292.1《纺织品　纱线条干不匀试验方法　第 1 部分：电容法》、GB/T 3916《纺织品　卷装纱　单根纱线断裂强力和断裂伸长率的测定》、FZT 01050《纺织品　纱线疵点的分级与检验方法　电容式》、GB/T 4743《纺织品　卷装纱　绞纱法线密度的测定》等标准。

二、仪器、用具与试样

YG137 型单纱强力仪、YG139 型纱线条干均匀度仪、YG381 型摇黑板机、YG086 型缕纱测长仪、Y802K 型通风式快速烘箱（附天平和砝码一套）、Y331LN 型纱线捻度仪、250 mm×220 mm 黑板 10 块、纱线条干均匀度标准样照、浅蓝色底板纸、黑色压片、暗室、检验架、规定的灯光设备等及棉纱线若干。

三、基本原理

生产企业一昼夜三个班的生产量为一批，按规定的试验周期进行测试，评定其品等（优等、一等、二等或三等）。

棉纱的品等根据单纱断裂强力变异系数 CV（%）、百米质量变异系数 CV（%）、条干均匀度、一克内棉结粒数及一克内棉结杂质总粒数五项指标进行评定，当五项的品等不同时，按其中最低的一项定等。

棉线的品等评定方法和棉纱的基本相同，但只有四项指标（不考核条干均匀度）。此外，当棉纱（线）的断裂强力或百米质量偏差超出允许范围时，在原评等的基础上顺降一等；如两项均超出范围，只顺降一次，降至二等为止。

优等棉纱线另加"十万米纱疵"一项作为分等指标。

检验条干均匀度可以选用黑板条干均匀度或条干均匀度变异系数 CV（%）两者中的任何一种。但一经确定，不得任意变更。发生质量争议时，以条干均匀度变异系数 CV（%）为准。

四、操作步骤

1. 百米质量变异系数及质量偏差测定

① 纱线的各项指标测试参考相关规定随机取样。

② 百米质量变异系数 CV（%）、百米质量偏差的取样及测试次数见表 5-1-1。

表 5-1-1　同一品种开台数与取管纱数

同一品种的开台数	1	2	3	4	5	6	7	8～9	1～0	11～14	15	16～29	30 及以上
每机台取管纱数	30	15	10	7～8	6	5	4～5	3～4	3	2～3	2	1～2	1

③ 根据同一品种的开台数在各机台采取的管纱数中，每个管纱摇取 1 缕纱，共 30 缕；开台数 5 台及以下的品种，可取 15 管，每个管纱摇取 2 缕纱。

④ 条干均匀度、一克内棉结粒数及杂质总粒数、十万米纱疵的测试采用筒子纱（直接纬纱用管纱），其他指标的测试用管纱。

先摇取缕纱，逐缕称量后用烘箱烘干。当试样质量超过 120 g 时，应分篮烘干，试样应合并称量计算回潮率。

2. 单纱（线）强力变异系数及断裂强力测定

采用单纱强力仪，逐根测定单纱强力，单纱的每份样本为 30 个管纱，每管测 2 次，总数为 60 次；股线的每份样本为 15 个管纱，每管测 2 次，总数为 30 次。采用全自动纱线强力试验仪时，取样数均为 20 个管纱，每管测 5 次，总数为 100 次（实训报告中需注明所用仪器类型）。

3. 条干均匀度变异系数测定（参考前文）

4. 黑板条干均匀度检验

摇取试样：将黑板卡入 YG381 型摇黑板机的固定夹中，排纱、张力装置移至起始位置，将纱线经导纱器、排纱、张力装置后缠绕在黑板一角缝隙中，启动仪器，每个筒子或每绞纱以规定的密度（每 50 mm 宽度内绕 20 圈）均匀地绕在黑板上。每份试样摇一块黑板，共摇取 10 块黑板。

（1）条干均匀度检验条件

① 灯光设备的尺寸和位置按图5-1-1规定进行布置。

② A 点为黑板中心，采用两支 40 W 青色或白色日光灯作为光源，平行放置。

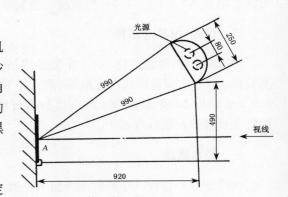

图 5-1-1　检验条干均匀度用的灯光布置

③ 黑板和样照的中心高度，应与检验者的目光在同一水平线上，样照和黑板周围的墙壁应为黑色且无反光性，样照边缘应剪去或涂以黑色（或用黑纸挡住）。

④ 纱线均匀地紧贴黑板，排列的紧密程度相当于样照，黑板与样照应垂直、平齐地放置在检验台（或架子）中部，每次检验一块黑板。

⑤ 在正常视力条件下，检验者与黑板的距离为 2.5 m±0.3 m。

（2）条干均匀度的检验方法与评定

① 检验方法。条干均匀度以绕有试样的黑板与标准样照对比，作为评定条干均匀度品级的主要依据。标准样照分优等和一等两种，好于或等于优等样照的，按优等评定；好于或等于一等样照的，按一等评定；差于一等样照的，评为二等。

② 评定。黑板上的阴影、粗节不可相互抵消，以最低一项评等；如有严重疵点，评为二等；如有严重规律不匀，评为三等。

5. 棉结杂质检验

（1）棉结杂质的检验条件

棉结杂质的检验要求在有较大北向窗户且光线充足的室内进行，照度一般为 400～800 lx，如果照度低于 400 lx，应加青色或白色的日光灯管。检验台的安放角度应与水平线成 45°±5°，光线应从左后方射入（图 5-1-2），检验者的影子应避免投射到黑板上。

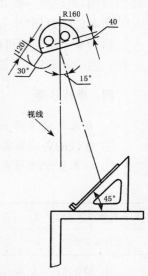

图 5-1-2　棉结杂质检验架及灯光布置

（2）棉结杂质的检验方法

根据分等规定,棉结、杂质应分别记录,合并计算。

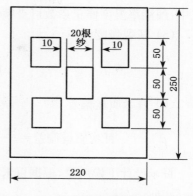

① 检验时,先将浅蓝色底板纸插入试样与黑板之间,然后将图 5-1-3 所示的黑色压片压在试样上,检验正反两面每格内的棉结杂质。将全部纱样检验完毕后,算出 10 块黑板的棉结杂质总粒数,再计算一克棉纱线内的棉结杂质粒数。

② 检验时,应逐格检验,且不得翻拨试样。检验者的视线与试样垂直,检验距离以检验人员的目力在辨认疵点时不费力为原则。

图 5-1-3　检验棉结杂质用的黑色压片

③ 棉结杂质的确定。

棉结是由棉纤维、未成熟棉或僵棉在轧花或纺纱过程中处理不善集结而成的。棉结不论黄色、白色、圆形、扁形、大小,以检验者的目力所能辨认者计数。纤维聚集成团,不论松散与紧密,均以棉结计;未成熟棉、僵棉形成棉结(成块、成片、成条),以棉结计;黄白纤维虽未成棉结,但形成棉索且有一部分纤维纠缠在纱线上,按棉结计;附着棉结,以棉结计;棉结上附有杂质,以棉结计,不计杂质;凡棉纱条干粗节,按条干检验,不计入棉结。

杂质是附有或不附有纤维(或绒毛)的籽屑、碎叶、碎枝杆、棉籽软皮、毛发及麻草等杂物。杂质不论大小,以检验者的目力所能辨认者即计入;凡杂质附有纤维,一部分纠缠于纱线上,以杂质计;凡一粒杂质破裂为数粒,而聚集成一团的,以一粒计;附着杂质以杂质计;油污、色污、虫屎及油线、色线纺入,均不计为杂质。

6. 十万米纱疵测定

根据 FZT 01050《纺织品　纱线疵点的分级与检验方法　电容式》的规定检验。

7. 纱线捻度测定(参照前文)

五、测试结果计算

（1）百米质量变异系数与单纱强力变异系数

$$\mathrm{CV} = \frac{1}{\bar{x}} \times \sqrt{\frac{\sum (x_i - \bar{x})^2}{n-1}} \times 100\% \qquad (5\text{-}1\text{-}1)$$

式中:CV 为变异系数;x_i 为各次实测值;$\bar{x}$ 为 x_i 的平均值;n 为测试次数。

（2）1 g 内棉结杂质粒数

$$1\,\mathrm{g}\ \text{内棉结杂质粒数} = \frac{\text{棉结杂质总粒数}}{\text{棉纱线公定质量}} \times 10 \qquad (5\text{-}1\text{-}2)$$

（3）公称线密度

$$\text{公称线密度} = \text{每缕纱的平均干量} \times 10(1 + \text{公定回潮率}) \qquad (5\text{-}1\text{-}3)$$

（4）强力修正

$$\text{单纱的修正强力} = \text{测得平均强力} \times \text{回潮率温度修正系数} \qquad (5\text{-}1\text{-}4)$$

式中:回潮率温度修正系数可查模块二任务二中的表 2-4-1。

（5）断裂强度

$$断裂强度 = \frac{平均断裂强力}{平均线密度} \tag{5-1-5}$$

（6）百米质量偏差

$$百米质量偏差 = \frac{百米实际干燥质量 - 百米设计干燥质量}{百米设计干燥质量} \times 100\% \tag{5-1-6}$$

百米设计干燥质量，根据百米标准干燥质量和细纱后续工序的伸缩率确定：

$$G_s = G_b \times (1 + s) \tag{5-1-7}$$

式中:G_s 为百米设计干燥质量（g）；G_b 为百米标准干燥质量（g）；s 为细纱后续工序的伸缩率，伸长时取正值，缩短时取负值。

试样的标准干燥质量见表 5-1-2 和表 5-1-3。

表 5-1-2　棉纱的公称线密度系列及其百米标准质量

线密度系列	标准干燥质量（g/100 m）	公定回潮率时的标准质量(g/100 m)	线密度系列	标准干燥质量（g/100 m）	公定回潮率时的标准质量(g/100 m)
4	0.369	0.400	26	2.396	2.600
4.5	0.415	0.450	27	2.488	2.700
5	0.461	0.500	28	2.581	2.800
5.5	0.507	0.550	29	2.673	2.900
6	0.553	0.600	30	2.765	3.000
6.5	0.599	0.650	32	2.949	3.200
7	0.645	0.700	34	3.134	3.400
7.5	0.691	0.750	36	3.318	3.600
8	0.737	0.800	38	3.502	3.800
8.5	0.783	0.850	40	3.687	4.000
9	0.829	0.900	42	3.871	4.200
9.5	0.876	0.950	44	4.055	4.400
10	0.922	1.000	46	4.24	4.600
11	1.014	1.100	48	4.424	4.800
12	1.106	1.200	50	4.608	5.000
13	1.198	1.300	52	4.793	5.200
14	1.290	1.400	54	4.977	5.400

（续　表）

线密度系列	标准干燥质量（g/100 m）	公定回潮率时的标准质量（g/100 m）	线密度系列	标准干燥质量（g/100 m）	公定回潮率时的标准质量（g/100 m）
(14.5)	1.336	1.450	56	5.161	5.600
15	1.382	1.500	58	5.346	5.800
16	1.475	1.600	60	5.530	6.000
17	1.567	1.700	64	5.899	6.400
18	1.659	1.800	68	6.267	6.800
19	1.751	1.900	72	6.636	7.200
(19.5)	1.797	1.950	76	7.005	7.600
20	1.843	2.000	80	7.373	8.000
21	1.935	2.100	88	8.111	8.800
22	2.028	2.200	96	8.848	9.600
23	2.120	2.300	120	11.060	12.000
24	2.212	2.400	144	13.272	14.400
25	2.304	2.500	192	17.696	19.200

表 5-1-3　双股棉线的公称线密度系列及其百米标准质量

线密度系列	标准干燥质量（g/100 m）	公定回潮率时的标准质量（g/100 m）	线密度系列	标准干燥质量（g/100 m）	公定回潮率时的标准质量（g/100 m）
4×2	0.737	0.800	24×2	4.424	4.800
4.5×2	0.829	0.900	25×2	4.608	5.000
5×2	0.922	1.000	26×2	4.793	5.200
5.5×2	1.014	1.100	27×2	4.977	5.400
6×2	1.106	1.200	28×2	5.161	5.600
6.5×2	1.198	1.300	29×2	5.346	5.800
7×2	1.29	1.400	30×2	5.53	6.000
7.5×2	1.382	1.500	32×2	5.899	6.400
8×2	1.475	1.600	34×2	6.267	6.800
8.5×2	1.567	1.700	36×2	6.636	7.200
9×2	1.659	1.800	38×2	7.005	7.600
9.5×2	1.751	1.900	40×2	7.373	8.000
10×2	1.843	2.000	42×2	7.742	8.400
11×2	2.028	2.200	44×2	8.111	8.800
12×2	2.212	2.400	46×2	8.479	9.200
13×2	2.396	2.600	48×2	8.848	9.600
14×2	2.581	2.800	50×2	9.217	10.000
14.5×2	2.673	2.900	52×2	9.585	10.400

（续　表）

线密度系列	标准干燥质量 （g/100 m）	公定回潮率时的 标准质量（g/100 m）	线密度系列	标准干燥质量 （g/100 m）	公定回潮率时的 标准质量（g/100 m）
15×2	2.765	3.000	54×2	9.954	10.800
16×2	2.949	3.200	56×2	10.323	11.200
17×2	3.134	3.400	58×2	10.691	11.600
18×2	3.318	3.600	60×2	11.06	12.000
19×2	3.502	3.800	64×2	11.797	12.800
19.5×2	3.594	3.900	68×2	12.535	13.600
20×2	3.687	4.000	72×2	13.272	14.400
21×2	3.871	4.200	76×2	14.009	15.200
22×2	4.055	4.400	80×2	14.747	16.000
23×2	4.240	4.600			

六、实训报告

（1）记录：执行标准、测试方法、试样品种、规格、测试数据等。

（2）计算：一克内棉结粒数、一克内杂质粒数、百米质量变异系数与单纱断裂强力变异系数、棉纱（线）的断裂强度、百米质量偏差。

七、思考题

（1）本测试需要哪些仪器？并简单说明各自的作用。

（2）棉本色纱线品等评定的依据是什么？

实训二　精梳毛针织绒线品质评定

精梳毛针织绒线的品等以批为单位，按内在质量和外观质量的检验结果综合评定，并以其中最低一项定等。精梳毛针织绒线分优等品、一等品、二等品，低于二等品者为等外品。内在质量评等以批为单位，按物理指标和染色牢度综合评定，并以其中最低一项定等。

一、实训目的与要求

（1）掌握毛针织绒线分等的依据和评定方法。

（2）学会各项指标的计算，理解绒线品等评定的意义。

（3）熟悉 FZ/T 70001《针织和编结绒线试验方法》、FZ/T 22001《精梳机织毛纱》、FZ/T 22002《粗梳机织毛纱》等标准。

二、仪器、用具与试样

YG137 型单纱强力仪、YG139 型纱线条干均匀度仪、YG381 型摇黑板机、YG086 型缕纱测长仪、Y802K 型通风式快速烘箱（附天平和砝码一套）、Y331LN 型纱线捻度仪及精梳毛针织绒线。

三、操作步骤

1. 实物质量评等

实物质量指外观、手感、条干和色泽。实物质量评等以批为单位，检验时逐批对照进行评定，符合优等品封样者为优等品，符合一等品标样者为一等品，明显差于一等品标样者为二等品，严重差于一等品封样者为等外品。

2. 外观疵点评等

精梳毛针织线绒的外观疵点评等分绞纱外观疵点评等、筒子纱外观疵点评等和织片外观疵点评等。绞纱外观疵点评等以 250 g 为单位，逐绞检验，外观疵点包括结头、断头、大肚纱、小辫纱、羽毛纱、异形纱、异色纤维混入、毛片、草屑、杂质、斑疵、轧毛、毡并、异形卷曲、杆印、段松纱（逃捻）、露底、膨体不匀等。筒子纱外观疵点评等以每个筒子为单位，逐筒检验，各品等均不允许成形不良、斑疵、色差、色花、错纱等疵点出现。织片外观疵点评等以批为单位，每批抽取 10 个大绞（筒），每绞（筒）用单根纬平针织成长 20 cm、宽 30 cm 的织片，10 绞（筒）连织成一片，其检验项目包括粗细节、紧捻纱、条干不匀、后薄档、色花、色档、混色不匀、毛粒等。优等品的疵点限度为 10 块均不允许低于标样，一等品的疵点限度为明显低于标样的不得超过三块。

3. 物理指标评等

精梳毛针织绒线的物理指标包括含毛量（纯毛产品）、纤维含量允许偏差（混纺产品）、大绞偏差率、线密度偏差率、线密度变异系数（CV 值）、捻度变异系数（CV 值）、单纱断裂强度、强力变异系数（CV 值）、起球级数和条干均匀度变异系数（CV 值）等，其评等规定见表 5-2-1。

表 5-2-1　精梳毛针织绒线物理指标的评等规定

项目		限度	优等品	一等品	二等品
纤维含量	纯毛产品含毛量	—	100％　（详见 FZ/T 71001）		
	混纺产品纤维含量允许偏差（绝对百分比）	—	±3,成品中某一纤维含量低于10％时,其含量偏差绝对值应不高于标注含量的30％		
大绞质量偏差率（％）		—	−2.0		
线密度偏差率（％）		—	±2.0	±3.5	±5.0
线密度变异系数（CV 值）（％）		≤	2.5		
捻度变异系数（CV 值）（％）		≤	10.0	12.0	15.0
单纱断裂强度（cN/tex）		≥	4.5 27.8 tex×2 及以下—4.0		
强力变异系数（CV 值）（％）		≤	10.0	—	
起球（级）		≥	3~4	3	2~3
条干均匀度变异系数（CV 值）（％）		≤	详见 FZ/T 71001	—	

4. 染色牢度评等

精梳毛针织绒线的染色牢度根据耐光、耐洗、耐汗渍、耐水和耐摩擦试验结果进行评等。染色牢度评等规定见表 5-2-2，一等品允许有一项低于半级，有两项低于半级或一项低于一级者降为二等品，凡低于二等品者降为等外品。

表 5-2-2　精梳毛针织绒线染色牢度的评等规定

项　目		限　度	优等品	一等品
耐光（级）	＞1/12 标准深度（深色）	≥	4	3～4
	≤1/12 标准深度（浅色）	≥	3	3
耐洗（级）	色泽变化	≥	3～4	3
	毛布沾色		4	3
	棉布沾色		3～4	3
耐汗渍（级）	色泽变化	≥	3～4	3～4
	毛布沾色		4	3
	棉布沾色		3～4	3
耐水（级）	色泽变化	≥	3～4	3
	毛布沾色		4	3
	棉布沾色		3～4	3
耐摩擦（级）	干摩擦	≥	4	3～4（深色 3）
	湿摩擦		3	2～3

5. 精梳毛针织绒线试验方法

精梳毛针织绒线各单项试验按 FZ/T 70001《针织和编结绒线试验方法》的规定执行。

四、测试结果计算

对照标准，对物理指标、染色牢度和外观疵点等指标分别评等，取其中的最低等作为该批精梳毛针织绒线线的评定等级。

五、实训报告

记录：执行标准、测试方法、试样品种、规格、测试数据等。

六、思考题

精梳毛针织绒线的品等评定依据是什么？

实训三　毛纱品等评定

一、实训目的与要求

（1）掌握毛纱品等评定的方法和依据。
（2）学会各项指标的计算，理解毛纱品等评定的意义。
（3）熟悉 FZ/T 22001《精梳机织毛纱》、FZ/T 22002《粗梳机织毛纱》等标准。

二、仪器、用具与试样

YG137 型单纱强力仪、YG139 型纱线条干均匀度仪、YG086 型缕纱测长仪、Y802K 型通风式快速烘箱（附天平和砝码一套）、Y331LN 型纱线捻度仪及毛纱。

三、基本原理

以批为单位,根据物理指标、染色牢度和外观疵点三项指标分别评等,以其中的最低等定等。品等分优等、一等、二等和等外。物理指标包括线密度偏差率、线密度变异系数、捻度偏差率、捻度变异系数、单纱强力、毛纤维含量、条干均匀度(优等品考核)。

四、操作步骤

随机抽取 10 个管纱,每管摇 2 缕,共 20 个缕纱(精梳缕纱为 50 圈×1 m,粗梳缕纱为 20 圈×1 m),逐缕称量并计算线密度变异系数,烘干后计算实际线密度和线密度偏差率。捻度及强力试验参见前文。染色牢度包括耐洗、耐汗渍、耐水、耐热压(熨烫)、耐摩擦等色牢度试验结果。外观疵点包括大肚纱、竹节纱、超常粗、毛粒及其他纱疵和十万米纱疵数,除十万米纱疵数外,各种纱疵均在 10 块纱线黑板上点数记录。对照标准,根据这些指标分别评等,取其中的最低等作为该批纱线的评定等级。

五、实训报告

记录:执行标准、测试方法、试样品种、规格、测试数据等。

六、思考题

毛纱品等的评定依据是什么?

模块三

织物的结构和性能测试

本模块重点介绍织物结构的分析、织物的力学性能检验、织物的外观保持性检验、织物的尺寸稳定性检验、纺织品色牢度的检验、纺织品的品质检验与评定。

任务一　织物结构的分析

子任务一　机织物结构分析

实训一　织物正反面、经纬向、织物组织及单位面积质量测定

每种织物都拥有其独特的外观特征,正反面是影响织物的光泽、耐磨、起毛起球等外观特征的主要因素。

织物正反面、经纬向是鉴别织物结构的基础。织物结构通常包括纤维品种、纱线结构、织物组织、织物正反面、经纬向、织物密度、紧度、织物厚度、单位面积质量等。

一、实训目的与要求

(1) 了解织物的正反面、经纬向、单位面积质量的测试原理及相应的仪器和设备。

(2) 掌握测试的具体方法。

(3) 熟悉 GB/T 8683《纺织品　机织物　一般术语和基本组织的定义》及 FZ/T 01090《机织物结构分析方法　织物组织图与穿综穿筘及提综图的表示方法》等标准。

二、仪器、用具与试样

剪刀、挑针、镊子、放大镜、密度镜、电子秤、织物取样刀及各类机织物少许。

三、基本原理

一般根据织物的表面质量(疵点和接头等)、织纹和花纹的清晰程度、表面光泽、定形针眼的凹凸等外观效应判别织物的正反面,根据经纱沿纬向顺序浮起和下沉的规律判别织物的经纬向。根据经纱和纬纱相互交错或彼此沉浮的规律判别组织是原组织(平纹、斜纹、缎纹)还是变化组织、联合组织或复杂组织。织物单位面积质量一般用公定回潮率下每平方米织物的质量克数表示。

四、操作步骤

1. 织物正反面判别

① 大多数织物正面的花纹、色泽比反面清晰美观。

② 观察织物的布边,光洁整齐无疵点、杂质、纱结的一面为正面。

③ 具有条格等外观的织物,正面的花纹图案清晰悦目。

④ 凸条或凹凸织物,正面紧密而细腻,具有条状或图案凸纹,而反面较粗糙,有较长的浮长线。

⑤ 单面起毛织物,起毛绒一面为织物正面;双面起毛织物,绒毛光洁、整齐的一面为正面。

⑥ 双层、多层及多重织物,一般正面具有较大的密度或正面的原料较佳。

⑦ 纱罗织物,纹路清晰、绞经突出的一面为正面。

⑧ 毛巾织物,毛圈密度大的一面为正面。

⑨ 单面斜纹面料,有斜向纹路的为正面;双面斜纹面料,斜向纹路饱满清晰的一面为正面;缎纹面料,光亮平滑的一面为正面;提花面料,花纹完整无虚线的一面为正面。

⑩ 有些织物的布边织有或印有文字、号码,平整、光洁、清晰的为正面;有些织物的布边有针眼,凸出的一面是正面。

2. 织物经纬向判别

① 观察布边,与布边平行的方向为经向,与布边垂直的方向为纬向。

② 含有浆料的是经纱,不含浆料的是纬纱。

③ 密度大的为经纱,密度小的为纬纱。

④ 筘痕明显的织物,筘痕方向为经向。

⑤ 织物中若一组纱线是股线,而另一组为单纱,通常股线为经纱、单纱为纬纱。

⑥ 若织物中两个方向的纱线的捻向不同,一般 Z 捻为经向,S 捻为纬向。

⑦ 若织物中纱线的捻度不同时,一般捻度大的为经纱,小的为纬纱。

⑧ 若织物的经纬纱细度、捻向、捻度差异均不大,则条干均匀、光泽较好的为经纱。

⑨ 毛巾类织物,起毛圈的纱线为经纱,不起圈者为纬纱。

⑩ 条子织物,其条子方向通常是经纱。

⑪ 若织物中有一个系统的纱线有多种细度时,这个方向即为经向。

⑫ 纱罗织物,有扭绞的纱线为经纱(绞经),无扭绞的为纬纱。

⑬ 以不同原料交织时,棉、毛或棉、麻交织的织物,棉为经纱;毛、丝交织,则丝为经纱;毛、丝、棉交织,则丝、棉为经纱;天然长丝与绢丝交织,天然长丝为经纱;天然长丝与人造丝交织,则天然长丝为经纱。

3. 织物组织判别

对于较简单的组织,可在放大镜或密度镜下观察经纬纱沉浮规律。对于较复杂的组织,可采用拆纱法,同时在意匠纸的方格内描绘出经纬纱沉浮规律。

4. 织物单位面积质量的测定

根据标准规定剪取一定面积的试样,测定其在公定回潮率下的质量,折算为每平方米的质量。

在经过调湿处理的织物样品上,标出一个正方形,其对角线分别沿经纱和纬纱方向,在正方形中间用小样板画一个面积不小于 150 cm² 的正方形,其各边分别与经纱和纬纱平行,从样品中裁取试样。

利用电子秤称出试样质量,计算出织物单位面积的质量,以"g/m²"表示,保留一位小数。

五、测试结果计算

计算织物单位面积的质量。

六、实训报告

(1)记录试样名称及原始数据。
(2)织物正反面、经纬向、组织及单位面积质量。

七、思考题

(1)讨论影响织物单位面积质量测试结果的因素。
(2)如何判别较复杂组织的织物的正反面?

实训二 织物匹长、幅宽与厚度测试

一、实训目的与要求

(1)掌握试验方法和各指标的计算方法。
(2)了解影响试验结果的因素。
(3)了解 GB/T 8683《纺织品 机织物 一般术语和基本组织的定义》等标准。

二、仪器、用具与试样

织物测厚仪(图 1-2-1)、钢尺及机织物试样四种。

三、基本原理

用钢尺测试折幅长度、幅宽,求出其平均值,然后计算匹长和幅宽。将试样放置在基准板上,用压脚对试样施加压力,测量接触试样的压脚面积与基准板之间的距离,即为厚度值。

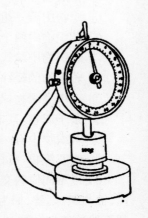

图 1-2-1 测厚仪

四、操作步骤

1. 织物长度测试

用钢尺测试折幅长度。对公称匹长不超过 120 m 的试样,应均匀地测试 10 次;公称匹长超过 120 m 的试样,应均匀地测试 15 次。测试结果精确至 0.1 cm,再求出折幅长度的平均值,然后计数整段织物的折数,并测量其剩余的不足 1 m 的实际长度,计算匹长,计算结果精确至 1 mm,舍入至 1 cm。

2. 织物幅宽测试

用钢尺在织物上均匀地测量至少 5 次,求出平均值即为该段织物的幅宽。测量位置至少离织物头、尾端 1 m,每次测量结果精确到 1 mm,计算结果精确至 0.01 cm,舍入至 1 cm。

3. 织物厚度测试

测厚仪是以压脚连于齿杆上,通过一系列扇形齿板与齿轮传动指针轴的一种装置。刻度盘上的每一刻度代表 1/100 mm。如需校正指针的零点位置,可以调节仪器左侧的调零旋钮。压脚的尺寸见表 1-2-1。

表 1-2-1　织物测厚仪的压脚面积和直径

压脚面积(mm²)	压脚直径(mm)	适用于织物厚度(mm)	压脚面积(mm²)	压脚直径(mm)	适用于织物厚度(mm)
50	7.98	1.60 以下	2 500	56.43	11.29 以下
100	11.28	2.26 以下	5 000	79.80	15.96 以下
500	25.22	5.04 以下	10 000	112.84	22.57 以下
1 000	35.68	7.14 以下	—	—	—

注:① 压脚直径与织物厚度之比不小于 5∶1。
　　② 压脚面积不小于 50 mm²,不大于 10 000 mm²。

① 清洁基准板和压脚表面,放下压脚,调节指示表读数为"0"。

② 升起压脚,将试样平整、无张力地放在基准板上。

③ 轻轻放下压脚,在压脚接触到试样即开始计时,30 s 后立即读数。各种织物测 10 次,求其平均值即为该织物的厚度。

测定织物厚度时所施加压力可按材料的技术条件规定或由双方协议。材料技术条件无规定时,各类织物的施加压力推荐值见表 1-2-2。

表 1-2-2　织物厚度测试施加压力推荐表

织物类型	压力	织物类型	压力
毯子、绒头织物	2.5	丝织物	20,50
针织物	10,20	棉织物	50,100
粗纺毛织物	10,20	粗布、帆布类织物	100
精纺毛织物	20,50	—	—

五、测试结果计算

用下式计算匹长：

$$匹长（m）＝折幅长度×折数＋不足 1 m 的实际长度 \qquad (1-2-1)$$

计算各次测得幅宽、厚度的平均值，用"mm"表示，精确至小数点后两位。

六、实训报告

（1）记录试样名称与规格、仪器型号、仪器工作参数、原始数据。
（2）计算织物长度、幅宽和厚度。

七、思考题

在不同试验条件下测得的厚度是否有可比性？为什么？

实训三　织物中纱线线密度的测试

一、实训目的与要求

（1）会测定织物中纱线的线密度。
（2）会进行数据处理并填写实训报告。
（3）熟悉 FZ/T 01093《机织物结构分析方法　织物中拆下纱线线密度的测定》等标准。

二、仪器、用具与试样

扭力天平、米尺、剪刀、挑针、烘箱、镊子、Y331A 型捻度仪及各类机织物少许。

三、基本原理

从一已知长度的织物条或长方形的织物试样中拆出纱线，测定其中一部分的伸直长度，在试验用标准大气中调湿后测定其质量，根据质量与伸直总长度计算线密度。

四、操作步骤

1. 分离纱线和测量长度

根据纱线的种类和线密度，选择并调整伸直张力（表1-3-1），试样在温度为20℃±2℃、相对湿度为65％±2％的一级标准大气中调湿至少16 h，把调湿过的试样平摊，不受张力并去除褶皱，在试样上标画标记长度为250 mm、宽度至少含有10根纱线的长方形（经向两块、纬向三块），从每块试样中拆下并测定10根纱线的伸直长度（精确至0.5 mm），然后从每块试样中拆下至少40根纱线，与同一试样中已测取长度的10根纱线形成一组。

2. 测定纱线质量

将经纱一起称量，纬纱以50根为一组分别称量。称量前，试样需在标准大气条件下预调湿4 h、调湿24 h。

表 1-3-1　纱线伸直张力推荐表

纱线类型	线密度(tex)	伸直用张力(cN)
棉纱、棉型纱	≤7	$0.75 \times Tt$
	>7	$(0.2 \times Tt)+4$
粗梳毛纱、精梳毛纱 毛型纱、中长型纱	15～60	$(0.2 \times Tt)+4$
	61～300	$(0.07 \times Tt)+12$
非变形长丝纱	各种线密度	$0.5 \times Tt$

五、测试结果计算

$$Tt = \frac{纱线质量}{纱线总长度} \times 10^6 \qquad (1-3-1)$$

式中：纱线质量以"g"为计量单位；纱线总长度为平均伸直长度与称量纱线根数的乘积(mm)。

如需去除试样中的非纤维性物质，按以下步骤进行：

先分离纱线，测量其长度，再去除非纤维物质(参照"纤维混合物定量分析前非纤维物质的去除方法")，然后称取纱线质量，最后计算结果。

六、实训报告

(1) 记录：试样名称、仪器型号、仪器工作参数、原始数据。
(2) 计算：织物中经、纬纱的线密度。

七、思考题

试验过程中影响测试结果的因素有哪些？

实训四　织物密度测试

机织物密度是指织物单位长度内的纱线根数，分为经密和纬密，经密是指沿织物纬向单位长度内的经纱根数，纬密是指沿织物经向单位长度内的纬纱根数。

织物密度的测定方法有移动式织物密度镜法、织物分解点数法、间接推算法等。

一、实训目的与要求

(1) 利用往复移动式织物密度镜，测试机织物的密度。
(2) 掌握织物密度计算。
(3) 熟悉 GB/T 4668《机织物密度的测定》等标准。

二、仪器用具与试样

往复移动式织物密度镜(图 1-4-1)、放大镜(10 倍和 20 倍各一个)、5 cm 直尺及各类机织物少许。

三、基本原理

将移动式织物密度镜指针与直尺零线对齐,点数测量距离内的纱线根数,计算其密度。

四、操作步骤

测量位置的规定:距布的头、尾不少于 5 m,纬密必须沿试样经向在 5 个不同位置进行测量,经密必须沿试样同一纬向在全幅内 5 个不同位置检验。

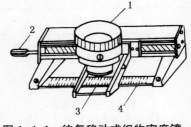

图 1-4-1 往复移动式织物密度镜
1—放大镜 2—转动螺杆
3—刻度尺 4—刻度线

各处的最小测定距离如表 1-4-1 所示。

表 1-4-1 不同密度的最小测定距离

密度(根/cm)	10 以下	20~25	25~40	40 以上
最小测定距离(cm)	10	5	3	2

将密度镜的指针与直尺零线对齐,作为起点,放在织物的相邻两根纱线的空隙中间,转动螺杆开始点数,直至测量距离内测量完毕,纱线根数的计数根数精确到 0.5 根。

五、测试结果计算

将测得的结果折算到织物 10 cm 长度内所含纱线的根数,并分别计算经、纬密度的平均值,精确到"0.1 根/10 cm"。

六、实训报告

(1)记录:试样名称、仪器型号、仪器工作参数、原始数据。
(2)计算:织物的经、纬纱密度。

七、思考题

如何测定织物的经、纬纱密度。

子任务二 针织物结构分析

实训五 针织物密度测试

针织物的密度是指针织物单位长度内的线圈数,包括横向密度和纵向密度。横向密度用 5 cm 内线圈横列方向的线圈纵行数表示,纵向密度用 5 cm 内线圈纵列方向的线圈横列数表示。针织物的横向密度与纵向密度的比值,称为密度对比系数,它表示在稳定条件下针织物纵向尺寸与横向尺寸的关系,是设计针织物的重要参数。针织物的密度大,针织物较厚实,强度、弹性、保暖性、耐磨性、抗起球起毛性及钩丝性较优,但透气性较差。

一、实训目的与要求

(1) 会利用密度镜,分析针织物的横向密度和纵向密度。
(2) 掌握测定方法和有关指标的计算。

二、仪器、用具与试样

密度镜、挑针、米尺等及针织物几种。

三、基本原理

利用密度镜、挑针等工具,分析纬编针织物的横向、纵向密度。

四、操作步骤

将密度镜的指针与直尺零线对齐,作为起点,放在针织物的相邻两个线圈的空隙中间,转动螺杆开始点数,直至 5 cm 测试长度测完,线圈数精确到 0.5 个。

五、测试结果计算

根据测得的计数结果,分别计算横向密度、纵向密度的平均值,精确到"0.1 根/5 cm"。

六、实训报告

(1) 记录:试样名称与规格,仪器工作参数,原始数据。
(2) 计算:横向密度和纵向密度。

七、思考题

影响针织物横向密度和纵向密度测试结果的因素是什么?

实训六　针织物线圈长度和纱线的线密度测试

一、实训目的与要求

(1) 用脱散法测定针织物的线圈长度和纱线的线密度。
(2) 掌握测定方法和有关指标的计算。

二、仪器、用具与试样

扭力天平、张力夹、挑针、米尺及纬编针织物一种。

三、操作步骤

① 在针织物的适当区间,沿横列方向数 100 个线圈,并做记号。
② 将记号间的纱线从针织物中拆下,纱线根数略多于测试次数。当该针织物的进线路数

已知时,则测试次数为进线路数的 3 倍,而且同一路编织而成的线圈至少测试三次;当进线路数未知时,测试次数至少为一个完全组织进线路数的 3 倍。

③ 取拆下的纱线一根,将记号的一端夹在直挂尺上端的零位处,下端加上预加张力,30 s 后,记录两记号间纱线的伸直长度。

预加张力设置:短纤纱为 1/4 cN/tex,普通化纤长丝为 1/30 cN/D,变形丝为 1/10 cN/D。

④ 将已测量长度的纱线取下,剪取两记号间的纱线,在扭力天平上称量。

⑤ 测定该试样的回潮率。

五、测试结果计算

(1) 线圈长度

$$线圈长度 = \frac{L}{m} \tag{1-6-1}$$

式中:L 为脱散后纱线两记号间的伸直长度(mm);m 为脱散后纱线两记号间的线圈数。

(2) 纱线的线密度

$$Tt = \frac{G_k}{L} \times 1\,000 \tag{1-6-2}$$

式中:L 为脱散后纱线两记号间的伸直长度(mm);G_k 为脱散后纱线两记号间的公定质量(mg)。

六、实训报告

(1) 记录:试样名称与规格、仪器工作参数、原始数据。

(2) 计算:线圈长度、纱线密度。

七、思考题

(1) 在测试纱线伸直长度时,如何正确决定纱线的预加张力?

(2) 讨论影响针织物线圈长度和纱线细度测试结果的因素。

任务二　织物机械性能测试

织物经过穿用、洗涤、储存保管等环节,会发生一定程度的损坏,从而影响其使用寿命。织物的耐用性指织物在一定使用条件下抵抗损坏的性能。测试织物机械性能时,模拟材料的损坏环境,其中最基本的是材料在拉伸作用下的破坏形式与状态,包括一次或反复多次的作用,主要是一次性破坏,主要指标有拉伸断裂强度、撕裂强度、顶裂强度、磨损强度。

织物拉伸断裂试验目前主要采用单向(受力)拉伸,即测试织物试条的经(纵)向强力、纬(横)向强力或与经纬向呈某一角度方向的强力。它适用于机械性能具有各向异性、拉伸变形能力较小的制品。对于容易产生变形的针织物(特别是易卷边的单面织物)、编织物以及非织造布,宜采用顶破试验。

实训一　电子织物强力机测试织物强伸性能

一、实训目的与要求

(1) 熟悉使用电子织物强力机进行测试的步骤。
(2) 熟练使用电子织物强力机测定织物强伸性能。

二、仪器、用具与试样

YG065H 型电子织物强力机(图 2-1-1)、剪刀、直尺、挑针等及试样若干。

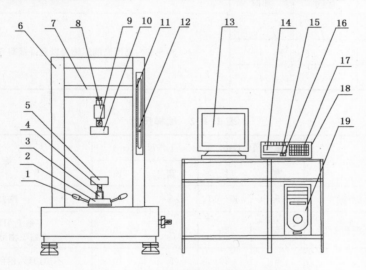

图 2-1-1　YG065H 型电子织物强力机

1—下夹持器升降手柄　2—升降螺母　3—升降丝杠　4—下夹持器销钉　5—下夹头　6—立柱　7—升降横梁
8—传感器　9—上夹持器销钉　10—上夹头　11—隔距标尺　12—隔距指针　13—显示器
14—控制箱显示屏　15—拉伸键　16—停止键　17—操作键　18—控制箱　19—电脑主机箱

三、基本原理

试样的工作长度对试验结果有显著影响,一般随着试样工作长度的增加,断裂强力与断裂伸长率有所下降。标准规定,一般织物取 20 cm,针织物和毛织物取 10 cm,有特别需要时可自行规定,但一批试样必须统一。

试样不能在上、了机的布上剪取,但可在零布上剪取,只要布面平整。每匹布上只取一块,作为一份试样,剪取长度约为 350 mm,试样表面不能有疵点。试样剪裁如图2-1-2所示,每份试样的经、纬向测试数量如表 2-1-1 所示,试样尺寸的规定如表 2-1-2 所示。

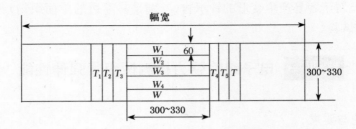

图 2-1-2　试样的数量、尺寸和裁剪方式

W_1, W_2, W_3, W_4—纬向预备试条　W—纬向预备试条　T_1, T_2, T_3, T_4, T_5—经向预备试条　T—经向预备试条

表 2-1-1　每份试样的经、纬向测试数量

幅宽（cm）	每份试样的测试数		试样的裁剪尺寸（cm）
	经向	纬向	
110 以下	3	4	
110 以上～140	4	4	6×（30～33），密度高的织物可以允许裁剪 5.5×（30～33）
140 以上	5	4	

表 2-1-2　试样尺寸

织物品种	裁剪尺寸（cm）		工作尺寸（cm）		备　注
	宽	长	宽	长	
棉及棉型化纤织物	6	30～33	5	20	拉去边纱
毛及毛型化纤织物	6	25	5	10	一般毛织物拉去边纱 重缩织物可不拉去边纱
针织物	5	20	5	10	不拉边纱，沿线圈行（列）剪取

　　进行拉伸试验时，试样的尺寸及其夹持方法对试验结果的影响较大。常用的机织物试样及其夹持方法有扯边纱条样法、剪切条样法及抓样法，如图 2-1-3 所示。

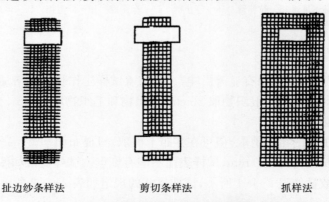

扯边纱条样法　　　　　剪切条样法　　　　　抓样法

图 2-1-3　机织物拉伸试验的试样形状和夹持方法

扯边纱条样法的试验结果的不匀率较小,用布节约。抓样法的试样准备容易、快速,试验状态比较接近实际情况,但所得强力、伸长值略高。剪切条样法一般用于不易抽边纱的织物,如缩绒织物、毡品、非织造布及涂层织物等。我国标准规定采用扯边纱条样法。

如果试样为针织物,由于拉伸过程中线圈转移,变形较大,往往导致非拉伸方向显著收缩,使试样在钳口处产生的剪切应力特别集中,造成多数试条在钳口附近断裂,影响了试验结果的准确性。为了改善这种情况,可采用梯形试样或环形试样,如图 2-1-4 所示。

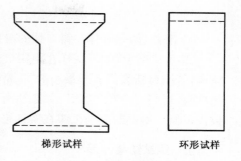

梯形试样　　　　环形试样

图 2-1-4　针织物拉伸试验的试样形状和夹持方法

四、操作步骤

1. 设定隔距长度

对断裂伸长率小于 75% 的织物,隔距长度为 200 mm±1 mm;对断裂伸长率大于 75% 的织物,隔距长度为 100 mm±1 mm。

2. 设定拉伸速度

根据织物的断裂伸长率,按表 2-1-3 所示设定拉伸速度。

表 2-1-3　拉伸速度

隔距长度(mm)	织物的断裂伸长率(%)	拉伸速度(mm/min)
200	<8	20
200	8~75	100
100	>75	100

3. 夹持试样

在夹钳的中心位置夹持试样,以保证作用力的中心线通过夹钳的中点。试样可在预张力下夹持或松式夹持,采用预张力夹持试样时,产生的伸长率不大于 2%。如果不能保证,则采用松式夹持,即无张力夹持。

① 预张力夹持。根据试样的单位面积质量选用相应的预张力,试样每平方米的质量小于、等于 200 g 时,相应的预张力为 2 N;试样每平方米的质量为 200 g 至 500 g 时,相应的预张力为 5 N;试样每平方米的质量大于 500 g 时,相应的预张力为 10 N。

② 松式夹持。初始长度应为隔距长度与试样达到预张力时的伸长量之和,该伸长量可从强力—伸长曲线图上对应的预张力处测得。

注意:同一样品两个方向的试样,采用相同的隔距长度、拉伸速度和夹持状态,以断裂伸长率大的一方为准。

4. 测定

开启仪器首先进行预拉伸,然后正式拉伸,拉伸试样至断脱,仪器自动记录断裂强力、断裂伸长、断裂时间和断裂伸长率以及断脱强力、断脱伸长和断脱伸长率。每个方向至少试验五块。

①滑移：如果试样在钳口处的滑移不对称或滑移量大于 2 mm，舍弃该试样的结果。

②钳口断裂：如果试样在距钳口处 5 mm 以内断裂，则作为钳口断裂。当五块试样测试完毕，若钳口断裂值大于最小的"正常值"，可以保留；如果小于最小的"正常值"，应舍弃，并补充试验，得到五个"正常值"；如果所有的试验结果都为钳口断裂，或得不到五个"正常值"，应该报告单值。钳口断裂结果应在实训报告中指出。

五、测试结果计算

以各次试验结果的平均值作为最终结果，精确至 0.098 N，四舍五入为 0.98 N。

如不在恒温恒湿条件下试验，应进行修正。棉织物的断裂强力修正公式如下：

$$P = K \times P_0 \tag{2-1-1}$$

式中：P 为修正后的织物的断裂强力（N）；P_0 为织物的实际断裂强力（N）；K 为织物的强力修正系数。

计算断裂强力和断裂伸长率的变异系数，修约至 0.1%；计算织物经、纬向的断裂强力，精确至 0.1 N。

六、实训报告

记录：试样名称与规格、仪器型号、仪器工作参数、环境温湿度、原始数据。

七、思考题

分析影响试验结果的因素及织物强力机的工作原理。

实训二 织物多功能强力机测试织物强伸性能

一、实训目的与要求

（1）了解织物强力的测定方法，对织物强力有感性认识。

（2）懂得织物强力与织物耐用性之间的关系，能将织物强力换算为强度。

（3）会比较不同织物间的强度测试结果，并能将其与不同织物相关联。

二、仪器用具与试样

T201 型织物多功能强力机、剪刀、直尺、挑针等及被测织物数块。

三、操作步骤

要求布面平整且表面不能有疵点，剪取试样长度约为 350 mm，每份试样的经、纬向测试数量如表 2-2-1 所示。

表 2-2-1　每份试样的经、纬向测试数量

布幅宽(cm)	每份试样的测试数		布条的裁剪尺寸(cm)
	经向	纬向	
110 以下	3	4	
110 以上～140	4	4	6×35,密度高的服装材料可以允许裁剪 5.5×35
140 以上	5	4	

① 打开显示器的电源开关,打开计算机主机的电源开关,打开面板上的总电源和控制电源开关,显示器显示 WINDOWSXP 界面,用鼠标双击界面的"T-201 多功能织物强力机"图标。

② 用鼠标点击界面上任意一处,弹出"试验方法功能选择"界面。

③ 用鼠标点击需进行的试验,以服装材料的拉伸断裂强力测试为例,弹出"该试验遵循国家标准"界面。

④ 点击"开始",进入"传感器选择"界面。

⑤ 选择正确的传感器,按"确定",进入"请检查传感器的量程"对话框。如量程正确,点击"确定",进入"参数设置"界面;如量程错误,点击"取消",返回"传感器选择"界面,重新选择。

⑥ 在相应的栏内输入参数,按"确定",进入"测试"界面。

⑦ 按"开始",仪器上的夹具开始运行,直到上、下夹具间的隔距达到"参数设置"界面设置的隔距长度(注意:在此过程中,上夹具向下运行快结束时,系统读取零点,此时勿动下夹具,以免给传感器施上外力,造成结果变小),上夹具结束运行,屏幕弹出"夹试样"对话框图。

⑧ 夹好试样后,按"确定",上夹具向上运行,试样拉断后即停止。然后有"等待用户相应"的时间,在此时间内,如果用户对该次试验不满意,可以按"删除"按钮,则该次试验取消,不影响总的试验次数;也可按"打印",则打印该界面。另外,在上夹具向上运行进行拉伸时,如果出现不符合要求的情况,可按"停止",则该次试验取消,也不影响总的试验次数。

一次拉伸试验完成后,屏幕左侧显示该次试验的各种数据,右侧显示该次试验的伸长—应力曲线。曲线下方可以选择在这组试验中,显示所有曲线还是单一曲线。该界面的最下方还有试验状态的提示信息。响应时间结束后,上夹具回复到第一次试验的位置,出现"夹试样"的提示信息,按照第一次试验的步骤做完剩下的试验。

⑨ 完成设定的所有试验后,经过响应时间,出现试验报告。点击左下角的"打印",打印当前的试验报告;按"退出",退出"试验报告"界面,返回测试界面。

⑩ 如果需要继续同种材料的试验,可按"开始",新的一轮试验开始,所有的参数和上一轮相同。如果不需要继续试验,按"退出",可在"试验方法功能选择"界面选择其他的测试。如果要退出应用程序,在"试验方法功能选择"界面按"退出"即可。

五、测试结果计算

计算断裂强力、断裂伸长、强力、伸长率的变异系数,修约至 0.1%。计算织物经、纬向的断裂强力(精确至 0.1 N)。

六、实训报告

实验报告由仪器自动打印,比较不同织物间的强伸度差别,将所测结果与实际穿着环境与穿着人进行联系。

七、思考题

不同织物间的强伸度有哪些差别?

实训三 织物撕破强力测试

撕破是指织物受到集中负荷的作用而损坏的现象。撕破试验常用于军服、篷帆、帐篷、雨伞、吊床等机织物,还可用于评定织物经树脂整理、助剂或涂层整理后的耐用性(或脆性)。撕破试验不适用于机织弹性织物、针织物及经纬向差异大的织物和稀疏织物。

GB/T 3917—2009 规定了织物撕破性能的三种测试方法,即舌形试样法、梯形试样法和冲击摆锤法。

在日常生活中,织物因被某种物体勾拉撕扯,致使局部纱线受到集中负荷而断裂,从而使织物出现裂缝或被撕成两半的现象称为撕裂,有时也称为撕破。

一、实训目的与要求

(1)掌握织物撕破强力的几种测定方法与撕破特征和原理。
(2)了解撕破强力测定结果产生差异的原因。

二、仪器、用具与试样

织物强力机和落锤式织物撕破仪、尺子、笔、剪刀、镊子及机织物一块。

三、基本原理

1. 梯形法(采用织物强力机)

① 在距离布边至少 1/10 幅宽(幅宽 100 cm 以上的,距离布边 10 cm)位置,剪取经、纬向试样各 5 条,条样尺寸为 5.5 cm×30 cm,扯去长度方向的边纱,宽度精确至 5 cm。

② 按图 2-3-1 所示尺寸,用笔在条样上画出两根标记线,并在梯形短边的正中处,剪开一条 10 mm 长的剪缝。

③ 仪器使用前的检查及准备工作同拉伸试验,上、下布夹的距离为 10 cm。

④ 放下制动器,固定上布夹,并将准备好的试样一端置入上布夹的中间位置,使布夹钳口与条样上的斜线相吻合,再拧紧上布夹。

⑤ 将条样另一端沿斜线夹入下布夹,其开口一边应垂直,放松上布夹的制动器,拧紧下布夹。

⑥ 拉动扳手,下布夹下降,直至条样全部撕裂,读取最高撕破强力值,并记录。

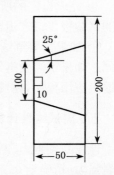

图 2-3-1 梯形试条

若试样在撕破过程中从钳口滑出，或在钳口附近断裂而使试验结果有显著变化，经确认为操作或仪器问题，可剔除，并在原布样上重新裁样再测。

2. 单舌法 A（采用织物强力机）

① 在距离布边至少 1/10 幅宽（幅宽 100 cm 以上的，距布边 10 cm）位置，裁取经、纬向试样各 5 条，条样尺寸如图 2-3-2 所示。

一般织物的条样尺寸为 5 cm×20 cm，毛纺织物为 7.5 cm×20 cm。如织物特别稀疏、抽丝现象严重或外贸需要，一般织物可采用 7.5 cm×20 cm。

② 调整上、下夹钳间的距离为 7.5 cm，在隔距调整受限制时，可改为 10 cm。

③ 放下制动器，固定上布夹，将条样的一"舌"的内边（即开剪线）置于上布夹的中间部位并夹紧，另一"舌"的内边同样要求夹紧于下布夹中，上、下二"舌"的内边即（剪开线）必须连成一线，并通过上、下夹钳的中心线。

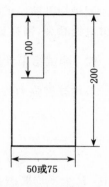

图 2-3-2　单舌试条

④ 拉动扳手，下布夹下降，直至条样撕裂长度达 7.5 cm，读取最大值为撕破强力，并记录。若试样在撕裂过程中从钳口滑出或在钳口附近断裂而使试验结果有显著变化，经确认为操作或仪器问题，可剔除，并在原布样上重新裁样再测。

3. 单舌法 B（采用落锤式撕破强力机）

落锤式撕破强力机（图 2-3-3）的扇形落锤可以绕支点转动，支点设在工作台的支持臂上，支持臂的侧面有一个固定布夹，扇形落锤上有一个运动布夹。开剪器用来将试样开缝。在扇形落锤的轴套外套有指针，由于轴套间的摩擦作用，指针可以随扇形落锤一起摆动。但在指针前进的路上，因受到固装在工作台上的挡针铁片的阻挡，轴套间产生摩擦打滑，指针不能随同逆时针方向摆动，从而可以指示撕破的位能或受力大小。

① 试样准备：布样裁剪及条样数同单舌法 A，试样尺寸如图 2-3-4 所示。

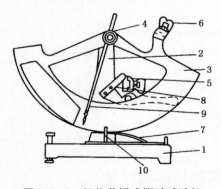

图 2-3-3　织物落锤式撕破试验机

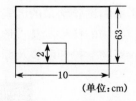

图 2-3-4　单舌落锤试条

1—工作台　2—支持臂　3—扇形落锤　4—支点　5—固定布夹
6—运动布夹　7—挡片　8—开剪器　9—指针　10—挡针铁片

② 将扇形落锤沿顺时针方向转动到被工作台上的弹簧挡片挡住时，布夹和工作台平面正好相平齐。

③ 将条样夹入两布夹内，并使布夹钳口与试样正中的夹持线吻合。

④ 扳动开剪器,在试样上剪出规定长度的单缝。

⑤ 按下弹簧挡片,释去对扇形落锤的制动,扇形落锤即沿逆时针摆落,布夹也随其摆落,使试样受到撕扯,直至全部撕破为止。

记录指针所示的撕破强力,将仪器复位,取下试样,一次试验完成。试验时,若试样滑动或在钳口处断裂,需换试样重测。

四、测试结果计算

平均撕破强力按用下式计算:

$$\overline{P} = \frac{\sum\limits_{i=1}^{n} P_i}{n} \tag{2-3-1}$$

式中:$\overline{P}$ 为平均撕破强力(N);P_i 为各次撕破强力(N);n 为试验次数。

六、实训报告

织物撕破性能测试实训报告单

检测品号			检验人员	
检测日期			温 湿 度	
织物名称		测试方法		平均值
	经向			
	纬向			
	经向			
	纬向			
	经向			
	纬向			

七、思考题

(1) 分析影响试验结果的因素。

(2) 比较织物的梯形法及舌形法撕破的力学特征。

(3) 比较织物的拉伸断裂及撕破损坏的力学特征。

实训四 织物顶破胀破检验

顶破是指在垂直于织物平面的外力作用下,织物鼓起扩张而逐渐破坏的现象。顶破的受力方式与单向拉伸试验不同,它属于多向受力破坏。服装的肘部、膝部的受力情况,袜子、鞋面布、手套等的破坏形式,降落伞、气囊袋、滤尘袋等的受力方式,都属于这种类型。对于某些延伸性较大的针织物(如纬编织物),顶破试验更具优越性。

顶破试验机有弹子式、气压式及液压式等类型。弹子顶破试验仅能获取顶破强力一项指标,而液压式和气压式胀破试验除了可测出胀破强力外,还可测出胀破张度和胀破时间。

一、实训目的与要求

（1）了解织物顶破强力的测定方法。

（2）了解 FZ/T 01030《针织物和弹性机织物接缝强力和扩张度的测度》、GB/T 7742.2《胀破强力和胀破扩张强力的测定　弹性膜片法》、ISO 2960《顶破强度测试方法》等标准。

二、仪器、用具与试样

YG065H 型电子织物强力机（图 2-1-1）或摆锤式弹子织物顶破强力试验机（图 2-4-1）、试样夹持用具、剪刀、样板、画粉及织物试样一块。

三、操作步骤

在距布边 10 cm 以上的布幅内,沿纬纱方向均匀剪取试样,一般取 5 块试样,试样直径应根据所采用的顶破试验机的夹环外径确定,剪取的试样应在标准大气条件下平衡 24 h 以上。

1. YG065H 型电子织物强力机

本机试验参数:试样直径为 6 cm,夹布圆环的内径为 2.5 cm,弹子直径为 2 cm,试验机的下降速度为 10~11 cm/min。

① 将试样放入夹布圆环内并旋紧,然后平放在布夹头架上（将布夹头推到底）。

② 按"试验"开关进行试验,待试样完全顶裂后仪器自动恢复原状。此后,强力机自动记录强力值。

如果试样夹得不够紧而从圆环中滑出或者试样的顶裂变形过大,均会发生试样顶不破的现象,此时试验结果无效。

③ 试验结束后,仪器自动记录并统计全部数据。

④ 清除数据,准备进行下一次试验。

2. 摆锤式弹子织物顶破强力试验机

本机试验参数:试样直径为 6 cm,夹布圆环的内径为 2.5 cm,弹子直径为 2 cm,试验机的下降速度为 10~11 cm/min。

① 检查仪器各部件是否正常,校正强力指针至"0"位,启动电机,使顶破弹子升至最高位置。

② 将试样放入夹布圆环内并旋紧,然后平放在布夹头架上（将布夹头推到底）。

③ 拉动启动扳手进行试验,待试样完全顶裂后推动启动扳手,使仪器复原。此后,试验机记录强力指针在刻度盘上所指示的强力值,精确至 0.98 N（0.01 kgf）。

如果试样夹得不紧而从圆环中滑出或者试样的顶裂变形过大,均会发生试样顶不破的现象,此时试验结果无效。

④ 将指针调整回"0"位,重新夹持试样,进行下一次试验。

注意:顶破强力与测试时的温湿度条件有关。如条件具备,应将试样在标准大气条件下

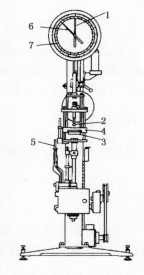

图 2-4-1　摆锤式顶破强力试验机

1—指针　2—顶破弹子　3—夹布圆环
4—布夹头架　5—起动扳手
6—强力指针　7—强力刻度盘

平衡 24 h 以上,然后在标准大气条件下进行测试。如试验在室温条件下进行,所测得的为织物的实际顶破强力,此时应根据试样的实际回潮率加以修正。

四、测试结果计算

按下式计算校正强力:

$$校正强力 S_0 = 换算系数 K \times 实测强力 S \qquad (2-4-1)$$

五、实训报告

(1)记录:执行标准、标准大气条件、仪器型号、试样的品种和规格、测定日期、膜片校正数、各次测定的原始数值、偏离细节。
(2)计算:顶破强力及校正强力。

六、思考题

顶破强力的实际值和理论值的差异是怎样产生的?

实训五 织物的耐磨性测试

织物的磨损是造成织物损坏的重要原因。虽然织物的磨损牢度目前尚未作为国家标准的考核内容,但织物的耐磨性实验不可缺少,它对评定织物的服用牢度有很重要的意义。

一、实训目的与要求

(1)用平磨、曲磨和折磨实验仪,测定织物的耐磨性能。
(2)掌握几种类型的织物耐磨仪的基本结构,学会其操作方法。
(3)熟悉三种常用耐磨仪的优缺点及使用场合。

二、仪器、用具与试样

往复式平磨实验仪、Y522 型圆盘式织物平磨仪、织物曲磨实验仪、织物动态耐磨仪、织物折边磨损仪、织物测厚仪、金刚砂纸、剪刀及织物几种,并需准备。

三、基本原理

实验模拟实际穿着情况,采用平磨、曲磨、折边磨、动态磨、翻动磨等方式进行测试。

根据服用织物的实际情况,不同部位的磨损方式不同,因而织物的磨损实验仪的种类和形式较多,大体可分为平磨、曲磨和折磨三类。平磨是测试试样在平面状态下的耐磨牢度,它模拟衣服肘部与臀部的磨损状态。曲磨是使试样在一定的张力下测试其屈服状态下的耐磨度,它模拟衣服膝部、肘部的磨损状态。折磨是测试织物折叠处边缘的耐磨牢度,它模拟领口、衣袖与裤脚边的磨损状态。三种实验仪的测试条件各不相同,其测试结果不能相互代替。

进行织物的磨损性能实验时,随使用的仪器类型不同,而有不同的结果。仪器类型不同,除仪器参数不同外,试样尺寸和实验结果的评定方法也不同。各种耐磨实验的试样尺寸及数量见表 2-5-1。

表 2-5-1　各种耐磨实验的试样尺寸及参数

实验名称	尺寸	数量
往复式平磨实验	长 18 cm,宽 5 cm	经、纬向各五块
圆盘式平磨实验	直径 125 mm	经、纬向各五块
折边磨实验	长 4 cm,宽 3 cm,对折烫平	经、纬向各五块
曲磨实验	长 25 cm,宽 2.5 cm,宽度两边各抽去边纱 0.25 cm,实际实验宽度为 2 cm	经、纬向各五块

四、操作步骤

1. 织物往复式平磨实验仪

（1）结构原理

一般以砂纸或纱布作为磨料,磨料装在磨料架上,试样在一定张力下铺放于做往复运动的前后平台上,并由前后平台上的夹头夹紧,由于磨料架的自重,使磨料与试样接触而产生磨损,试样受磨损的次数由计数器记数。

平磨可分别测试试样经纬向的耐磨性,实验所需时间较短,试样受磨损面积较大;其缺点是除砂纸号数可变外,其他条件不能改变,故对试样的适用性较差,另外磨屑易沉积在试样表面,需经常打扫,否则会影响实验结果。

（2）操作方法

① 实验前先将磨料架向上抬起,然后将前平台向后推压,使弹簧片上跳,勾住前平台。

② 用刷子刷清整个平台表面。

③ 选择适当号数的砂纸（一般有 280#、400#、500#、600#）,将砂纸夹在磨料架上,砂纸宽度一般小于试样宽度。

④ 旋松前后平台上的夹头,将布样一端伸入后平台的夹头内,旋紧后再将布样的另一端伸入前平台的夹头内,并用刮布铁片使布面平整,而后将前夹头旋紧,掀下弹簧片使试样受到一定张力。

⑤ 将磨料架放在试样上,同时将记时器转至零位。

⑥ 启动电动机进行实验。在磨损过程中,磨损一定次数后,须将磨料架抬起,用刷子刷清试样表面的磨屑。试样所受磨损次数可由记数器读取。试样的磨损次数可根据需要进行选择。

2. Y522 型圆盘式织物平磨实验仪

（1）结构原理

将试样固定在直径为 90 mm 的工作圆盘上,圆盘以 70 r/min 的速度做等速回转运动,圆盘的上方有两个支架,两个支架上分别有两个砂轮磨盘,在各自的轴上转动。实验时,工作圆盘上的试样与两个砂轮磨盘接触并做相对运动,使试样受到多方向的磨损,在试样上形成一个磨损圆环。

磨盘对试样的压力可通过支架上的负荷进行调节,支架本身的质量为 250 g,仪器附有各种磨损强度的砂轮圆盘,并装有吸尘装置,用于自动清除试样表面的磨屑。

圆盘式织物耐磨仪的特点是:仪器的稳定性较好,实验结果离散性小,操作方便。该仪器还可以测试纱线的耐磨性能。缺点是没有自停装置。

(2) 操作方法

① 在剪好的试样中央剪一个小口,然后将试样固定在工作圆盘上,并用六角扳手旋紧夹布环,使试样受到一定张力。应选用适当的压力,加压重锤有 1 000 g、500 g、250 g 及 125 g 四种。

② 选用适当的砂轮作为磨料,炭化砂轮分粗(A 为 100)、中(A 为 150)、细(A 为 280)三种。

③ 调节吸尘管的高度,一般以高出试样 1~1.5 mm 为宜,将吸尘器的吸管及电气插头插在平磨仪上,根据磨屑的质量,用平磨仪右端的调压手柄调节吸尘管的风量。

④ 将计数器转至零位。

⑤ 启动电动机进行实验,实验结束后记录磨损次数,再将支架吸尘管抬起,取下试样,使计数器复位,清理砂轮。每种试样测 5~10 次,求其平均值。

3. 织物曲磨实验仪

(1) 结构原理

将试样的一端夹持在上夹头内(上夹头固定在仪器上平台的前方),试样的另一端穿过刀片、磨料,夹持在下夹头内(下夹头固定在仪器下平台的前方)。上、下平台之间的距离可通过调节上平台的高度而加以改变,一般两平台之间的距离为刀片厚度和织物厚度之和再加 1~2 mm。下平台每分钟做往复运动 100 次,往复动程为 60 mm,带动试样对刀片做相对摩擦运动。刀片装在刀片架上,刀片架的后面连有重锤,当试样磨损断裂时,自停装置发生作用,试样的磨损次数由计数器读取。

(2) 实验参数的选择

① 刀片磨料:刀片磨料是由特殊材料制成的,材料的性质和刀面的形状对实验结果的影响很大。如果刀片采用硬纸材料作为磨料,各种纤维类别的织物耐磨性能可明显反映。

② 重锤的质量:重锤的质量对仪器工作的稳定性、实验结果的可靠性及织物的破坏特征有显著影响,对其的选择应根据织物品种、组织规格、仪器的工作情况、织物断裂特征、磨损时间、实验结果的离散程度等综合考虑。一般棉织品宜选用 1~2 kg 的重锤。

③ 试样的初始张力:试样两端夹紧时的张力要适当,尽量做到各试样的张力一致,避免在单向张力作用下试样结构产生不同变化而影响实验结果。

(3) 操作方法

① 将扯去边纱的宽 2 cm、长 25 cm 的试样的一端平行伸入上夹头内,拧紧上夹头螺丝,其另一端则以一定张力穿过刀片,平行伸入下夹头内,拧紧下夹头螺丝。

② 将计数器拨至零位。

③ 启动电动机,使下平台做往复运动,试样在刀片上受到摩擦,直至断裂。

④ 试样断裂后,重锤下落,自停装置产生作用,从计数器上读取试样的磨损次数。

⑤ 取下断裂的试样,用毛刷清除刀口周围的残屑,进行下一次实验。

4. 织物动态耐磨仪

(1) 结构原理

试样以一定的初张力(一般为 4.9~9.8 N)通过导轴,将其两端固定在夹布器内。夹布器固定在往复板上,小车由往复底板上的齿条带动,运动方向与往复底板相反。磨料砂纸装在磨料架上,磨料架以自身质量压向试样,磨料架上可以放不同质量的重锤,以调节对试样的压力。当往复底板开始运动时,试样随着导轴车的运转而形成弯曲运动,同时与砂纸进行摩擦。因此,试样在实验过程中同时受到拉伸、弯曲、摩擦三种作用。当试样受磨损出现破洞时,导轴上的凸钉与下铁轮接触,仪器即自停。

该仪器的特点是试样在拉伸、弯曲等运动中受到摩擦,这与肘部、膝部、臀部等的损坏情况更接近,而且能反映试样大面积的磨损情况,缺点是自停装置不够理想,影响实验结果的准确性。

（2）操作方法

① 检查仪器的状态是否正常,应使导轴车停在最后位置、拖板停在最前位置。

② 将试样按弯曲要求穿过导轴,然后一端平直地伸入后夹持器的中间位置,后旋紧夹持器;另一端伸入前夹持器中,并旋紧预加张力重锤,使纱条均匀挺直,然后旋紧前夹持器。试样弯曲形式有三曲、五曲、七曲等几种,通常采用三曲,如有特殊要求,可改变弯曲形式。

③ 在磨料架上装好磨料砂纸,用夹持器夹牢,拉紧张紧螺丝,使砂纸平直,放下磨料架。

④ 将天平架左臂松动,使其呈自然平衡状态,然后插上插销,加上加压重锤。

⑤ 将计数器拨至零位,按"开"字按钮,仪器开始实验。

⑥ 当试样出现破洞时,仪器自停,从计数器上读取试样的动态磨损次数。

5. 织物折边磨损仪

将试样对折烫平,以试样的折线部分与磨料摩擦而产生磨损。折边磨损仪的速度为 120 r/min,仪器的往复底板与动态耐磨仪相同,只要将导轴小车取下,装上折边磨损部件即可。

（1）仪器的调整

按下折边磨损按钮,指示灯亮,取下导轴小车,装上折边磨试样夹持器支架,在往复底板上装好砂纸夹持器。

（2）结构原理

试样夹持器装在固定支架上,试样对折压平后,按规定的伸出长度被夹持器夹持,折边部分呈自由悬挂状态。磨料砂纸则随往复底板做往复运动。

（3）实验参数的选择

主要考虑试样伸出夹持器的长度 A、试样夹持器与砂纸的距离 B、试样与往复砂纸的摩擦长度 C 这三个参数,三者的关系是 $A=B+C$。

试样的伸出长度 A 越长,则试样的抗弯刚度越差,对砂纸的摩擦力越小,耐磨次数则越多。当 A 值固定不变,摩擦长度 C 越大时,由于摩擦面积的增加,耐磨次数也增加。因此,A 与 C 值应有一定范围。一般,厚织物,A 为 5 mm、C 为 2 mm;薄织物,A 为 4 mm、C 为 2 mm。

（4）操作方法

① 检查仪器是否正常。在砂纸夹持器上装好砂纸,调节试样夹持器与砂纸间的距离 B（薄织物为 2 mm,厚织物为 3 mm）。

② 用辅助夹持器将试样平直地夹入试样夹持器内,然后将夹持器放入支架。

③ 将计数器拨到零位,按"开"字按钮,进行实验。

④ 当折边磨达 1 000 次时,仪器自停,取下夹持器,观察试样的折痕是否磨破;如未破,则

继续实验,再磨 1 000 次,直至破裂为止。

⑤ 评定试样的折边磨损牢度,共分十级,每级 1 000 次,一级最差,十级最好。

五、测试结果计算

测试结果的评定包括两个方面。

(1) 观察织物外观性能的变化

一般采用在相同的试验条件下,经过规定次数的磨损后,观察试样表面光泽、起毛、起球等外观效应的变化,与标准样品对照来评定其等级。也可采用经过磨损后试样表面出现一定根数的纱线断裂或试样表面出现一定大小的破洞所需要的摩擦次数作为评定的依据。

(2) 测定织物物理性能的变化

将试样经过规定次数的磨损后,测定其质量、厚度、断裂强力等指标的变化,以比较织物的耐磨程度。

① 试样质量减少率:在相同的试验条件下,试样质量减少率越大,织物越不耐磨。

$$试样质量减少率 = \frac{G_0 - G_1}{G_0} \times 100\% \qquad (2-5-1)$$

式中:G_0 为磨损前的试样质量(g);G_1 为磨损后的试样质量(g)。

② 试样厚度减少率:在相同的试验条件下,试样厚度减少率越大,织物越不耐磨。

$$试样厚度减少率 = \frac{T_0 - T_1}{T_0} \times 100\% \qquad (2-5-2)$$

式中:T_0 为磨损前的试样厚度(mm);T_1 为磨损后的试样厚度(mm)。

③ 试样断裂强力变化率:在相同的试验条件下,试样的断裂强力降低率越大,织物越不耐磨。

$$试样断裂强力降低率 = \frac{P_0 - P_1}{P_0} \times 100\% \qquad (2-5-3)$$

式中:P_0 为磨损前的试样强力(N);P_1 为磨损后的试样强力(N)。

计算结果精确至小数点后三位,按数值修约规则修约至小数点后两位。

六、实训报告

(1) 记录:试样名称与规格、仪器型号、仪器工作参数、原始数据。

(2) 计算:圆盘式平磨和动态磨的耐磨次数、动态折边磨的牢度级数。

七、思考题

(1) 织物耐磨仪的种类颇多,应如何选择测试仪器?

(2) 织物耐磨仪的测试结果与实际穿着试验结果是否相同? 为什么?

(3) 叙述织物磨损过程中的破坏情况。

(4) 几种织物耐磨仪的结构特点和适用情况如何?

任务三　织物保形性测试

织物的保形性能是指织物在使用过程中能保持原来形态的性能,主要内容有悬垂性、硬挺度、抗折皱、抗勾丝性能和抗起毛球性能。

实训一　织物悬垂性测试

织物的悬垂性是织物在穿用时由于其自身质量和弯曲程度所产生的曲面特性,是表示织物服用舒适、视觉美观的性质,由织物自身质量大小、弯曲难易(弯曲特性)及组成织物的纱线或纤维间的滑移能力大小(剪切特性)所决定。因此,织物的悬垂性既是外观风格中的主要内容,也是部分服用性能在外观上的集中反映。

一、实训目的与要求

(1)掌握织物悬垂性测试的基本原理和方法。
(2)了解代表性织物的悬垂性能。
(3)分析测试的面料是否能够达到所设计款式的预测效果。
(4)熟悉 FZ/T 01045《织物悬垂性试验方法》等标准。

二、仪器、用具与试样

YG811E 型织物悬垂性风格测试仪(图 3-1-1)、剪刀、笔及织物试样一种。

三、基本原理

悬垂性包括织物的悬垂程度和悬垂形态。试样下垂部分的原面积减去投影面积与其原面积之比的百分率,称为悬垂系数,是描述织物悬垂程度的指标,以 F 表示。

图 3-1-1　YG811E 型织物悬垂性风格测试仪

四、操作步骤

用随机附带的取样板和开孔工具织物在织物试样上取直径为 240 mm 的圆形试样,在其圆心开一个直径为 4 mm 的孔。

① 连接计算机主机、显示器、打印机,将主机的图像采集插头和开关量输入/输出插头连接到计算机主机,接通主机电源和计算机电源,打开主机面板上的"电源开关"按钮,启动计算机。

② 点击 WINDOWS 桌面上的"YG811E 织物动态悬垂仪"图标,弹出"开始"界面。

③ 点击"开始"界面上任意一点,弹出"参数设置"界面,同时在显示器的左上方弹出"实时菜单"。在"参数设置"界面的各栏中输入相应的参数,其中试样面积和试样台面积为定值,不

用设置,确认无误后点击"确定"。

④ 弹出"校正提示"界面,如果需要校正,点击"实时菜单"中的"速度测试",弹出"速度测试"界面。将校正盘片安装在试样台上,选择和校正盘反色的底色,放在试样右面下方(注:试验时,应选择和试样反色的底色,白色放一张白纸,黑色则用随机配备的底板)。按主机操作面板的"启动"按钮,点击"速度测试"界面的"开始",当前速度显示在"速度测试"界面上,调节主机操作面板的"调速"旋钮,使速度达到需要的值,然后点击"速度测试"界面的"退出"。再点击"校正提示"界面的"校正"框,弹出"校正"界面,点击界面的"拍照"按钮,等待"校正"界面出现图像和数据,核对校正半径是否与校正盘片的实际尺寸一致,如果不一致,用"校正盘实际尺寸"除以测出的"试样台半径"得出"校正系数",填入"校正系数",调整"校正半径",直到"校正半径"和校正盘实际尺寸相符为止。

校正完成后,点击"应用"按钮,存入数据,点击"退出",返回"校正提示"窗口;点击"继续",直接进行"静态测试过程"。

仪器出厂时已经校正完毕,一般情况下用户不必进行校正。

⑤ 点击"校正"界面的"继续",进入"静态测试"。按照提示安装试样,调节速度,然后按"确定"按钮,等待界面出现第一次图像和数据,如果图像有瑕疵,点击"否",重复本次实验;图像完整则点击"是",进行下一次测试,直到提示"静态测试完成"。如果点击"确定",进入下一界面。

⑥ 点击"静态测试"界面的"确定",保存图像和数据。按照提示安装试样、调节速度,然后按"确定"按钮,进入"动态测试",等待界面出现第一次图像和数据,如果图像有瑕疵,点击"否",重复本次实验;图像完整则点击"是",进行下一次测试,直到提示"动态测试完成"。如果点击"确定",进入下一界面。

⑦ 点击"动态测试"界面的"确认",保存图像和数据,点击"确认"弹出试验报告。

⑧ 点击屏幕左上方的打印图标,打印试验报告。

⑨ 实验完成,退出动态图像程序。关掉计算机,切断电源。

五、测试结果计算

仪器可以直接打印实验结果,包括以下指标:

① 静态悬垂度

$$F_0 = \frac{S_f - S_0}{S_f - S_d} \times 100\% \tag{3-1-1}$$

② 动态悬垂度

$$F_1 = \frac{S_f - S_1}{S_f - S_d} \times 100\% \tag{3-1-2}$$

③ 活泼率

$$L_d = \frac{F_0 - F_1}{1 - F_0} \times 100\% \tag{3-1-3}$$

④ 美感系数

$$A_c = F_1 \times \frac{60}{R_m} \times \left[1 - \frac{1}{(N+1)^2}\right] \times 100\% \tag{3-1-4}$$

⑤ 硬挺系数

$$Y = \frac{R_m - R_0}{R_0} \times 100\% \tag{3-1-5}$$

式中：R 为试样半径（120 mm）；R_m 试样投影轮廓的平均半径；R_0 为试样台半径（60 mm）；N 为动态波纹数平均值；S_f 为试样面积（45 238.93 mm²）；S_0 试样静态投影面积；S_d 为试样台面积（11 309.73 mm²）；S_1 试样动态投影面积。

① 当试样以一规定的低速（6 r/min）转动时的悬垂系数称为静态悬垂系数（F_0），F_0 的值越大，表示织物的静态悬垂性越好。

② 当试样以高速（大于 24 r/min）转动时的悬垂系数称为动态悬垂系数（F_1），F_1 的值越大，表示织物的动态悬垂性越好。

③ 静态悬垂系数减去动态悬垂系数的差与 1 减去静态悬垂系数的差的百分比称为活泼率（L_d），L_d 的值越大，表示织物的动态悬垂性越好。

④ 悬垂曲面波纹数（N）可以直接从图形上看出，一般来说，波纹数越多，悬垂形态越美。

⑤ 织物的刚度（硬挺系数 Y）用试样台的半径和投影轮廓的平均半径的百分比表示。

⑥ 集合悬垂系数、波纹数和织物刚度三个要素，可以得出一个综合判断织物悬垂风格的系数，称为美感系数，用 A_c 表示。

六、实训报告

（1）记录：试样名称、试样尺寸、仪器型号、温湿度、原始数据。

（2）计算：平均悬垂系数。

七、思考题

（1）用此方法测试悬垂性，哪些因素对试验结果有直接影响？

（2）结合织物的悬垂性测试，分析所测试的面料是否适合制作服装？

实训二　织物硬挺度测试

织物硬挺度是织物抵抗其弯曲方向的形状变化的能力，是人们考核织物服用性能的一项重要指标。

一、实训目的与要求

（1）掌握 LLY-01 型织物硬挺度试验仪的使用方法和基本原理。

（2）会使用硬挺度试验仪测定各种织物的硬挺度。

（3）会测试棉、毛、丝、麻、化纤等机织物、针织物和非织造织物、涂层织物等纺织品的刚柔性。

（4）根据测试结果分析该面料适合什么服装廓形、成品贴体程度如何，然后设计一款服装，并为其选择面料。

（5）熟悉 GB/T 18318.1《纺织品　弯曲性能的测定　第 1 部分：斜面法》等标准。

二、仪器、用具与试样

LLY-01 型织物硬挺度试验仪（图 3-2-1）及各类织物。

图 3-2-1　LLY-01 型织物硬挺度试验仪

三、基本原理

在 LLY-01 型织物硬挺度试验仪上，试样作为均布载荷的悬臂梁，置于工作平台上，通过驱动机构使其沿长度方向做匀速运动。将试样从工作台上推出，因自身质量而弯曲下垂，接触斜面的检测线时，测得其伸出长度，计算得抗弯长度（悬垂硬挺度）和抗弯刚度（弯曲硬挺度）。

四、操作步骤

试样尺寸为(250 mm±1 mm)×(25 mm±1 mm)，试样表面不能有影响试验结果的疵点。试样数量为 12 块，其中六块试样的长边平行于织物的纵向，六块试样的长边平行于织物的横向。试样取样位置至少距离布边 100 mm，并尽量少用手摸。试样应放在标准大气条件下调湿 24 h 以上。

（1）参数设定

在仪器显示复位状态界面，按"设定"键，仪器显示设定界面，按"移动"键将光标移至需修改的参数处，按"位选"键选择需修改参数第几位，每按一次"－"键或"＋"键，该位数字就减 1 或加 1，当个位数字为"9"时，再按"＋"键，显示的数字自动进位到十位。参数设定完毕，再按一次"设定"键，退出设定状态。

如需修改测试角度，开机，按"设定"键进入设定界面，光标在角度处闪烁，按"＋"键或"－"键设定至需要的角度。如需修改试样单位面积质量，按"移动"键将光标移到需修改参数处，按"位选"键选择需修改的位数，按"＋"键或"－"键修改。当所有参数设定完成，按"设定"键退出设定状态。

（2）操作方法

① 仪器在复位状态下，按"试验"键显示试验界面，表示进入试验状态。

② 根据标准(GB/T 18318)要求剪取试样，扳起手柄，将压板抬起，把试样放于工作台上，并与工作台的前端对齐，放下压板。

③ 按"启动"键，仪器压板带动试样一起前进，同时显示屏显示试样的试验次数和试样实时伸出长度及弯曲长度（在本状态下，按"返回"键，仪器停止推进，压板自动返回，本次试验废除）。当试样下垂到挡住检测线时，仪器自动停止推进并返回起始位置。

④ 将试样从工作台取下，将试样的另一面放回工作台（同步骤②），按"启动"键，当试样下

垂到挡住检测线时,仪器自动停止推进并返回起始位置,并显示第二个弯曲长度。

⑤ 重复步骤②③④,对试样另一端的两面进行试验。

如果需要删除某一次试验数据,可在该次试验完成后,按"删除"键,该次试验数据即被删除,显示屏上的"弯曲长度"显示为前一次试验的值。

⑥ 重复步骤②③,直至完成剩余试样的试验。

⑦ 24 次试验完成后,显示屏右下角显示"F N",表示本组试样已测完。

⑧ 按"统计"键,显示屏显示统计结果。

⑨ 按"浏览"键,显示屏显示测试结果,按"打印"键可打印测试结果。

⑩ 若想测下一组试样,可按"总清"键,再按"复位"键,重新开始。

(3)显示字母代号说明

$1L$：第一块试样的平均弯曲长度

$2L$：第二块试样的平均弯曲长度

$3L$：第三块试样的平均弯曲长度

$4L$：第四块试样的平均弯曲长度

$5L$：第五块试样的平均弯曲长度

$6L$：第六块试样的平均弯曲长度

$7L$：六块试样总的平均弯曲长度

$8L$：六块试样一个方向的平均弯曲长度

$9L$：六块试样另一个方向的平均弯曲长度

$1H$：六块试样一个方向的平均抗弯刚度

$2H$：六块试样另一个方向的平均抗弯刚度

$3H$：六块试样一个方向的平均抗弯长度 CV％

$4H$：六块试样另一个方向的平均抗弯长度 CV％

$5H$：六块试样总的平均抗弯长度 CV％

$6H$：六块试样一个方向的平均抗弯刚度 CV％

$7H$：六块试样另一个方向的平均抗弯刚度 CV％

$8H$：六块试样总的平均抗弯刚度 CV％

五、测试结果计算

(1)根据打印的测试结果,分析各项指标与织物风格的关系。

(2)设计一款服装,画出效果图,附上测试的面料小样,并说明选择该面料的缘由。

六、实训报告

(1)记录:试样名称、环境温湿度、原始数据。

(2)计算:弯曲长度、抗弯刚度及变异系数。

七、思考题

试述测试织物硬挺度的基本原理。

实训三 织物折皱性能检验

织物的抗皱性是指织物在使用过程中抵抗起皱和折皱复原的性能。对于外衣面料,抗皱性尤为重要。织物的抗皱性与纤维的弹性、线的细度、捻度、织物的组织结构、密度等因素有关,纤维在干、湿态下的拉伸弹性回复率大、初始模量较高,则织物的抗皱性较好;纤维的几何形态尺寸特别是细度也影响织物的抗皱性,较粗的纤维,织物抗皱性较好。此外,纱线经过树脂整理,分子链之间形成交键,提高了纤维的初始模量与拉伸变形回复能力,因而提高了织物的抗皱性。织物经过染整加工、热定后,也可改善其抗皱性。

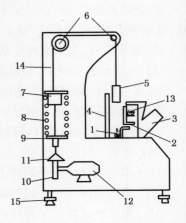

图 3-3-1　织物折皱弹性仪示意图

1—支撑电磁铁　2—试样翻极
3—光学投影仪　4—重锤道轨
5—加压重锤　6—滑轮
7—电磁铁　8—弹簧
9—电磁铁闷盖　10—传动链轮
11—三角形顶块　12—电动机
13—试样　14—链接吊索
15—水平调节螺丝

一、实训目的与要求

(1)了解 YG541 型织物折皱弹性仪和 M510 型织物折痕回复性测定仪的基本原理。

(2)掌握织物折皱性能的试验方法。

(3)会测定织物的弹性回复角。

二、仪器、用具与试样

YG541 型织物折皱弹性仪(图 3-3-1)、M510 型织物折痕回复性测定仪(图 3-3-2)、有机玻璃压板、手柄、剪刀、宽口镊子、加压重锤及机织物和针织物若干。

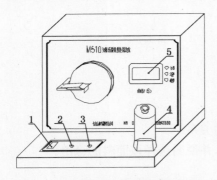

图 3-3-2　M510 型织物折痕回复性测定仪示意图

1—电源开关　2—开始按钮
3—清零按钮　4—重锤　5—时间显示窗

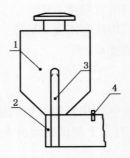

图 3-3-3　具有垂直导轨的试样加压装置

1—重锤　2—试样托板
3—垂直导轨　4—限位片

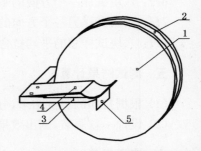

图 3-3-4　折痕回复角测量装置

1—读数盘　2—刻度盘
3—放样座　4—弹簧夹　5—试样

三、基本原理

织物在使用中如果产生折皱,就会影响其外观性能。抗折皱性是指织物在使用中抵抗起皱以及折皱容易回复的性能。通常用折皱回复角表示织物的折皱回复能力。折皱回复角是指一定形状和尺寸的试样在规定的条件下被折叠，卸去负荷经过一定时间后，折痕两翼之间所形成的角度。根据织物的使用特点，可分别测定干燥状态和湿润状态时的折皱回复角。

测定干燥状态下的折皱回复角时，试样可不经过任何前处理，直接在标准大气下调湿后测定，或将试样在一定温度、一定浓度的皂液中浸渍一定的时间，水洗后自然干燥，然后在标准大气下测定。湿润状态时的折皱回复角测定是将试样在规定的浸渍液中浸渍一定时间，水洗并用滤纸去除水分，直接测定试样在湿润状态下的折皱回复角；也可用同样的方法浸渍，将水洗后的试样放在盛有水的盘子中测其折皱回复角。折皱回复角的测定有水平法和垂直法两种，水平法是指试样的折痕线与水平面相平行，垂直法是指试样的折痕线与水平面相垂直。

取一定尺寸的试样，在规定条件下折叠加压并保持一定时间，卸除负荷后，让试样经过一定的回复时间，然后测量折痕回复角。

四、操作步骤

试样准备：按 GB/T 3819《纺织品　织物折痕回复性的测定　回复角法》规定的取样方法准备试样，试样尺寸为40 mm×15 mm，每个样品的试样数量至少20个，即经向和纬向各10个，其中正面对折和反面对折各5个（日常实验可只测样品的正面，即经向和纬向各5个）。

新近加工或刚经后整理的织物，在室内存放至少6天后再取样。要求样品具有代表性，保证试样没有明显的折痕及影响实验结果的疵点。

① 样品：从一批织物中随机抽取若干匹，每一匹各取一段组成样品，取样位置距离布端至少3 m，不能在有折痕、弯曲或变形的部位取样。织物匹数与样品段长的关系见表 3-3-1。

表 3-3-1　织物匹数与样品长度的关系

一批织物的匹数	抽样匹数	样品段长（cm）	样品的总数量（段数×cm）
3 或少于 3	1	30	1×30
4～10	2	20	2×20
11～30	3	15	3×15
31～75	4	10	4×10
75 或以上	5	10	5×10

② 试样：试样在各段样品上平均抽取，其中经向（或纵向、长度方向）与纬向（或横向、宽度方向）各一半，各半中再分正面对折和反面对折两种。试样在样品上的采集部位和尺寸如图 3-3-5 所示。试样离布边的距离大于50 mm。裁剪试样时，尺寸务必准确，经（纵）、纬（横）向剪得平直。

在样品和试样的正面打上织物经向或纵向的标记。

YG541 型织物折皱弹性仪是通过电子音片钟、光电转换器发出脉冲信号来控制全过程的。程序分配由步进选线器担任，脉冲信号发生一次，驱动步进选线器前进一步。按下琴键开关时，光源灯亮，电子音片钟每隔

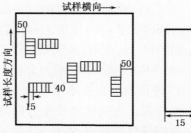
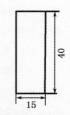

图 3-3-5　水平法 30 个试样的采集部位及试样尺寸示意图

15 s 发生一个脉冲信号，以控制相应的继电器。再按工作按钮，工作指示灯亮。当第一个脉冲

信号到来时,电动机开始顺转,通过变速齿轮箱、传动链轮等,带动三角形顶块自左向右做横向等速移动,每搁 15 s 顶起一块电磁闷盖,弹簧被逐渐压缩,直到被电磁铁吸住为止。再通过连接吊索和滑轮,使 10 个加压重锤依次压在试样翻板上,达到对试样自动加压的目的。当第 10 个重锤的加压动作完成后,电动机自动反转,传动链轮将三角形顶块自右向左移动。当三角顶块恢复原处时,电动机自停,加压一定时间后,投影仪的灯自动点亮,电磁铁每隔 15 s 自动断电,电磁铁闷盖弹回原来位置,加压重锤依次提起,使试样翻板释重,用光学投影仪就可依次测量织物的弹性回复角。

仪器面板(图 3-3-6)上的手动按钮是代替光信号的,如果在操作过程中遇到问题,打乱了程序,可撤手动按钮 1,使步进选线器工作,直到完成程序为止,然后重新开始实验。按钮 2 是控制定时的,该仪器一般控制加压时间为 5 min,如果要增加加压时间,一般可延长加压时间。按钮 10 是控制温度的,在测试湿折皱弹性回复角时使用。

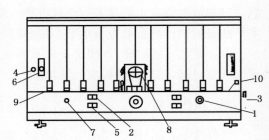

图 3-3-6　织物折皱弹性仪面板图

1—手动按钮　2—按钮　3—电源总开关　4—指示灯
5—琴键开关　6—光源灯　7—工作按钮　8—投影仪
9—小指示灯　10—控制温度的按钮

(1) YG541 型织物折皱弹性仪测试步骤

开启总电源开关,仪器左侧的指示灯亮,按琴键开关,光源灯亮,将试样翻板推倒,贴在小电磁铁上,此时翻板处在水平位置。

将剪好的试样,按五经五纬的顺序,夹在试样翻板刻度线的位置上,并用手柄沿试样折痕盖上有机玻璃压板,如图 3-3-7 所示

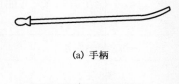

(a) 手柄

按工作按钮,经过一段时间,电动机启动。此时,10 个重锤每隔 15 s 按顺序压在每块试样翻板上(加压重锤的质量为 500 g)。

加压时间(5 min)即将到达时,仪器发出响声报警,做好测量弹性回复角的准备。

时间一到,投影仪灯亮,试样翻板依次自动释重抬起,此时迅速将投影仪移至第一块翻板位置上,依次测量 10 个试样的急弹性回复角,读数一定要待相应的小指示灯亮时才能记录。

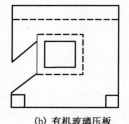

(b) 有机玻璃压板

图 3-3-7　手柄和有机玻璃压板

再过 5 min 后,以同样的方法测量织物的缓弹性回复角,用经向与纬向的平均回复角之和代表该试样的抗折皱性。当仪器左侧的指示灯亮时,说明第一次实验完成。

(2) M510 型织物折痕回复性测定仪测试步骤

① 将仪器放置在水平工作台上,接通 220 V 单相交流电源,打开电源开关,仪器处于等待工作状态。将试样沿长度方向两端对齐折叠,并用宽口钳夹住,夹住位置离布端不超过 5 mm,再将其移至标有 15 mm×20 mm 标记的平板上,使试样正确定位后,轻轻加上 10 N 的压力重锤,加压时间为 5 min±5 s。加压指示灯亮,测试开始。

② 加压 5 min 后,急弹指示灯亮,此时迅速平稳地卸下重锤,用镊子将试样直接移至折痕回复角测量装置的弹簧夹下,试样的一翼被夹持,另一翼自由悬垂,通过调整试样夹,连续调整

刻度盘,使悬垂下来的自由翼始终保持垂直状态(与红色标志线重合),待 15 s 后,缓弹指示灯亮,读出折痕回复角,即急弹回复角,并记录。

③ 试样卸压后 5 min 读取折痕回复角,读数精确至 1°。如果自由翼轻微卷曲或扭转,则以该翼中心和刻度盘轴心的垂直平面作为折痕回复角读数的基准。

按"清零"按钮,准备下一组测试。待全部实验结束后,关掉电源,拔下电源插头。

五、测试结果计算

计算经向(纵向)折痕回复角、纬向(横向)折痕回复角的平均值,计算结果保留一位小数,按数值修约规则修约为整数值,以评价所测试面料的抗皱性能。

六、实训报告

(1) 记录:试样名称、环境温湿度、原始数据。
(2) 计算:经向折痕回复角、纬向折痕回复角及变异系数。

七、思考题

(1) 测试折皱回复角时,试样的自垂对测试结果是否有影响?
(2) 比较垂直法与水平法的优缺点。

实训四　织物抗钩丝性能检验

钩丝是指织物经受钉刺等尖锐物体的勾拉作用,使织物中的纱线被勾出或被勾断,从而在织物表面形成圆状或毛束状的疵点。

一、实训目的与要求

(1) 会测定织物的钩丝性。
(2) 学习织物钩丝程度的试验方法和评定方法。
(3) 熟悉 GB/T 11047《纺织品　织物钩丝性能评定　钉锤法》等标准。

二、仪器、用具与试样

钉锤钩丝仪(图 3-4-1)、剪刀、标准样照及织物样品若干。

三、基本原理

当滚筒转动时,钉锤上的针钉不停地在试样上来回跳跃而产生钩丝。达一定转数后,滚筒停止转动,取出试样与标准样照对比评级。

四、操作步骤

试样尺寸为 200 mm×330 mm,先在试样反面长

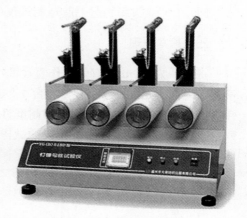

图 3-4-1　钉锤钩丝仪外形图

度近 280 mm 处作标记线（伸缩性大的织物取 270 mm），然后正面朝里对折，沿标记线平直缝成筒状，再翻过来，使正面朝外。

① 将试样的正面朝外与垫片一并夹在转筒上，试样的长边与转筒的边线平行。

② 启动仪器，达到规定转数后，取下试样。

③ 对比样照，对试样的钩丝程度进行评级。评级依据试样钩丝的密度（不论长短）精确至半级，分别计算经（纵）、纬（横）向钩丝级别的平均值，修约至 0.5 级，作为最终的钩丝级别。

五、实训报告

（1）记录：试样名称与规格、仪器型号、仪器工作参数、原始数据。

（2）计算：经（纵）向和纬（横）向的平均钩丝级别。

六、思考题

影响织物钩丝性的因素有哪些？

实训五　织物抗起毛起球检验

织物在服用过程中不断受到各种外力的作用，使织物表面的绒毛逐渐被拉出，当毛绒的高度和密度达到一定值时，外力摩擦的继续作用使毛绒纠结成球并凸起在织物表面，这种现象称为织物的起毛起球。

一、实训目的与要求

（1）能够采用各种方式对面料或纤维、纱线等进行处理，以减小面料的起毛起球。

（2）掌握测试织物起毛起球的基本原理和方法。

（3）熟悉 GB/T 4802.2《纺织品　织物起球试验　马丁代尔法》、GB/T 13775《棉、麻、绢丝机织物耐磨试验》等标准。

二、仪器、用具与试样

M511 型双头织物起毛起球测试仪（图 3-5-1）及试样若干。

三、基本原理

将直径为 42 mm（有效工作直径 28.8 mm）的圆形试样，装在持器中。在规定的压力下，与磨台上的标准磨料进行摩擦，以试样破损时的摩擦次数表示织物的耐磨性能，或通过一定的摩擦次数，在规定的光照条件下，将磨过的试样与标准样照对比，评定起球等级。

图 3-5-1　M511 型双头织物起毛起球测试仪

四、操作步骤

（1）磨料

① 尼龙刷：尼龙丝的直径为 0.3 mm，其刚性必须均匀一致；植丝孔径为 4.5 mm，每孔尼

龙丝 150 根,孔距 7 mm;刷面要求平齐,刷上装有调节板,可调节尼龙丝的有效高度,以控制尼龙刷的起毛效果。

② 磨料织物:全毛华达呢,19.6 tex×2;密度:445 根/10 cm×244 根/10 cm;面密度:305 g/m²。

③ 泡沫塑料垫片:质量约 270 g/m²,厚度约 8 mm,直径约 105 mm。

表 3-5-1 样品起毛起球次数

样品类型	压力(cN)	起毛次数	起球次数	样品类型	压力(cN)	起毛次数	起球次数
化纤丝针织物	590	150	150	军需服(精梳混纺)	490	30	50
化纤机织物	590	50	50	精梳毛织物	780	0	600

(2)试样

直径为 113 mm±0.5 mm,试样表面不能有影响实验结果的疵点,试样数量为 3 块(毛织物为 5 块)。试样应放在标准大气条件下调湿 24 h 以上,然后再剪取和进行实验。应在距离布边 10 cm 以上的部位随机剪取。

(3)测试步骤

① 实验前仪器应保持水平,尼龙刷保持清洁,用合适的溶剂(如丙酮)清洁刷子,用手刷梳去除短绒,并用夹子夹去突出的尼龙丝。

② 本仪器试样夹头为螺纹夹头。装试样时,先将试样夹头套拧下,试样正面朝外,均匀覆盖在夹头海绵上,然后将夹头套旋紧即可。

③ 本仪器采用双磨头。实验时,两磨头的夹头上都需夹入试样,不允许海绵和毛刷或磨料直接摩擦。

④ 两夹头正确牢固地夹入试样后,按照标准要求,给计数器预置摩擦次数。各类织物的摩擦次数为:涤纶低弹长丝针织物,先在尼龙刷上磨 30 次,后在磨料织物上各磨 50 次;军需服(精梳混纺)织物,先在尼龙刷上、后在磨料织物上各磨 150 次;涤纶低弹长丝和化纤短纤织物,先在尼龙刷上、后在磨料织物上各磨 50 次;精梳毛织物,在磨料织物上磨 600 次;粗梳毛织物,在磨料织物上磨 50 次。

⑤ 按照标准要求对试样加压。试样夹头轴上不另加质量时,试样在磨料上的压力为 490 cN(500 gf)。当需加压力超过 490 cN 时,可在试样夹头的另一端加上相应的重锤。不同类型的材料加压情况为:化纤长丝织物和化纤短纤织物加压 588 cN;精梳毛织物,加压 784 cN;粗梳毛织物,加压 490 cN。

⑥ 放下两试样夹头,使试样和毛刷、磨料盘平面接触。

⑦ 按"启动"键,仪器开始运转,做起毛(毛刷一端)实验,达到预定次数时,仪器自动停机。

⑧ 将试样夹头横梁轻轻提起,转动 90°,平稳按入槽、落位。

⑨ 预置摩擦次数后,再按"启动"键,仪器运转,同时做起毛、起球(磨料一端)实验。

⑩ 自动停机后,掀起起球夹头,取下试样,放在评级箱中,以最清晰地反映起球程度为准,与标准样照对比,取邻近的 0.5 级评定每块织物的起球等级。再夹入新试样,放下夹头,重复步骤⑥⑦⑧,继续实验。

标准样照:针织物、毛织物各有不同标准样照,样照为五级制:

五级:稍发毛无起球;

四级:发毛轻微起球;

三级:中等起球;

二级:稍严重起球;

一级:严重起球;

评级箱:是提供照明以对比试样和样照的起球等级的设备,上方装有 3.0 W 日光灯两支,内部四周衬以黑板,试样板角度可调节,日光灯到试样板的垂直距离为 30 cm。

五、测试结果计算

以三块试样中两块等级相同的为准。若五块试样的等级均不同,则以中间等级为准。毛织物计算五块试样的平均等级。取下试样,在评级箱内,根据试样上的球粒大小、密度、形态,与标准样照对比,以最邻近的 0.5 级评定每块试样的起球状况。异常时视其对服饰外观影响的程度,综合评定并加以说明。计算各试样起球等级的平均值,并按国标修约至邻近的0.5级。

六、实训报告

记录:试样名称、转动次数、原始数据。

七、思考题

影响织物起毛起球的因素有哪些?

任务四　织物舒适性能检测

随着生活水平的提高,织物的舒适性受到人们的极大关注。舒适性虽然是一个广泛、模糊而复杂的心理概念,但人们在使用织物的过程中能体会到舒适性的真实内涵。舒适性通常分为热湿舒适性、接触舒适性及美学舒适性。

实训一　织物透气性测试

一、实训目的与要求

(1)掌握多种织物透气性的测试。

(2)熟悉 GB/T 5453《纺织品　织物透气性的测定》、NF G07-111《纺织　织物空气渗透性的测定》、ASTM D737《纺织品透气性试验方法》及 DIN 53887《纺织物空气透气度的测定》等标准。

二、仪器、用具与试样

YG461EⅡ型数字式透气量仪(图 4-1-1)及各种织物少许。

三、测试准备

① 预调湿：测试前将待测试样进行预调湿，在温度为 20℃±2℃、相对湿度为65％±2％的标准大气环境中达到平衡。

② 测量次数：根据 GB/T 5453—1997，同一样品不同部位至少测 10 次；根据 DIN 53887，每个样品至少测 5 次。

③ 测量位置：测量点应均匀地分布在样品上，每个测量点必须包括不同的经纬线。测量点距样品布端至少 3 m 以上、距布边不得小于 10 cm。对于某些特殊的试样，对整个宽度内的透气均匀性有严格要求（如降落伞），其布边也必须测试。

图 4-1-1　YG461EⅡ型数字式透气量仪外形图

④ 试样尺寸：一般情况下，不需要剪下试样，而在样品上直接测试。当然，如果需要，剪下的试样尺寸至少为 25 cm×25 cm（ASTM D737）或 20 cm×20 cm（DIN 53887）。

⑤ 开机：打开设备电源，约 10 s 后即可使用。

⑥ 测试面积：各国标准规定的测试面积如下：

GB/T 5453：20 cm^2（5 cm^2、50 cm^2、100 cm^2）；

ASTM D737：ϕ70（≈38.5 cm^2）；

DIN 53887：20 cm^2；

NF G07-111：20 cm^2 或 50 cm^2。

一般来说，由于仪器的测量范围很大，所有测量都可选用相同的测试面积，即没有必要更换定值圈，除非有下列情况：

• 如果需要进行的测试按标准需使用不同的测试面积，此时必须使用标准要求的测试面积。

• 如果测试一个特别密的样品，它的透气性低于仪器的下限，此时必须使用大一些的测试面积（如 100 cm^2）。

• 如果测试一个特别疏松的样品，它的透气性高于仪器的上限，此时必须使用小一些的测试面积。

本仪器配有两种定值圈。当然，需要注意，不同测试面积得到的测试结果，一般是不能直接对比的，为了比较不同试样的透气性，必须使用相同的测试面积。

更换定值圈或测试面积的步骤如下：

• 松开压杆上的手柄，把铝合金压紧圈从压头上取下。

• 从仪器的旋转抽屉里，取出所需要的铝合金压紧圈，套在压头的下部，通过压紧圈的磁钢，把它紧固在正确的位置上。

• 取出和压紧圈相配套的相同面积的定值圈，放在测试台上（放定值圈之前，必须先放置 O 型密封圈以防止漏气）。

⑦ 测试压力：YG461E 型的测试压力范围为 0～300 Pa、YG461EⅡ型的测试压力为0～3 000 Pa。

根据各种测试标准,压力设定分别如下:

GB/T 5453:100 Pa(服用织物),200 Pa(产业用织物);

NF G07-111:196 Pa;

ASTM D737:125 Pa;

DIN 53887:100 Pa(服装用织物),160 Pa(降落伞),200 Pa(工业用织物)。

四、操作步骤

① 接通电源,按"电源"按钮,显示面板显示各参数初始状态。

② 透气率/透气量的设定:按"设定"键(小于 2 s),进入设置状态,"试样压差"数字字段显示闪烁,这时按"透气率/透气量"切换键选择"透气率"(透气率指示灯亮)或者"透气量"(透气量指示灯亮)。

③ 测试压差的设定:透气率/透气量设定后按"△""▽"键进行测试压差的设置,按"△"键使测试压差加 1,按"▽"键使测试压差减 10(选择测试透气量时,按"▽"键使测试压差减 1)。测试透气量时,显示压差单位为 13 mm H_2O,即按 ASTM/D 737。测试透气率时,显示压差单位为帕斯卡(Pa)。YG461E 型的定压值最大为 300 Pa 或 30 mm H_2O,YG461E Ⅱ型的定压值最大为 3 000 Pa 或 300 mm H_2O。

④ 测试面积的设定:压差设置完成后,按"设定"键,显示测试面积的数码管闪烁。透气率/透气量下面字段按"△""▽"键进行测试面积的选择,如果前面选择测试透气率,这时有四种选择,分别是 5 cm^2、20 cm^2、50 cm^2、100 cm^2(按 GB/T 5453,一般选 20 cm^2);如果前面选择测试透气量,有两种选择,分别为 ϕ50 mm 和 ϕ70 mm(按 GB/T 5453、ASTM D737,应选 ϕ70 mm,即 38.5 cm^2)。

⑤ 喷嘴直径的设定:测试面积选定后按"设定"键,显示"喷嘴号"直径的数码管闪烁。按"△""▽"键进行喷嘴直径的选择,不管是测试透气率或透气量,均有 11 种选择,分别为 ϕ0.8 mm、ϕ1.2 mm、ϕ2 mm、ϕ3 mm、ϕ4 mm、ϕ6 mm、ϕ8 mm、ϕ10 mm、ϕ12 mm、ϕ16 mm、ϕ20 mm。喷嘴直径设置完成后,按"设定"键,进入初始状态,所有的数码管变成常亮,设置操作完毕。

对于不同的被测试织物,应选用不同口径的喷嘴。织物的透气性越好,所选喷嘴的口径越大。测试时可按织物透气性的历史资料或根据经验估计来选用喷嘴,如不清楚被测试织物的透气性,需通过试测来确定喷嘴选用。

⑥ 装试样:把试样自然地放在已选好的定值圈上,对于柔软织物,应再套上试样绷直压环,使试样自然平直。试样装好后,压下试样压紧手柄,使压紧圈压紧试样。

⑦ 测试:先按"工作"键,仪器进入校零(校准指示灯亮),校零完毕蜂鸣器发出短声"嘟",仪器自动进入测试状态(校准指示灯熄灭,测试指示灯亮),根据设定值进行透气率/透气量的测试,测试完毕显示测得的透气率/透气量。

持续发出的短声"嘟"表示测试失败。透气率/透气量下面字段显示"ER…D",表示测试口径应换小;显示"ER…U",表示测试口径应换大。

在工作状态下,按"工作"键退出测试状态。

在初始状态下按"△""▽"键,根据显示的测量次数,可以查询已经测试的数据;次数显示为零的,透气率/透气量显示为平均值。

也可以按"打印"键将测试数据输出到打印机,以规定格式打印测试结果。

⑧ 关机:最后一次测试结束后,关闭仪器的电源开关,用干净的布盖住测试区域,以保护吸风机及部件,免受灰尘的危害。

五、测试结果计算

(1)记录:试样名称与规格、仪器型号、仪器工作参数、原始数据。

(2)计算:织物两面压力差为 127 Pa(13 mm H_2O)条件下的透气量。

六、实训报告

提交一份测试报告,内容需包括:测试材料的名称及型号、测试情况、仪器型号、测试面积、测试压力、测试次数、透气性、各试样测试结果及平均值、对试样或测试期间所做的特别观察、测试日期。

七、思考题

(1)讨论影响试验结果的因素。

(2)比较几块试样的试验结果,并进行分析讨论。

(3)不同季节的服装对透气性有何要求?

实训二 织物透水透湿性能测试

水分子从织物的一面渗透到另一面的能力叫做织物的透水性,其相反指标为防水性。透水性无论在衣着上还是工业上均有重要意义,雨衣、帐篷、帆布等织物均要求具有防水性能。织物的透水性与织物原料、厚度、结构、紧密程度及表面处理有关。

测定织物透水性的方法很多,归纳起来有以下几种:

① 从一定的高度和角度,以一定的流量,向织物连续喷水或滴水,测定试样的吸水量或观察试样表面的水渍形态。

② 在织物的一面维持一定水压,测定水透至另一面的时间。

③ 在织物的一面连续增加水压,至织物另一面出现水渍时,测定水柱高度。

④ 在织物的一面维持一定水压,测定单位时间内透过织物的水的量。

本实训采用织物透水性仪,属于第三种,其结构如图 4-2-1 所示。

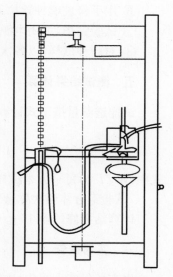

图 4-2-1 水压式织物透水仪

一、实训目的与要求

(1)使用水压式织物透水仪测定水分子从织物一面渗透至另一面的性能。

（2）掌握水压式织物透水仪的构造和使用方法。

（3）了解透水性测试的意义和影响织物透水性的各项因素。

（4）熟悉 GB/T 12704.1《纺织品　织物透湿性试验方法　第 1 部分：吸湿法》等标准。

二、仪器、用具与试样

水压式织物透水仪及长宽各为 20 cm 的各种织物若干。

三、基本原理

将织物放置在夹布座上，并用加压盖盖紧。接通电源开关，启动电动机，带动摩擦转轮转动。将踏板踏下，使另一摩擦轮与电动机摩擦轮相接触，通过链条传动，使水位玻璃钟罩等速上升。此时，橡皮管的一端和玻璃钟罩内的水位逐渐提高，织物上的水压逐渐增大。通过反光镜观察织物表面，当有水滴透过织物时即放松踏板，使两个摩擦轮脱离，于是水位玻璃钟罩停留在一定高度上，测量水位的上升高度，即为渗透试验织物的水柱高度。

四、操作步骤

① 掀起加压盖，将试样固定在夹布座上，并将加压盖压下。

② 在储水箱中注入蒸馏水。

③ 接通电路，使电动机启动，用脚踏脚踏板，使水位玻璃钟罩上升，提高水位。

④ 细心观察反光镜中的织物，当发现有水滴透过织物时，立即放松脚踏板，停止提高水位。

⑤ 记录水位高度读数。

⑥ 用手将玻璃钟罩拉下，恢复水位到零位，可另换试样。

⑦ 试验完毕，关闭电源开关，整理仪器并揩干水渍。

⑧ 对同种试样，以各次测试结果的平均值表示其透水性。

五、测试结果计算

试样透湿量按下式计算：

$$WVT = \frac{24 \times \Delta m}{S \times t} \tag{4-2-1}$$

式中：WVT 为每平方米试样每天（24 h）的透湿量[g/(m² · d)]；t 为试验时间（h）；Δm 为同一
　　试验组合体两次称量之差（g）；S 为试样面积（m²）。

计算结果修约至 10 g/(m² · d)。

六、实训报告

提交一份实训报告，内容包括试验方法与步骤、测试材料的名称与规格、测试情况及透水（透湿）性测试数据。

七、思考题

（1）影响织物透水性的因素有哪些？何种织物需要考虑透水性？

（2）测定织物透水性的方法有哪几种？

实训三　织物保温性能检验

织物的保温性能是织物舒适性能的指标之一，隔热保温是冬令纺织品及某些产业用纺织品的重要性能，通常用平板式织物保温仪进行测试。

一、实训目的与要求

（1）掌握 YG606 型平板式保温仪的结构和基本原理。
（2）使用保温仪测定各种织物的保暖性能。

二、仪器、用具与试样

YG606 型平板式保温仪（图 4-3-1）及试样若干。

图 4-3-1　YG606 型平板式保温仪

三、基本原理

将试样覆盖在平板式织物保温仪的试验板上，试验板、底板及周围的保护板均用电热控制为相同的温度，并通过通、断电保持恒温，使试验板的热量只能向试样的方向散发。试验时，通过测定试验板在一定时间内保持恒温所需要的加热时间来计算织物的保暖指标——保温率、传热系数和克罗值。

四、操作步骤

① 裁取试样 3 块，尺寸为 30 cm×30 cm，并在标准大气下调湿 24 h。
② 按"电源"键，显示器显示"P、T"。
③ 设置试验参数："时间拨盘"一般为 30 min，"温度拨盘"的上限为 36℃、下限为 35.9℃，"循环次数"为 5 次。
④ 按"启动"键，各加热板开始预加热，当温度达到设定值时，显示器显示"t、t_n"。
⑤ 按"复位"键，随即按"启动"键，进行"空板"试验，当显示器显示"t、t_n"时，"空板"试验结束。
⑥ 放置试样，按"启动"键，开始第一块试样的试验，显示器显示"t、t_n"，本块试样试验结束。
⑦ 换试样，按"启动"键，测试所有试样。
⑧ 自动打印试验结果。

五、测试结果计算

（1）保温率

$$Q = \left(1 - \frac{Q_2}{Q_1}\right) \times 100\% \tag{4-3-1}$$

式中：Q 为保温率；Q_1 为无试样的散热散量（W/℃）；Q_2 为有试样的散热散量（W/℃）。

$$Q_1 = \frac{N \times \dfrac{t_1}{t_2}}{T_p - T_a} \tag{4-3-2}$$

$$Q_2 = \frac{N \times \dfrac{t_1'}{t_2'}}{T_p' - T_a'} \tag{4-3-3}$$

式中：N 为试验板电热功率（W）；t_1、t_1' 分别为无试样、有试样时的累计加热时间（s）；t_2、t_2' 分别为无试样、有试样时的试验总时间（s）；T_p 为试验板平均温度（℃）；T_a、T_a' 分别为无试样、有试样时的罩内空气平均温度（℃）。

（2）传热系数

$$U_2 = \frac{U_{to} \times U_1}{U_{to} - U_1} \tag{4-3-4}$$

式中：U_2 为试样传热系数[W/(m²·℃)]；U_{to} 为无试样时试验板传热系数[W/(m²·℃)]；U_1 为有试样时试验板传热系数[W/(m²·℃)]；

$$U_{to} = \frac{P}{A \times (T_p - T_a)}$$
$$U_1 = \frac{P'}{A \times (T_p' - T_a')} \tag{4-3-5}$$

式中：A 为试验板面积（m²）；P、P' 为无试样、有试样时的热量损失（W）。

$$P = N \times \frac{t_1}{t_2}$$
$$P' = N \times \frac{t_1'}{t_2'} \tag{4-3-6}$$

（3）克罗值（CLO）

$$CLO = \frac{1}{0.155 \times U_2} \tag{4-3-7}$$

六、实训报告

提交一份实训报告，内容包括试验方法与步骤、测试材料的名称与规格、测试情况、仪器型号以及测试数据。

七、思考题

（1）为使测试结果准确，操作中应注意哪些问题？

（2）使用保温仪时应注意什么？

任务五　织物特殊性能检测

织物的特殊性能检测包括阻燃性能、抗静电性能和抗紫外线性能。当织物受热分解时，产生可燃性的分解产物，此分解产物与外界的氧气相互作用，从而引发着火现象。当材料的质量大于 180 g/m² 时，材料一面的火焰很难使之迅速破坏而直达另一面，因此织物的质量对火焰的蔓延起着重要的作用。对于热塑性材料，远离火焰的部分伴随着材料的收缩熔融，产生熔滴现象，熔滴也可继续燃烧。织物在服装上的组合形式与状态也会影响燃烧的状况，当外层是纤维素纤维织物，而内层为阻燃纤维织物时，则燃烧的面积比单独使用纤维素纤维织物时小；如果外层是阻燃纤维织物，而内层是纤维素纤维织物，则燃烧面积仍较小。服装是否束带也影响火焰蔓延的速度，因为从服装边缘着火时，火焰蔓延的速度最高，相当于垂直向上的燃烧试验，而水平方向的燃烧其火焰的蔓延速度低得多。

实训一　水平法测试织物阻燃性能

一、实训目的与要求

（1）掌握 YG815D 型水平法织物阻燃性能测试仪的使用方法和基本原理。

（2）会对有阻燃要求的服装织物、装饰织物、帐篷织物等的阻燃性能进行测定。

（3）熟悉 GB/T 5456《纺织品　燃烧性能　垂直方向试样火焰蔓延性能的测定》等标准。

二、仪器、用具与试样

YG815D 型水平法织物阻燃性能测试仪（图 5-1-1）及试样若干。

三、基本原理

对织物进行阻燃性能测定，其原理采用水平法，即在规定的试验条件下，对水平方向的织物试样点火 15 s，测定火焰在试样上的蔓延距离和蔓延该距离所用的时间。

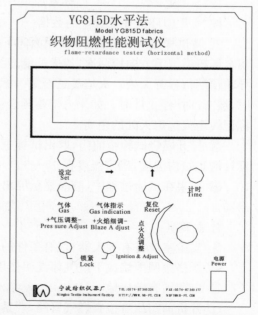

图 5-1-1　YG815D 型水平法织物阻燃性能测试仪操作面板

四、操作步骤

（1）接通电源，打开燃气瓶开关。

（2）将"电源"开关置于"开"的位置。

（3）按"气体"按钮，"气体指示"灯亮（即供气电磁阀开），按下"点火及调整"旋钮并逆时针方向旋转，待引火处产生火花并喷出蓝色火焰，将点火器点燃。

（4）旋转"点火及调整"旋钮，调节火焰高度至 38 mm±2 mm，待火焰稳定后，关闭左侧气孔门。

注意：进气压力及火焰高度的调整：

① 逆时针旋转火焰调整旋钮，火焰将增大，反之则被关断。

② 逆时针旋转进气压力调整旋钮，进气压力将增大，反之则被关断（应小幅度调整本旋钮）。

③ 引火的调整，按下并旋转"点火及调整"旋钮使之喷火，如果引火已有火焰，按下"点火及调整"旋钮的同时调整进气压力调整旋钮，使引火处喷出火焰为止；若无，逆时针调整进气压力调整旋钮，重新点火，调整好压力后将其锁紧。

④ 调好引火后，按下并旋转"点火及调整"旋钮使之喷火，同时调整火焰粗调按钮，使点火器上产生火焰，松开"点火及调整"旋钮，点火器上已产生一稳定的火焰，调整火焰粗调及"点火及调整"旋钮，将火焰调整到需要高度。

⑤ 正式测试前，需将点火时间设定好（标准为 15 s）。

时间设定：按"设定"按钮进入设定状态，液晶显示屏显示设定栏，设定光标跳动，设定完毕，再按设定存储设定数据，并退出设定状态。

按"⇧"设定数据 0～9 循环累加——光标指示。

按"⇨"循环选择要设定的数据——光标指示。

⑥ 将试样放入试样夹中，使用面向下。若是起毛或簇绒试样，把试样放在平整的台面上，用金属梳逆绒毛方向梳两次，使火焰能逆绒毛方向蔓延。将夹好试样的试样夹沿导轨推入，至导轨顶端行程开关处。火焰蔓延至第一标记线时按"计时"开始计时，火焰蔓延至第三标记线时，按"计时"停止计时。如果火焰蔓延至第三标记线前熄灭，按"计时"键停止计时，测定第一标记线至火焰熄灭处的距离。

⑦ 打开燃烧试验箱前门，取出试样框夹，卸下试样，清除试验箱中的烟、气及碎片。用温度计测定箱内温度，确定温度在 15～30℃范围内，测试下一个试样。

⑧ 如果在试验过程中，液晶显示屏出现黑屏或乱屏，可以按"复位"按钮或关闭电源，重新启动。

注意事项：

① 实验室应备有灭火器材（有条件的可安装可燃气体泄露报警装置）。

② 严格按照丙烷或丁烷气体说明使用及保存。

③ 电源须有效接地。

④ 开机前需认真检查燃气管路，严禁燃气泄漏。

⑤ 操作人员应备有防护服。

⑥ 工作间应装有排气风扇，以供试验后立即排除有害气体，并更换新鲜空气。

⑦ 试验完成后,及时熄灭仍在阴燃的试样。

⑧ 试验工作结束,应确定关闭燃气瓶。

⑨ 对燃气瓶定期进行漏气检查,将充好气的燃气瓶置于水中,观察是否有气泡渗出,若有则维修或更换。

五、测试结果计算

分别计算经向及纬向五个试样的续燃时间、阴燃时间及损毁长度的平均值,续燃时间、阴燃时间修约至 0.1 s,损毁长度修约至 1 mm。

六、实训报告

提交一份实训报告,内容包括试验方法与步骤、测试材料的名称与规格、测试情况以及阻燃性能测试数据。

七、思考题

(1) 为使测试结果准确,操作中应注意哪些问题?

(2) 使用 YG815D 型水平法织物阻燃性能测试仪时应注意什么?

实训二　垂直法测试织物阻燃性能

服装一般要求具有阻燃性能,特别是童装和老年服装,其阻燃性有一定的要求。其次,一些特殊工作环境也要求服装具有一定的阻燃性,如消防服等。表示织物燃烧性能的指标一般有两类,一类表示织物是否易燃,另一类表示织物是否经得起燃烧。前者是用于评定材料可燃性的指标,如点燃温度,点燃温度越低,此纤维制品越易燃烧,表 5-2-1 所示为各种纤维的燃烧温度。后者是用于评定材料阻燃性的指标,如续燃时间、阴燃时间、损毁长度、损毁面积、火焰蔓延速率、极限氧指数(LOI)等。续燃时间是在规定的试验条件下,移开火源后材料持续有焰燃烧的时间(有时也称有焰燃烧期);阴燃时间是在规定的试验条件下,当有焰燃烧终止后或者移开火源后,材料持续无焰燃烧的时间(有时也称阴燃期);损毁长度是指在规定的试验条件下,材料损毁面积在规定方向上的最大长度;损毁面积是指在规定的试验条件下,材料因受热而产生不可逆损伤部分的总面积,包括材料损失、收缩、软化、熔融、炭化、烧毁及热解等;极限氧指数(LOI)表示的是材料点燃后在空气中维持燃烧所需要的最低含氧气量的体积百分数,极限氧指数越小,表示材料在点燃后越易继续燃烧,$LOI<25\%$的材料可在空气中燃烧,而$LOI\geqslant28\%$的材料可认为具有阻燃性,LOI 在 $25\%\sim30\%$范围内的材料在热空气和通风条件下可以燃烧,因此有热防护要求的阻燃性材料其 LOI 应高于 30%。有些资料还表明各种纤维材料的燃烧热不同,人体被燃烧材料损伤的面积和深度与传导热有关,表 5-2-2 所示为各种纤维的平均燃烧热和极限氧指数。

171

表 5-2-1　各种纤维的燃烧温度　　　　　　　　　　　　单位：℃

纤维材料名称	点燃温度	火焰最高温度	纤维材料名称	点燃温度	火焰最高温度
棉	400	860	涤纶	450	697
羊毛	600	941	锦纶 6	530	875
黏胶	420	850	锦纶 66	532	—
醋酯纤维	475	960	腈纶	560	855
三醋酯纤维	540	885	丙纶	570	839

表 5-2-2　各类纤维的平均燃烧热和极限氧指数

材料名称	平均燃烧热		LOI	材料名称	平均燃烧热		LOI
	J/g	Cal/g	%		J/g	Cal/g	%
棉	18.117	4.330	18.4	聚氨酯	—	—	—
黄麻	23.339	50 590	—	未阻燃	30.501	7.290	—
羊毛	20.585	4.920	25.2	阻燃	24.225	5.790	—
涤纶	25.815	6.170	20.6	亲水	11.506	2.750	—
涤/棉	21.217	5.071	—	丙纶	48.534	11.600	18.6
锦纶	28.978	6.926	20.1	氯纶	25.104	6.00	27.0
腈纶	29.372	7.020	18.2	氯纶—腈纶	17.573	4.200	—
黏胶	14.418	3.446	18.7	变性腈纶	—	—	26.8

一、实训目的与要求

（1）掌握织物垂直燃烧试验仪的使用方法和基本原理。

（2）学会测定有阻燃要求的服装织物、装饰织物、帐篷织物等的阻燃性能。

（3）熟悉 GB/T 8746《纺织品　燃烧性能　垂直方向试样易点燃性的测定》和 GB/T 5456《纺织品　燃烧性能　垂直方向试样火焰蔓延性能的测定》等标准。

二、仪器、用具与试样

1. 仪器与用具

垂直燃烧试验仪（图 5-2-1）、重锤、医用脱脂棉、不锈钢尺（精度为 1 mm）、密封容器。

2. 试样准备

试样应从距离布边 1/10 幅宽以上的部位量取。对每一个样品，经向及纬向（纵向及横向）各取 5 块，经向（纵向）试样不能取同一经纱，纬向（横向）试样不能取同一纬纱，其尺寸为 300 mm×80 mm，长的一边需与织物的经向（纵向）或纬向（横向）平行。剪取的试样视其厚薄程度不同，在二级标准大气中（温度 20℃±2℃，相对湿度 65%±3%）放置 8～24 h，直至达到平衡，放入密封容器内。

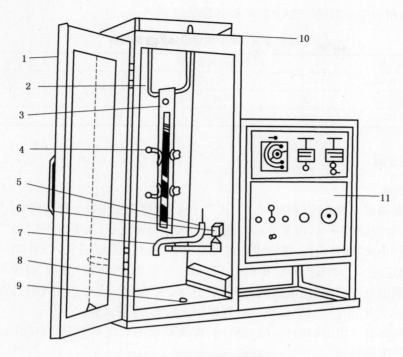

图 5-2-1 垂直燃烧试验仪

1—正前门 2—试样夹支架 3—试样夹 4—试样夹固定装置 5—焰高测量装置
6—电火花发生装置 7—点火器 8—石棉板 9—安全开关 10—顶板 11—控制板

三、基本原理

测量一块垂直布条（织物）的燃烧时间、阴燃时间和损毁长度，根据这些参数评定织物的阻燃性能。

纺织材料在燃烧时会产生大量的浓烟和有害气体，从而引起人体休克，妨碍救援与人员撤离。燃烧毒性学是一个新的领域，表 5-2-3 所示为有机聚合物燃烧的气体产物。

表 5-2-3 有机聚合物燃烧的气体产物

气体名称	来　源
CO, CO_2	所有的有机聚合物
HCN, NO, NO_2, NH_3	羊毛、蚕丝、锦纶、腈纶、丙烯腈—聚氨酯、氨基树脂等
SO_2 H_2S, COS, CS	硫化橡胶、含硫聚合物、羊毛
HCl, HF, HBr	聚氯乙烯、聚四氟乙烯、含有卤素的聚合物等
烷烃,烯烃	聚乙烯和其他有机聚合物
苯	聚苯乙烯、聚氯乙烯、聚酯等
苯酚,醛	苯酚树脂
甲醛	聚缩醛化合物
甲酸和乙酸	纤维素纤维

织物经阻燃整理，其阻燃性能应满足表 5-2-4 的要求。此外，它们的断裂强力不得低于

标准中规定的相应的非阻燃织物的 75% 或其最低值。

表 5-2-4　阻燃整理织物的性能指标

项　目	服装用和装饰用	装饰用
损毁长度(mm)	≤150	≤200
续燃时间(s)	≤5	≤15
阴燃时间(s)	≤5	≤10

四、操作步骤

1. 火焰调试

试验前,需调整火焰高度,调整时,"大火""小火"调整旋扭应处于顺时针关闭状态,然后打开"电源"开关和"气源"开关,电源指示灯亮,压力表针指示气压,左手按住"点火"开关,右手逆时针缓慢旋转"小火"调整旋钮,使电火花点燃点火器,松开"点火"开关,调节"小火"旋钮,把火焰高度调至稳定在 5 mm(按"点火"键时,LED 显示可能熄灭,可按"复位"键恢复),再按控制箱键盘上的"调试/点火"键,使电磁阀打开,调节"大火"旋钮,使火焰高度到达焰高测定钢圈 40 mm±2 mm,火焰稳定后,按"结束"键,返回小火状态,准备试验。

注意:因气体有一定的滞后性,故调整时,待火焰稳定后进行测量,在工作过程中禁止按"点火"键,以防干扰仪器。

2. 测试程序

(1) D0 法测试步骤

① 开机显示"A558.8",调试好火焰的高度。

② 将试样从密封容器中取出,放入试样夹中,并使试样下沿与试样夹的下端平齐,将试样与试样夹一同垂直挂在试样支架上。先按"阴燃"键,再按"调试/点火"键,大火自动点燃,点火指示灯闪烁,火焰稳定 20 s 后,点火器自动移至试样下方,同时开始计点火时间(试样从容器中取出到此时的时间必须控制在 1 min 内)。如果试样是熔融性纤维织物,应在试验箱底部下方铺上 10 mm 厚的脱脂棉。

③ 12 s 后仪器自动转至"续燃",续燃指示灯亮,同时大火自动变小火,点火器自动退回起始位置。

④ 观察试样至没有明火时按"阴燃"键,进入阴燃计时,同时阴燃指示灯亮。继续观察至阴燃停止时按"结束"键,结束本次试验。

⑤ 按"点火时间",显示实际点火时间,并记录;按"续燃时间",显示实际续燃时间,并记录;按"阴燃时间",显示实际阴燃时间,并记录;读数精确到 0.1 s。

⑥ 如果被测试样是熔融性纤维织物,会有熔滴产生,则铺在试验箱底部的脱脂棉,可测熔融脱落物是否引起燃烧或阴燃,并记录。

⑦ 充分排烟后,打开试验箱门,取出试样夹,取下试样,清除试样残渣等。将试样先沿其炭化的长度方向对折,然后在试样的下端一侧、距其底边及侧边各约 6 mm 处,挂上根据试样单位面积质量选用的重锤(表 5-1-5),再将试样另一侧缓缓提起,使重锤悬空,再放下。此时测量撕裂的长度即为损毁长度,结果精确到 1 mm。

⑧ 重复步骤②～⑦,测试下一个试样。

表 5-1-5　织物质量与重锤的关系

织物质量(g/m²)	重锤质量(g)	织物质量(g/m²)	重锤质量(g)
101 以下	54.5	338~650	340.2
101~207	113.4	650 以上	453.6
207~338	226.8	—	—

（2）D1 法测试步骤

垂直法的点火时间在点火器到位时开始计时，按点火时间不同分为 D0 法和 D1 法，D0 法的点火时间为 12 s，D1 法的点火时间可由键盘输入。开机显示"A558.8"，按"阴燃"键，再按"预置"键，显示"E012.0"字样，然后根据需要时间按键盘上排的"阴燃时间""点火时间""续燃时间"。"阴燃时间"分别设定百位、十位、个位、小数位的数字，设置完毕，按"结束"键，显示所设定的时间，然后按照 D0 法测试步骤②~⑦进行操作。

注意：

① 试验结束后，"点火时间""续燃时间""阴燃时间"这三个复合功能键，供操作员查询，记录本次试验中这三个时间。

② 如果点火时间未到设定时间，操作员根据实际情况认为不需要继续点火，但其他项目照常，则可按"续燃"键，微机系统会马上关掉大火，点火器自动退出，并自动进入续燃时间。

③ 点火到达设定时间，点火器自动退回起始位置。

④ 试验全部结束后，关闭所有气源开关和电源开关，以保证安全。

五、测试结果计算

（1）计算经向（纵向）及纬向（横向）各个试样的续燃时间、阴燃时间及损毁长度的平均值，以表示试样的垂直燃烧性能。

（2）有熔融滴落物时，记录脱脂棉燃烧试样的状态。

（3）如有试样被烧通，需注明数量，以上数值根据未烧通的试样计算。

六、实训报告

提交一份实训报告，内容包括试验方法与步骤、测试材料的名称与规格、测试情况、仪器型号以及试样的阻燃性能数据。

七、思考题

（1）为使测试结果准确，操作中应注意哪些问题？

（2）判断以下解释是否正确：

① 续燃时间：在规定的试验条件下，移开（点）火源后材料持续有焰燃烧的时间。

② 阴燃时间：在规定的试验条件下，当有焰燃烧终止后或者移开（点）火源后，材料持续无焰燃烧的时间。

③ 损毁长度：在规定的试验条件下，材料损毁面积在规定方向上的最大长度。

实训三 织物抗静电性能测试

一、实训目的与要求

（1）使用感应式静电仪，用定时法（或定压法）测定纺织材料的静电性能。

（2）掌握用静电仪测量纺织材料静电性能的基本原理和操作方法。

（3）了解影响试验结果的因素。

（4）熟悉 GB/T 12703.1《纺织品　静电性能的评定　第 1 部分：静电压半衰期》等标准。

二、仪器、用具与试样

YG342 型感应式静电仪（图 5-3-1）、剪刀、尺、镊子及织物一种。

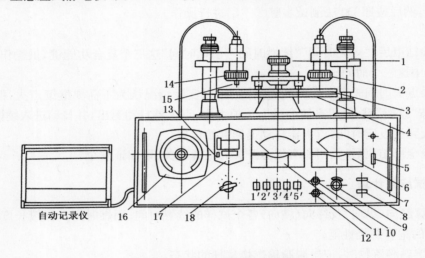

图 5-3-1　YG342 型感应式静电仪

1—夹样螺母　2—控头　3—上夹样盘　4—下夹样盘　5—电源开关　6—高压电压表　7—定时/定压转换开关　8—自停/手停转换开关　9—高压调节电位器　10—满度电位器　11—静电电压表　12—调零电位器　13—计数器复位按钮　14—放电头　15—放电针　16—放电计时器　17—衰减计时计数器　18—量程转换开关

三、基本原理

使试样在高压静电场中带电，稳定后断开高压电源，使其电压通过接地金属台自然衰减，测定其电压衰减为初始值之半所需的时间，以此反映纺织品的静电特性。在同样的测试条件下，带电量的多少与纺织品的结构和特性有关。

四、操作步骤

① 试验准备：在经过调湿的样品上，裁取 60 mm×40 mm 织物试样九块（三块为一组）。

② 试样的安放：顺时针旋动夹样螺母，使下夹样盘向下移动，通过上、下夹样盘之间的间隙放入试样，试样应置于下夹样盘的小方块上，放好试样后，再逆时针旋转夹样螺母，这时下夹样盘向上移动，到上、下夹持盘将试样夹紧为止。

③ 接通电源开关。

④ 选择定时法或定压法(一般用定时法)。

⑤ 调零：按试样盘回转钮，待试样盘转速稳定时，将探头移至试样盘以外(探头不受试样带电的影响)，此时静电压表的指针应在零位，否则应旋动调零电位器，使指针处在零位。

⑥ 在试样平稳回转的条件下，按高压接通按钮，并调节高压为 8 kV。

此时，可以看到高压尖端的放电现象，试样开始带电，记录仪红针和静电压表的表针读数逐步上升，经过 15～20 s 的时间，上述指针基本趋于平稳状态，此时读数就代表试样的峰值电压，将其记下，同时将记录仪的蓝色下限指针置于试样峰值电压的 1/2 处。

当放电计时器到达 30 s 的瞬间，8 kV 高压自动切断，高压放电计时继电器自动复位，衰减计时计数器在峰值电压开始衰减的瞬间即开始计数，当记录仪的红色指针和蓝色下限指针重合的瞬间，衰减计时计数器自动停止计数，读取半衰期。同一试样做 3 次试验。

五、测试结果计算

计算：平均静电压、平均半衰期。

六、实训报告

记录：试样名称、仪器型号、仪器工作参数、环境温湿度、原始数据。

七、思考题

(1) 影响织物静电性能测试结果的主要因素有哪些？

(2) 织物耐静水压法适用于什么场合？

实训四　织物抗紫外线性能测试

众所周知，适度的紫外线照射有利于人体对钙的吸收，但过量的紫外线照射会对人体产生危害，其危害程度视紫外线波长及照射时间而异。另外，紫外线会使海洋生物中的浮游生物和鱼贝类减少，影响植物的光合作用和生长等。

一、实训目的与要求

(1) 掌握织物抗紫外线性能的检验方法。

(2) 熟悉 GB/T 17032《纺织品　织物紫外线透过率的试验方法》及 GB/T 18830《纺织品防紫外线性能的评定》等标准。

二、仪器、用具与试样

紫外性能测试仪(包括：紫外光源，其主峰波长为 297 nm，辐射强度≥60 W/m²；紫外线接收传感器，其响应波长范围为 290～320 nm，检测量程为 0～300 W/m²，仪器精确度≤0.5%)及裁剪成直径大于 20 mm 的织物试样。

三、基本原理

采用辐射波长为中波段紫外线的紫外光源及相应的紫外线接收传感器，将试样被测置于光源与接收传感器之间,分别检测有试样和无试样时紫外线的辐射强度,计算试样阻挡紫外线的能力。

四、操作步骤

试验前,将测试仪器预热 30 min 以上,调零;在没有试样的情况下,记录所示的紫外强度;将试样置于测试仪上,测试放置试样时的紫外透过辐射强度,在试样的不同位置重复测试 10 次以上。

五、测试结果计算

用下式计算试样的紫外线透过率:

$$T = \frac{I_0}{I_1} \times 100\%$$
(4-4-1)

式中:I_1 为有试样遮盖时的紫外线辐射强度;I_0 为无试样遮盖时的紫外线辐射强度。

六、实训报告

按照操作步骤记录相关数据和计算结果。

七、思考题

影响织物抗紫外线测试结果的主要因素有哪些?

任务六　织物色牢度检验

色牢度是指有色织物在加工和使用中织物的颜色耐各种作用的能力,通常用织物的变色程度和贴衬织物的沾色程度进行评定。

实训一　织物汗渍色牢度测试

将织物试样与规定的贴衬织物合在一起,放在含有 L-组氨酸的两种不同试液中,分别处理后去除试液,放在试验装置内两块具有规定压力的平板之间,然后将试样和贴衬织物分别干燥,用灰色样卡评定试样的变色和贴衬织物的沾色。

一、实训目的与要求

(1) 能熟练操作,熟悉原理和试验方法。
(2) 能对测试数据进行处理并填写实训报告。
(3) 熟悉 GB/T 420《纺织品　色牢度试验　颜料印染纺织品耐刷洗色牢度》、GB/T 14576《纺织品　色牢度试验　耐光、汗复合色牢度》及 GB/T 10629《纺织品　用于化学试验的实验室样品和试样的准备》等标准。

二、仪器、用具与试样

YG631 型汗渍色牢度仪（图 6-1-1）、汗渍色牢度烘箱及测试样品。

试剂：

① L-组氨酸盐酸盐水合物；

② NaCl（氯化钠），化学纯；

③ Na$_2$HPO$_4$·12H$_2$O（磷酸氢二钠十二水合物），化学纯；

④ Na$_2$H$_2$PO$_4$·2H$_2$O（磷酸二氢纳二水合物），化学纯；

⑤ NaOH（氢氧化钠），化学纯。

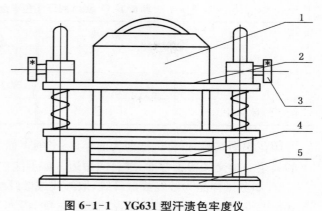

图 6-1-1　YG631 型汗渍色牢度仪

1—重锤　2—弹簧压

3—紧定螺钉　4—夹板　5—座架

三、基本原理

将组合试样夹在试样板（塑料夹板）中间，放在座架和弹簧压架之间，再放上重锤，将紧定螺钉拧紧，然后移去重锤，再将仪器放入恒温箱，最后用灰色样卡评定试样的变色和贴衬织物的沾色。

四、操作步骤

（1）试液配制

试液用蒸馏水配制，现配现用。

① 碱液，每升含：

L-组氨酸盐酸盐水合物	0.5 g
氯化钠	5 g
磷酸氢二钠十二水合物	5 g
磷酸氢二纳二水合物	2.5 g

用 0.1 mol/L 氢氧化钠溶液调整试液 pH 值至 8。

② 酸液，每升含：

L-组氨酸盐酸盐水合物	0.5 g
氯化钠	5 g
磷酸氢二纳二水合物	2.2 g

用 0.1 mol/L 氢氧化钠溶液调整试液 pH 值至 5.5。

（2）贴衬织物的选择

每个组合试样需两块贴衬织物，每块尺寸为 40 mm×100 mm，第一块用试样的同类纤维制成，第二块则由表 6-1-1 规定的纤维制成。如试样为混纺或交织织物，则第一块用主要含量的纤维制成，第二块用次要含量的纤维制成。

（3）试样准备

① 如测试样品为织物时，取 40 mm×100 mm 试样一块，夹于两块 40 mm×100 mm 规定的单纤维贴衬织物之间，沿一短边缝合，形成一个组合试样。整个试验需两个组合试样。

表 6-1-1　测试耐汗渍色牢度贴衬织物的选择

第一块	第二块	第一块	第二块
棉	羊毛	醋纤	黏纤
羊毛、丝	棉	聚酰胺、聚酯、聚丙烯腈	羊毛或棉
麻、黏纤	羊毛	—	—

印花织物试验时,将试样剪为两半,一半的正面与两块贴衬织物中每块的一半相接触,剪下的其余一半交叉覆于背面,缝合两短边。如不能包括全部颜色,需用多个组合试样。

② 如测试样品为纱线或散纤维,取纱线或散纤维(约等于贴衬织物总质量之半)夹于两块 40 mm×100 mm 规定的单纤维贴衬织物之间,沿四边缝合,形成一个组合试样。整个试验需两个组合试样。

(4) 测试步骤

① 在浴比为 50∶1 的酸(碱)试液里,分别放入一个组合试样,使其完全润湿,然后在室温下放置 30 min,必要时可稍加揿压和拨动,以保证试液能良好而均匀地渗透。取出试样,倒去残液,用两根玻璃棒夹去组合试样上过多的试液,或把组合试样放在试样板上,用另一块试样板刮去过多的试液,将试样夹在两块试样板中间。用同样的方法放好其他组合试样,然后使试样受压 12.5 kPa。

② 把带有组合试样的酸、碱两组仪器放入恒温箱,在 37℃±2℃ 下放置 4 h。

③ 拆去组合试样上除一条短边外的所有缝线,展开组合试样,悬挂在温度不超过 60℃ 的空气中干燥。

碱液和酸液试验使用的仪器要分开。

五、测试结果计算

用灰色样卡评定每一块试样的变色和贴衬织物与试样接触一面的沾色。

六、实训报告

对酸液、碱液中的试样变色和每一种贴衬织物的沾色级数分别做出报告。

七、思考题

(1) 简述实验过程。
(2) 实验过程中应注意什么?

实训二　织物耐热压色牢度测试

纺织品可在干态、湿态和潮态下进行热压试验,通常由纺织品的最终用途确定。测定各类纺织材料的颜色耐热压和耐热滚筒加工的能力,从而为合理选用染料确定印染工艺参数提供依据,也可用于检测印染成品的质量。

一、实训目的与要求

（1）了解各类纺织品的颜色耐干热或湿热的性能。

（2）掌握测试各类纺织品的熨烫色牢度的基本原理和操作方法。

（3）熟悉 GB/T 6152《纺织品　色牢度试验　耐热压色牢度》和 ISO 105 P01《纺织品　色牢度试验　耐干热色牢度》等标准。

（4）根据检验结果分析该织物是否适合贴身穿着、是否适合高温定形等处理。

二、仪器、用具与试样

① M301 型熨烫升华色牢度试验仪（图 6-2-1）。

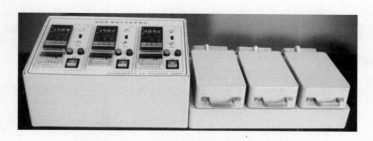

图 6-2-1　M301 型熨烫升华色牢度试验仪

② 3～6 mm 厚的平滑石棉板。

③ 衬垫采用面密度为 269 g/m² 的羊毛法兰绒,用两层羊毛法兰绒制成厚约 3 mm 的衬垫,也可用类似的光滑毛织物或毡制成厚约 3 mm 的衬垫。

④ 未染色、未丝光的漂白棉布。

⑤ 取 40 mm×100 mm 试样一块。

三、操作步骤

（1）打开相应工位的电源开关。

（2）将试验选择开关拨至所需位置（熨烫或升华）,同时熨烫灯或升华灯亮,说明加热器开始加热。

（3）设置试验温度

① 轻按温控仪表上的"SET"键。

② "SV"窗口（温度设置窗口）显示的数字闪动。

③ 再按"R/S"键,选择要改变的温度值位数,按"∧"或"∨"对该位数进行加或减。

④ 轻按"SET"键,结束温度设置。

通常使用三种温度,即 110℃±2℃、150℃±2℃、200℃±2℃,必要时也可采用其他温度。

（4）根据试验要求进行时间设置,一般常见试样在规定温度下受压 15 s。

（5）"PV"窗口显示的实际温度开始上升,当温度达到试验要求时（每次试验刚开始加热时,温度会有超调现象）,打开上加热箱,放入试样,在合上上加热箱的同时,迅速按"开始"按钮,此时计时器开始计时。不管加热装置的下平板是否加热,应始终覆盖石棉板、羊毛法兰绒和干的未染色棉布。

①干压:把干试样置于覆盖在羊毛法兰绒衬垫之上的棉布上,放下加热装置的上平板,使试样在规定温度下受压 15 s。

②潮压:把干试样置于覆盖在羊毛法兰绒衬垫之上的棉布上,取一块 40 mm×100 mm 的棉贴衬织物浸在水中,经挤压或甩干使之含有自身质量的水分,然后将这块湿织物放在干试样上,放下加热装置的上平板,使试样在规定温度下受压 15 s。

③湿压:将试样和一块 40 mm×100 mm 的棉贴衬织物浸在二次蒸馏水中,经挤压或甩干使之含有自身质量的水分,把湿的试样置于覆盖在羊毛法兰绒衬垫之上的棉布上,再把棉贴衬织物放在试样上,放下加热装置的上平板,使试样在规定温度下受压 15 s。

(6)听到"嘟嘟"报警声时,试验结束,应迅速取出试样,并按"停止"按钮消除报警声,立即用相应的灰色样卡评定试样的变色,然后将试样在标准大气中调湿 4 h 后再次评定。

四、测试结果计算

分析试样的耐熨烫(升华)色牢度,从而根据该织物的特点进行服装类别选择和服装款式设计。

五、实训报告

记录使用仪器的型号、试验过程中各个阶段的数据、试验依据的标准编号、试样的状况、试验程序(干压、湿压或潮压)、使用的加热装置和加热温度、试样在试验后立即评定的变色级数以及用标准大气调湿 4 h 后评定的变色级数、棉贴衬织物沾色的级数。

六、思考题

什么是耐热压色牢度? 如何进行测试?

实训三 织物耐洗色牢度测试

一、实训目的与要求

(1)掌握纺织品耐洗色牢度测试的基本原理和操作方法。
(2)熟悉 GB/T 14575《纺织品　色牢度试验　综合色牢度》等标准。

二、仪器、用具与试样

SW-12 型耐洗色牢度仪、标准皂片或合成洗涤剂、无水碳酸钠、三级水及待测染色织物、多纤维标准贴衬布(由羊毛、聚丙烯腈纤维、聚酯纤维、聚酰胺纤维、棉、醋酯纤维组成)或单纤维标准贴衬布、评定变(沾)色用灰色样卡。

三、基本原理

将试样与一块或两块规定的贴衬布贴合,放于皂液中,在规定的时间和温度条件下,经机械搅拌,再经冲洗、干燥,用灰色样卡评定试样的变色和白色贴衬布的沾色程度。

四、操作步骤

耐洗色牢度试验有五种方法,如表 6-3-1 所示,分别表示从温和到剧烈的洗涤操作过程。若织物成分为蚕丝、黏胶纤维、羊毛、锦纶,一般采用方法一;若织物成分为棉、涤纶、腈纶,采用方法三。其他产品根据要求,选择五种测试方法中的一种。

表 6-3-1 五种耐洗色牢度试验方法

方法	试验温度(℃)	处理时间(min)	皂液组成	备注
方法一	40±2	30	标准皂片 5 g/L	—
方法二	50±2	45	标准皂片 5 g/L	—
方法三	60±2	30	标准皂片 5 g/L 无水碳酸钠 5 g/L	—
方法四	95±2	30	标准皂片 5 g/L 无水碳酸钠 5 g/L	加 10 粒不锈钢球
方法五	95±2	240	标准皂片 5 g/L 无水碳酸钠 5 g/L	加 10 粒不锈钢球

注:如需要,可用合成洗涤剂 4 g/L、无水碳酸钠 1 g/L 代替标准皂片 5 g/L、无水碳酸钠 2 g/L。

（1）试样准备

与前一实训项目相同,每个试样采用一块多纤维标准贴衬布或两块单纤维标准贴衬,布组成一个组合试样。单纤维标准贴衬布第一块用试样的纤维制成,第二块则由表 6-1-1 中与第一块布中较多的纤维制成。采用耐洗色牢度测试方法五时,羊毛贴衬改用棉或黏胶纤维。

（2）试液准备

配制皂液浓度 5 g/L,即每升水含 5 g 标准皂片,标准皂片的含水率不超过 5%,并需符合标准的要求;或配制合成洗涤剂溶液浓度 4 g/L,即每升水含 4 g 合成洗涤剂。

（3）测试步骤

① 按要求准备组合试样,用烧杯配制皂液(5 g/L)或合成洗涤剂溶液(4 g/L),并预热到规定温度。

② 将组合试样放在容器中,注入预热到规定温度的皂液,浴比为 50∶1,在规定温度下处理一定时间。

③ 取出组合试样,用清水清洗两次,然后在流动冷水中冲洗 10 min,挤去水分。沿试样的短边展开组合试样,将其悬挂在不超过 60℃的空气中干燥。

五、测试结果计算

用灰色样卡评定试样的变色和贴衬布的沾色等级,如用单纤维贴衬布,应评定每种贴衬布的沾色级数。

根据试样的变色和白色贴衬布的沾色级数,对试样的耐洗色牢度做出评价。

六、实训报告

根据试验数据填写表 6-3-2。

表 6-3-2 试样变色和白色贴衬布的沾色级数

检测结果	试样编号		
	1	2	3
试样变色(级)			
白色贴衬布沾色(级)			

七、思考题

测试织物耐洗色牢度时应注意什么？

实训四 织物耐摩擦色牢度测试

一、实训目的与要求

(1) 了解各类纺织品的耐摩擦性能。
(2) 掌握测试各类纺织品耐摩擦色牢度的基本原理和操作方法。
(3) 熟悉 GB/T 3920《纺织品 色牢度试验 耐摩擦色牢度》等标准。

二、仪器、用具与试样

Y571L 型染色摩擦色牢度仪(图 6-4-1)、评定沾色用灰色样卡、摩擦用棉布、二次蒸馏水、三级水及试样若干。

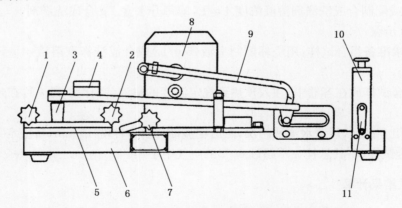

图 6-4-1 Y571L 型染色摩擦色牢度仪

1—左夹持器 2—右夹持器 3—摩擦头 4—压重块 5—测试试样
6—底座 7—托架 8—控制箱 9—曲柄连杆 10—压水架 11—手摇柄

三、基本原理

分别用一块干摩擦布和湿摩擦布与试样进行摩擦,此时试样上的颜色因摩擦而褪色,并使干、湿白色摩擦布沾色,用灰色样卡评定干、湿摩擦布的染色程度。

摩擦色牢度仪的摩擦头垂直压力为 9 N,直线往复动程为 100 mm,往复速度60 次/min。绒类织物用具有长方形摩擦表面的摩擦头,尺寸为 19 mm×25 mm;其他纺织品用具有圆形摩擦表面的摩擦头,直径为 16 mm。

摩擦用布采用退浆、漂白、不含任何整理剂的棉织物,剪成 50 mm×50 mm 的正方形用于圆形摩擦头,剪成 25～100 mm 的长方形用于长方形摩擦头。

四、操作步骤

(1)试样准备

① 若试样为织物或地毯,必须准备两组不小于 50 mm×200 mm 的样品,一组的长度方向平行于经纱,用于经向的干摩和湿摩;另一组的长度方向平行于纬纱,用于纬向的干摩和湿摩。

当绒样有多种颜色时,应细心选择试样的位置,应使所有颜色被摩擦到。若各种颜色的面积足够大时,必须全部取样。

② 若试样为纱线,将其编结成织物,并保证尺寸不小于 50 mm×200 mm,或将纱线平行缠绕于与试样尺寸相同的纸板上。

(2)测试步骤

① 打开电源开关,利用计数器上的拨盘,设定所需要的摩擦次数。

② 干摩擦是将试样平放在摩擦色牢度仪测试台的衬垫物上,用夹紧装置将试样固定在仪器底板上(以摩擦时试样不松动为准)。将干摩擦布固定在摩擦头上,使摩擦布的经向与摩擦头的运行方向一致。将测试台拉向一侧,按计数器上的"清零"按钮,使计数器清零后再按"启动"键,摩擦头在试样上做往复直线运动,至设定次数时自动停止。分别试验经向和纬向。

③ 湿摩擦是将摩擦布以二次蒸馏水浸透后取出,使用轧液辊挤压,或将摩擦布放在网格上均匀滴水,使摩擦布湿润,使其含水量为 95%～105%。将测试台拉向一侧,用湿摩擦布按上述方法做湿摩擦试验。摩擦试验结束后,将湿摩擦布在室温下晾干。

④ 摩擦时,如有染色纤维被带出而留在摩擦布上,必须用毛刷去除,评级仅仅考虑染料的着色。更换试样,重复上述操作。

⑤ 试验完毕,将摩擦布在室温下晾干,用灰色样卡评定摩擦布的沾色级数。

五、测试结果计算

去除摩擦布上的试样纤维,用灰色样卡评定干、湿摩擦布的沾色等级。

根据干、湿摩擦布的沾色级数(表 6-4-1)对织物的耐摩擦色牢度做出评价,对试样的经向、和纬向的干、湿摩擦的沾色级数分别做出报告。

表 6-4-1　试样干、湿摩擦的沾色牢度

检测结果		试样编号		
		1	2	...
经向	干摩(级)			
	湿摩(级)			
纬向	干摩(级)			
	湿摩(级)			

六、实训报告

记录仪器摩擦次数、往复动程、垂直压力等。

七、思考题

什么是耐摩擦色牢度？湿摩试验中试样的含水率是多少？

实训五　织物耐干洗色牢度测试

一、实训目的与要求

（1）了解各类纺织纤维的耐干洗性能。
（2）掌握测试各类纺织品耐干洗牢度的基本原理和操作方法。
（3）熟悉 GB/T 5711《纺织品　色牢度试验　耐干洗色牢度》等标准。

二、仪器、用具与试样

耐干洗色牢度试验机、评定变色（沾色）用灰色样卡、比色管（直径为 25 mm）、全氯乙烯（储存时应加入无水碳酸钠，以中和任何可能形成的盐酸）、待测织物试样、未染色的棉斜纹布（面密度为 270 g/m² ±70 g/m²，不含整理剂，剪成 120 mm×120 mm）、耐腐蚀的不锈钢片（直径为 30 mm±2 mm，厚度为 3 mm±0.5 mm，光洁无边毛，质量为 20 g±2 g）。

三、基本原理

将纺织品试样和不锈钢片一起放入棉布袋内，置于全氯乙烯内搅动，然后将试样挤压或离心脱液，在热空气中烘燥，用灰色样卡评定试样变色。试验结束，用透射光将过滤后的溶剂与空白溶剂对照，用灰色样卡评定溶剂的着色。

四、操作步骤

（1）试样准备

剪取 40 mm×100 mm 试样。将两块未染色的正方形棉斜纹布沿三边缝合，制成一个内尺寸为 100 mm×100 mm 的布袋，取一块试样和 12 片不锈钢片一起放入布袋内，缝合袋口。

（2）测试步骤

① 设定预热室和工作室水域温度均为 30℃±2℃。

② 把装有试样和钢片的布袋放入试杯内，加入 200 mL 全氯乙烯，预加热至 30℃±2℃。

③ 当耐干洗牢度试验机的工作室水域温度为 30℃±2℃时，切断电源，把试杯移入工作室内，重新通电，使机器运转 30 min。

④ 当机器发出蜂鸣声响，拿出试杯，取出试样，夹于吸水布或布之间，挤压或离心去除多余的溶剂，将试样悬挂在温度为 60℃±5℃的热空气中烘燥。

五、测试结果计算

用灰色样卡评定试样的变色。试验结束后，用滤纸过滤留在试杯中的全氯乙烯溶剂，将过滤后的溶剂和空白溶剂倒入置于白纸前的比色管中，采用透射光，用评定沾色用灰色样卡比较两者的颜色。

六、实训报告

根据试样的变色和溶剂沾色情况（表 6-5-1）对织物的耐干洗色牢度做出评定。

七、思考题

什么是耐干洗色牢度？测试时应注意什么？

表 6-5-1 试样变色和溶剂沾色程度

检测结果	试样编号		
	1	2	...
试样变色（级）			
溶剂沾色（级）			

实训六 织物耐唾液色牢度测试

耐唾液色牢度是针对婴幼儿机织服装和婴幼儿针织服装特别进行的色牢度测试项目。FZ/T 81014 对婴幼儿服装有九项强制性条文规定，除了耐干摩擦色牢度、耐水色牢度、耐汗渍色牢度、甲醛含量、pH 值、可分解芳香胺染料、异味、可萃取重金属含量外，还有一项就是耐唾液色牢度检测。

一、实训目的与要求

（1）了解测试纺织品耐唾液色牢度的基本原理及相应的仪器和设备。

（2）掌握测试的具体方法和实训要求。

（3）熟悉 GB/T 18886《纺织品 色牢度试验 耐唾液色牢度》、GB/T 5713《纺织品 色牢度试验 耐水色牢度》、GB/T 3922《纺织品耐汗渍色牢度试验方法》等标准。

二、仪器、用具与试样

汗渍色牢度检验仪（每台仪器可装 10 块试样，每块试样间用一块板隔开，能保持试样受压约 123 N)、汗渍色牢度烘箱(温度保持在 37℃±2℃)、氯化钠、氯化钾、硫酸钠、氯化铵、尿素、乳酸(除乳酸为分析纯外,其余都为化学纯)、烧杯、玻璃棒等及待测试样、多纤维标准贴衬布(由羊毛、聚丙烯腈纤维、聚酯纤维、聚酰胺纤维、棉、醋酯纤维组成)或单纤维标准贴衬布、灰色样卡。

三、基本原理

将织物试样与标准贴衬布缝合组成组合试样,在人造唾液中浸透后,放在专用试验装置内,按规定压力、温度、时间处理,然后将贴衬布与试样分别干燥,用灰色样卡评定试样的变色和贴衬布的沾色程度,得耐唾液色牢度等级;或以三级水、人造汗液代替人造唾液进行试验,则得耐水色牢度、耐汗渍色牢度等级。

四、操作步骤

(1)试样准备

取 40 mm×100 mm 试样一块,正面与一块 40 mm×100 mm 多纤维标准贴衬布相贴合,并沿一短边缝合,形成一个组合试样;或者取 40 mm×100 mm 试样一块,夹于两块 40 mm×100 mm 单纤维标准贴衬布之间,沿一短边缝合,形成一个组合试样。第一块贴衬布用试样的同类纤维制成,第二块则由表 6-6-1 中与第一块布相对应的纤维制成。如试样为混纺或交织物,则第一块用主要含量的纤维制成,第二块用次要含量的纤维制成。

表 6-6-1　单纤维贴衬布

第一块贴衬织物(白色)	第二块贴衬织物(白色)	第一块贴衬织物(白色)	第二块贴衬织物(白色)
棉	羊毛	醋酯纤维	黏胶纤维
羊毛	棉	聚酰胺纤维	羊毛或黏胶纤维
丝	棉	聚酯纤维	羊毛或棉
麻	羊毛	聚丙烯腈纤维	羊毛或棉
黏胶纤维	羊毛	—	—

(2)试液配置

人造唾液按表 6-6-2 进行配置。

表 6-6-2　人造唾液配方

项　目	数据	项　目	数据
乳酸(g/L)	3.0	硫酸钠(g/L)	0.3
尿素(g/L)	0.2	氯化铵(g/L)	0.4
氯化钠(g/L)	4.5	浴比	50∶1
氯化钾(g/L)	0.3		

(3)测试步骤

① 用烧杯配置人造唾液,按要求准备组合试样,并用天平称出组合试样的质量。

② 将组合试样放入空烧杯中,注入一定量的人造唾液,浴比(溶液的体积毫升数与组合试样的质量克数之比)为 50∶1,使其完全润湿(必要时可稍加压或拨动,使其均匀渗透),在室温下放置 30 min。

③ 取出组合试样,用两根玻璃棒夹去试样上过多的残液,或把组合试样放在试样板上,用另一块试样板刮去过多的试液,将试样夹在样品之间,使试样受压 12.5 kPa。

④ 把带有组合试样的仪器放在恒温箱中,在 37℃±2℃温度下放置 4 h。

⑤ 沿试样的短边展开组合试样,将其悬挂在温度不超过 60℃的空气中干燥。

五、测试结果计算

用灰色样卡评定试样的变色和标准贴衬布的沾色等级。

六、实训报告

根据试样的变色和白色贴衬布的沾色级数(表 6-6-3),对织物的耐唾液、耐水、耐汗渍色牢度做出评价。

表 6-6-3 试样变色和白色贴衬布的沾色等级

检测结果	试样编号			
	1	2	3	…
试样变色				
第一块白色贴衬布沾色(级)				
第二块白色贴衬布沾色(级)				

七、思考题

测试织物耐唾液色牢度的原理是什么? 测试时应注意哪些问题?

实训七 织物耐刷洗色牢度测试

测定各类纺织品尤其是涂料染色或印花产品耐刷洗的能力,模拟家庭洗涤中的刷洗条件及穿着过程中特别是湿润状态下头发对衣领的磨刷作用。

一、实训目的与要求

(1) 了解各类纺织品,尤其是涂料染色或印花产品的耐刷洗能力。

(2) 掌握测试纺织品耐刷洗色牢度的基本原理、操作方法和实训要求。

(3) 熟悉 GB/T 420《纺织品 色牢度试验方法 颜料印染纺织品耐刷洗色牢度》等标准。

二、仪器、用具与试样

刷洗色牢度仪、评定变色(沾色)用灰色样卡、标准皂片、无水碳酸钠、蒸馏水及待测织物试样。

三、基本原理

模拟家庭洗涤中的刷洗条件及穿着过程,特别是湿润状态下头发对衣领的磨刷作用,检验评价纺织品耐刷洗的能力。具体做法是将试样浸渍皂液或洗涤后,用标准的锦纶刷子往复刷洗至规定次数,然后将试样洗净、干燥,用灰色样卡评定试样的变色。

四、操作步骤

(1)试样准备

剪取 250 mm×80 mm 织物一块,长的方向为经向。试验印花织物时,如试样的受试面积不能包括全部颜色,需取多个试样分别试验。

(2)试液配制

用蒸馏水配置每升含 5 g 标准中性皂片和 2 g 无水碳酸钠的皂液,或用蒸馏水配制每升含 4 g 标准洗涤剂和 1 g 无水碳酸钠的洗涤液。

(3)测试步骤

取配制好的皂液或洗涤液约 250 mL(浴比小于 50:1)置于 500 mL 烧杯中,升温至 60℃ ±2℃,然后将试样投入,使之充分润湿。浸渍 1 min 后,将试样取出,用玻璃棒挤去试样上的多余溶液,平铺于刷洗色牢度仪的平板上,两端用夹持器固定(以刷洗时试样不松动为准)。

将锦纶刷子置于试样上,转动手柄或启动开关,刷子在试样上于 10 cm 范围内往复直线刷洗 25 次、50 次或 100 次,每往复刷洗一次为 1 s,刷洗头向下的压力为 9 N,每刷洗 25 次后,在试样上添加约 10 mL 溶液,使其润湿。刷洗完毕后,取下试样,在 40℃ 左右的蒸馏水中充分洗净,将洗净后的试样悬挂在不超过 60℃ 的空气中干燥。

进行下一次实验前,须清洁锦纶刷子。

五、测试结果计算

用灰色样卡评定试样的变色。

六、实训报告

根据刷洗后试样的变色级数对其耐刷洗色牢度做出评价。

表 6-7-1　试样刷洗后的变色级数

检测结果	刷洗次数(次)		
	25	50	100
试样变色(级)			

七、思考题

什么是耐刷洗色牢度?测试时有哪些注意事项?

实训八　织物日晒气候色牢度测试

纺织品基本上是在有光照的情况下使用的,光照会使染料分子结构产生变化,其表现是颜色变化。光照会使纺织品颜色产生变化,但不会沾染其他纺织品,故日晒色牢度只有变色而无沾色。在耐光色牢度试验时,使用的滤光玻璃片在 380~750 nm 波长范围内至少有 90% 的透射率,在 310～320 nm 波长范围内其透射率应下降并接近 0。

一、实训目的与要求

(1)了解各类纺织品的防日晒能力。

(2)掌握测试纺织品日晒色牢度的基本原理、具体操作方法。

(3)熟悉 GB/T 8427《纺织品 色牢度试验 耐人造光色牢度:氙弧》、GB/T 8429《纺织品 色牢度试验 耐气候色牢度:室外暴晒》、GB/T 16991《纺织品 色牢度试验 高温耐人造光色牢度及抗老化性能 氙弧》等标准。

二、仪器、用具与试样

YG611E 型日晒气候色牢度测试仪(图 6-8-1)及样品少许。

三、基本原理

采用精密的温度、湿度和辐照度控制仪器,模拟并强化大自然的光照、温度、湿度、淋雨等环境对纺织材料的影响。将试样和蓝色羊毛布一起在规定的条件下暴晒,然后将试样和蓝色标准样进行变色对比,评定色级,以此测定纺织品的耐光(人造光)色牢度。

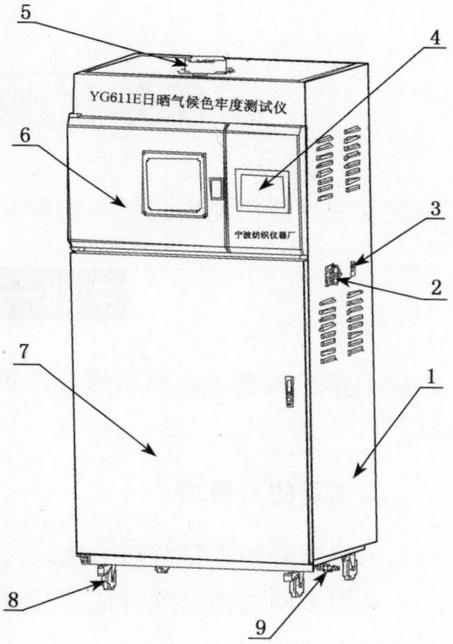

四、操作步骤

(1)样品准备

沿经向剪样,所有颜色剪全,向左剪斜角,以区分正反面,正面朝上订在白纸板上,纸板两头空出约 1 cm 不订样,沿白纸板边缘剪齐样品。每批测试需订一块 L4 蓝色羊毛布。

(2)放样

将样品板放入用黑纸条遮住一半的试样夹中,放入测试仪,需放满 20 块样品板(样品不足,用白纸板补足)。试样暴晒宽度有 29 mm 和 19 mm 两种,试样暴晒面积为 100 mm×45 mm。

(3)开机

图 6-8-1 YG611E 型日晒气候色牢度测试仪

1—机箱 2—电源开关 3—漏电开关
4—触摸屏 5—顶通风管 6—试验仓门
7—主门 8—车脚轮 9—放水阀门

首先打开水泵开关,然后打开测试仪电源开关,开机显示界面。按开机显示界面的任何位置,就切换到运行监控显示界面。按"设置"键,显示界面切换到参数设置显示界面,可以对运行时间、辐照度、温度、湿度、淋雨时间、淋雨间隔、系统日期和系统时间等参数进行设置,按需要设置参数的位置,显示小键盘,按小键盘中的相应值进行设置,按"ENT"确认,按"ESC"取消,按"CLR"清零。按"清零",运行时间实际值清零;按"返回",运行时间实际值不清零而返回。

注意:每次开始新试验时,要把实际运行时间清零。

按"校正",在显示界面输入密码,按"确认",密码正确,可以对辐照度、温度和湿度正负偏差进行修正。

按"清零",氙灯累计运行时间清零;按"返回",氙灯累计运行时间不清零而返回。点击屏幕上的"RUN",机器运转,等自动停机且自动冷却后,可打开仪器门,取出样品,避光保存,在评级室内进行评级。

五、测试结果计算

将试样和蓝色标准样进行变色对比,评定色级。

六、思考题

简述试验过程和试验过程中应注意的事项。

任务七　织物安全性能检测

织物安全性能检测则包括织物游离甲醛、织物 pH 值和织物重金属含量等检测。

实训一　织物游离甲醛测试

织物中存在较多的游离甲醛会严重损害人体健康,所以,游离甲醛的含量是织物的一个重要指标。

一、实训目的与要求

(1) 了解甲醛的定量分析方法。
(2) 采用不同的预处理方法,测定结果完全不同,了解预处理对测试结果的影响。

二、仪器、用具与试样

容量瓶、移液管、量筒、带盖三角烧瓶、分光光度计等及试样。

三、基本原理

用于纤维素纤维织物的防缩、防皱整理的交联剂是甲醛的主要来源。由于含有甲醛的纺织品在人们穿着和使用过程中会逐渐放出游离甲醛,通过人体呼吸道及皮肤接触,对人体产生强烈的刺激,引发各种疾病,甚至诱发癌症。

甲醛的化学性质十分活泼,因此适用于甲醛的定量分析方法很多,如滴定法、质量法、比色法和色谱法。其中,滴定法和质量法适用于高浓度甲醛的定量分析,而比色法和色谱法适用于微量甲醛的定量分析。

纺织品甲醛含量的检测是为了更好地控制纺织品甲醛含量。织物中的甲醛包括甲醛、水解甲醛、游离甲醛,三者总和称为总甲醛。释放甲醛是指在一定温湿度下的水解甲醛和游离甲醛的混合。纺织品中的甲醛定量分析常采用比色法,即将萃取液与乙酰丙酮反应,生成黄色反应物,其溶于水中的颜色深浅与甲醛含量成正比。因此,在一定浓度范围内,可在 412 nm 波长处用分光光度计测定吸光度,再从标准曲线上求得甲醛含量。

根据前处理方法的不同,可分为液相萃取法和气相萃取法。液相萃取法测得的是样品中游离的和水解后产生的游离甲醛的总量,用于考察纺织品在穿着和使用过程中因出汗或淋湿等因素造成的游离甲醛逸出对人体的危害。而气相萃取法测得的是样品在一定温湿度条件下释放出的游离甲醛含量,用于考察纺织品在储存、运输、陈列和压烫过程中所释放的甲醛量,以评估其对环境和人体可能造成的危害。采用不同的预处理方法,测定结果完全不同,液相法的结果高于气相法。

四、操作步骤

(1) 实验准备

① 甲醛标准溶液的配制和标定:用水稀释 3.8 mL 甲醛溶液至 1 L,配制成 1 500 $\mu g/mL$ 的甲醛原液。用标准方法测甲醛原液浓度,记录该标准原液的精确浓度。该原液可储存四个星期,用于制备标准稀释液。根据需要配制至少五种浓度的甲醛校正液,用于绘制工作曲线。

② 试样的准备:样品不需要调湿,因为与湿度有关的干度和湿度可影响样品中甲醛的含量,在测试以前,把样片储存在一个容器中。取剪碎后的试样 1 g,放入 250 mL 带塞子的三角烧瓶中,加水 100 mL,放入温度为 40℃±2℃ 的水浴中,时间为 60 min±5 min,每 5 min 摇瓶一次,用过滤器过滤至另一烧瓶中。如果甲醛含量太低,增加试样量至 2.5 g,以确保测试的准确性。

(2) 测试步骤

① 显色:用单标移液管分别吸取 5 mL 过滤后的样品溶液,放入不同的试管中,分别加入 5 mL 的乙酰丙酮溶液并摇动,然后把试管放在 40℃±2℃ 水浴中显色 30 min±5 min。

② 测定吸光度:取出试管,常温下放置 30 min±5 min,用 5 mL 蒸馏水加等体积的乙酰丙酮做空白对照,用分光光度计在 412 nm 波长处测定吸光度,共做三个平行实验。

③ 双甲酮确认实验:取 5 mL 样品溶液于一试管中,加 1 mL 双甲酮乙醇溶液并摇动,把溶液放入 40℃±2℃ 水浴中 10 min±1 min。加 5 mL 乙酰丙酮试剂摇动,继续放入 40℃±2℃ 水浴中 30 min±5 min。取出试管,于室温下放置 30 min±5 min,测量用相同方法制成的对照溶液的吸光度,对照溶液用水而不是使用样品溶液,来自甲醛在 412 nm 处的吸光度将消失。

五、测试结果计算

用校正后的吸光度数值,从甲醛标准溶液工作曲线上查得对应的样品溶液的甲醛含量,用 "$\mu g/mL$" 表示,再用下式换算成从织物样品中萃取的甲醛含量(mg/kg):

$$F = 100c/m \tag{7-1-1}$$

式中:F 为从织物样品中萃取的甲醛含量(mg/kg);c 为从工作曲线上读取的萃取液中的甲醛浓度(mg/L);m 为试样的质量(g)。

六、实训报告

记录:试样名称、仪器型号、仪器工作参数、环境温湿度、原始数据。

七、思考题

（1）简述实验过程。

（2）实验过程中应注意什么？

实训二 织物 pH 值测试

在纺织品的染整过程中，会有一系列的酸、碱处理，如棉织物的丝光实际上是浓碱处理、漂白是带有弱酸性的处理，所以织物有一定的酸碱度，这便需要用相应的测试手段，将织物的酸碱度用具体的数值表示。纺织品的 pH 值测试正是基于这一需求而产生的。

一、实训目的与要求

掌握织物 pH 值的检验方法。

二、仪器、用具与试样

具塞三角烧瓶、机械振荡器、pH 计、天平、烧杯、量筒等、三级水或去离子水（在 20℃±2℃时，pH 值为 5~6.5，最大电导率为 $2×10^{-6}$ s/cm，使用前需沸煮 5 min，以去除二氧化碳，然后密闭冷却）、缓冲溶液（一般选用 0.05 mol/L的邻苯二甲酸氢钾溶液或 0.05 mol/L 的四硼酸钠溶液）及试样若干。

三、测试原理

pH 值的测定原理是将指示电极通过被测溶液、参比电极、检测器组成的电池，参比电极提供一个稳定的参比电位，利用指示电极上敏感玻璃薄膜两边的电位差对被测溶液中氢离子浓度的影响来计算溶液的 pH 值。

四、操作步骤

（1）实验准备

将试样剪成 5 mm×5 mm 大小，为避免沾污试样，操作时不要用手直接接触试样。

（2）实验程序

水萃取液的制备：称取质量为 2 g±0.05 g 的试样三份，分别放入三角烧瓶中，加入 100 mL 三级水或去离子水，摇动烧瓶使试样充分湿润，然后在振荡机上振荡 1 h。

水萃取液 pH 值的测定：

① 在室温下用标准缓冲溶液对 pH 计的电极进行标定。

② 用三级水或去离子水冲洗电极，直至所显示的 pH 值稳定为止。

用浸没式电极系统，将第一份萃取液倒入烧杯中，立即将电极浸入液面下至少 1 cm，用一玻璃棒搅动萃取液，直至 pH 值最终达到稳定值；将第二份萃取液倒入烧杯中，不用冲洗电极，直接将其浸入液面下至少 1 cm 并静置，直至 pH 值达到稳定值，记录此值，精确至 0.1。

按照以上步骤测定第三份萃取液。

五、思考题

简述实验过程。

实训三　织物重金属含量测试

某些重金属是维持生命不可缺少的物质,但浓度过高对人体非常有害,对儿童的危害尤其严重,因为儿童对重金属的消化吸收能力远远高于成人。

1991—1992 年,国际纺织品生态环境研究与测定协会正式发布了 Oeko-Tex 标准 100,该标准规定了纺织品重金属检测项目及限定值,具体内容见表 7-3-1。

表 7-3-1　纺织品重金属的检测项目及限定值

可萃取重金属(mg/kg)	锑(Sb)	砷(As)	铅(Pb)	镉(Cd)	铬(Cr)	六价铬(CrVI)	钴(Co)	铜(Cu)	镍(Ni)	汞(Hg)
1	30.0	0.2	0.2	0.1	1.0	低于检出限	1.0	25.0	1.0	0.02
2,3,4	30.0	30.0	1.0	1.0	0.1		4.0	50.0	4.0	0.02

注:1—婴幼儿用;2—直接与皮肤接触;3—不直接与皮肤接触;4—装饰材料。

按照 2000 年版 Oeko-Tex 标准 200 的规定,纺织制品上的重金属统一为可萃取重金属,即模仿人体皮肤表面环境,以人工酸性汗液对样品进行萃取所采集的重金属。对萃取下来的重金属可用原子吸收分光光度法(AAS)、电感耦合等离子发射光谱或分光光度比色法进行定量分析。

一、实训目的与要求

(1) 了解 GB/T 17593.1《纺织品　重金属的测定　第 1 部分:原子吸收分光光度法》、GB/T 17593.2《纺织品　重金属的测定　第 2 部分:电感耦合等离子体原子发射光谱法》、GB/T 17593.3《纺织品　重金属的测定　第 3 部分:六价铬分光光度法》及 GB/T 17593.4《纺织品　重金属的测定　第 4 部分:砷、汞原子荧光分光光度法》等标准。

(2) 熟悉纺织品中重金属含量的检验方法。

二、仪器、用具与试样

石墨炉原子吸收分光光度计(附有铬、铜、钴、镍、铅、及锑的空心阴极灯)、火焰原子吸收分光光度计(附有铜锑和锌的空心阴极灯)、有塞三角烧瓶(150 mL)及恒温水浴振荡器(温度为 37℃±2℃,频振荡率为 60 次/min)。

(1) 试剂与药品

① 人工酸性汗液:由 5 g/L 氯化钠、2.2 g/L 磷酸二氢钠二水合物及 0.5/L L-组氨酸盐酸盐水合物组成,并用 0.1 mol/L NaOH 溶液调 pH 值为 5.5,现配现用。

② 单元素标准储备溶液(100 μg/mL):称取 0.203 g 氯化铬、2.630 g 无水硫酸钴、0.283 g 重铬酸钾、0.393 g 硫酸铜、0.448 g 硫酸镍、0.160 g 硝酸铅、0.344 g 硫酸锌、0.274 g

酒石酸锑钾,分别溶于水中,然后分别转移到 1 000 mL 容量瓶中,定容至刻度。不易溶解的可加热,但是需要冷却后再转移容量瓶中。

标准储备溶液的保存期在室温(15～25℃)下为 6 个月,当有浑浊、沉淀或者颜色变化等现象出现时应重新配置。

③ 标准工作溶液配制(10 μg/mL):根据需要,分别移取适量镉、铬、铜、镍、铅及锑、锌、钴标准储备溶液中的一种或者几种于加有 5 mL 浓硝酸的 100 mL 容量瓶中,用水稀释至刻度后摇匀,配成浓度为 10 μg/mL 的单标或混标标准工作溶液。标准工作溶液的使用有效期为一周,当有浑浊、沉淀或颜色发生变化等现象出现时应重新配置。试剂纯度为优级纯,水采用GB/T 6682 规定的二级水。

(2) 试样准备

取代表性试样,剪成 5 mm×5 mm 以下并混匀,称取 4 g(精确至 0.01 g)试样两份(供平行试验用),放入 150 mL 有塞三角烧瓶中,加入酸性汗液 80 mL,使试样充分湿润,在 37℃±2℃水浴中不断地摇动 1 h,静置冷却至室温,过滤后作为分析用样液。

三、基本原理

将试样分别用模拟酸性汗液、碱性汗液及唾液进行萃取,采用石墨炉原子吸收分光光度计或火焰原子吸收分光光度计,分别用相应的空心阴极灯作光源,在萃取液相应的光谱波长处测量其吸光度。扣去空白,对照标准工作曲线确定各重金属离子的含量,计算出试样中各重金属离子的含量。

四、操作步骤

① 工作曲线的绘制:将标准工作溶液用水逐级稀释成适当浓度的系列工作液,在石墨炉原子吸收分光光度计上,以各金属的吸收波长(镉 228.8 nm、镍 232.0 nm、钴 240.7 nm、铅283.3 nm、铜 324.7 nm、铬 357.9 nm、锑 217.6 nm、锌 213.9 nm),按照浓度由低到高的顺序,测量各金属在系列浓度工作液中的吸光度,以各元素的浓度(μg/mL)为横坐标,以吸光度为纵坐标,绘制各重金属的工作曲线。

② 测定待测定金属元素的浓度,在石墨炉原子吸收分光光度计上,分别取各金属的相应吸收光波长,依次测量空白溶液和样液中待测元素的吸光度,从工作曲线上查出各待测金属元素的浓度。

③ 为获得良好的检出限和精密度,建议用石墨炉原子吸收分光光度计测定镉、钴、铬、铜、铅、锑时,使用基体改进剂。

五、测试结果计算

试样中可萃取重金属的含量可按下式计算

$$X_i = [(C_i - C_{io}) \times V \times F]/m \tag{7-3-1}$$

式中:X_i 为试样中可萃取重金属元素 i 的含量(μg/kg);C_i 为标液中被测元素 i 的浓度(μg/mL);C_{io} 为空白溶液中被测元素 i 的浓度(μg/mL);V 为样液的总体积(mL);m 为试样的质量(g);F 为稀释因子。

取两次测定结果的平均值作为试验结果,计算结果保留小数点后两位。

石墨炉参数与基体改进剂的具体内容见表 7-3-2,基体改进剂的百分比浓度可按下式计算:

$$基体改进剂的百分比浓度=[改进剂量(mg)/注入体积(\mu L)]\times 100\% \qquad (7-3-2)$$

表 7-3-2　横向加热石墨炉温度条件及推荐的基体改进剂

金属元素	最高灰化温度(℃)	最高原子化温度(℃)	线性范围(μg/mL)	推荐的改进剂
镉(Cd)	700	1 400	0.2~5	0.05 mg $NH_4H_2PO_4$ + 0.003 mg $Mg(NO_3)_2$
钴(Co)	1 400	2 400	2~50	0.015 mg $Mg(NO_3)_2$
铬(Cr)	1 500	2 300	1~30	0.015 mg $Mg(NO_3)_2$
铜(Cu)	1 200	1 900	2~50	0.005 mg Pd+0.03 mg $Mg(NO_3)_2$
镍(Ni)	1 100	2 300	2~100	—
铅(Pb)	850	1 500	5~100	0.05 mg $NH_4H_2PO_4$ + 0.003 mg $Mg(NO_3)_2$ 0.005 mg Pd + 0.003 mg $Mg(NO_3)_2$
锑(Sb)	1 300	1 900	5~200	0.005 mg Pd+0.00. mg $Mg(NO_3)_2$

注:本表是参考横向加热石墨炉温度条件的推荐,其他型号的仪器可参照使用,一般样品进样量为 10 μL,其中再进 5 μL 改进剂。

六、实训报告

记录试验过程中配制药品的步骤和顺序。

七、思考题

简述配置药品时的注意事项。

实训四　织物异常气味的检测

目前,国际上对挥发性物质的检测仅限于婴儿用品和装饰材料中的地毯、床毯以及泡沫材料复合产品。由于这些产品所带有的气味在很长一段时间后才会消失,期间会对人体造成不适甚至伤害。因此,各生态纺织品标签发放组织对其都有限制。

一、实训目的与要求

(1)了解检测织物异常气味的方法。

(2)了解 Oeko-Tex 标准 200(生态纺织品标准 200)和 GB/T 1885《生态纺织品技术要求》的附录 F。

二、测试原理

采用嗅辨法感官测定,即将纺织品试样置于规定系统中形成气味,然后利用人的嗅觉感官进行判定。

三、实训方法与程序

目前,国际上通用的异常气味检测方法为主观评价法,即感官检测。感官检测是仪器分析的有益补充,测试方法有德国的专业标准 SNV 195651 与 Oeko-Tex 标准 200 中规定的检测方法。其中,Oeko-Tex 标准 200 将气味的检测按产品类型分为铺地制品和除铺地制品以外的产品。

1. 铺地制品的检测

将样品置于一封闭系统内,控制系统的温度和湿度,检测封闭系统中形成的气味的浓烈程度,并分别记录在运送中的时间、温度和湿度以及储存的时间、温度和湿度。评价采用主观感官评价法,至少由 6 人分别对气味的强度进行独立判断。对强度的评价采用等级制,分为 5 个等级,1 级为无气味,2 级为轻微的气味,3 级为可忍受的气味,4 级为令人讨厌的气味,5 级为无法忍受的气味。其中判定为中等级(如 2 级、3 级)是可以接受的。

2. 除铺地制品以外的纺织产品的检测

试验应在其他检验开始之前,一接到样品立即进行,但是如果有需要,可在具有比较高的温度的密闭系统中存放一定时间后再进行检测。如检测样品中有如下气味,应该按照 Oeko-Tex 标准 100 的要求,不必进行其他项目的检测:

① 发霉气味;

② 石油的高沸组分气味(印花色浆的煤气味);

③ 鱼腥味(抗皱整理剂中的脂肪胺);

④ 芳香族碳氢化合物气味。

此外,为消除或者掩盖纺织材料在生产中所带入的气味(如油剂、油脂及染料)而使用的有气味物质的气味,在可感觉气味的检测中,不必被检测出。

五、实训报告

记录样品在形成气味过程中的时间、温度和湿度。

六、思考题

除了嗅辨法,还有其他测试方法吗?

任务八　织物其他性能检测

织物其他性能检测包括织物毛细效应检验、织物表面摩擦性检验和织物缩水性能检验。

实训一　织物毛细效应测试

纺织品内部的纱线间或纤维间有细小空隙,或纤维表面本身有沟槽、孔洞,这些都形成毛细管。人体穿着纺织品,在运动后或夏季发生有感出汗时,液态的汗接触纺织品,由于液体表面张力作用,汗液会沿着纺织品中的毛细管向外渗透并且散发,这种现象称为毛细效应(或芯吸效应)。毛细效应的好坏与纤维材料的表面状态有很大关系,并直接影响人体穿着的舒适性能。

一、实训目的与要求

(1) 了解毛细效应的基本概念和基本原理。
(2) 掌握毛细效应的检验方法。

二、仪器、用具与试样

YG(B)871 型毛细管效应测定仪及 30 cm×2.5 cm 的试样(经向、纬向各 5 条)。

三、基本原理

垂直放置的纺织品,一端浸在液体中,由于液体表面张力的作用,在规定时间内,液体沿纺织品的缝隙上升或渗入,用量具测量液体上升的高度。

四、操作步骤

① 试验槽中加蒸馏水,至标尺零位(标尺下降至最低处)。
② 调节温控器至 27℃±2℃、时间控制器至 30 min。
③ 试样下端悬挂 3 g 张力夹,张力夹上平面与标尺零位对齐,按经纬顺序悬挂在横梁上。
④ 旋动横梁控制旋钮,使其下降至最低点,试样下端浸入液体中,计时器开始计时。
⑤ 时间到,蜂鸣器响后转动旋钮,使横梁恢复到最高位,逐根测量毛细高度并记录。

五、测试结果计算

求出经、纬向的毛细高度平均值。

六、实训报告

记录经、纬向毛细高度。

七、思考题

在实验过程中应该注意哪些问题?

实训二　织物表面摩擦性检验

从力学角度对织物的表面粗糙度进行分析,利用旋转法测试系统对机织物表面摩擦性能进行测试,采用球面摩擦头,利用旋转法测试织物的表面摩擦性能,可以从织物的粗糙度等方面反映织物的表面摩擦性能。

一、实训目的与要求

(1) 利用织物风格仪测定织物摩擦性能。

(2) 根据测定结果评定织物手感的滑、糙、爽程度。

二、仪器、用具与试样

YG821 型织物风格仪、摩擦性测试仪(图 8-2-1)、钢尺、剪子和镊子及织物若干。

三、操作步骤

(1) 试验前准备

① 调节织物风格仪主机的水平螺丝,使仪器呈水平状态。

② 移动调速手柄,使手柄上的标记线指在"摩擦"档上,使横梁的升降速度为 48 mm/min,然后将其稍拧紧。

③ 将摩擦试验用的滑轮架插于工作台上,然后在其两侧用小螺母固定,将方形磨头上的牵引线与其另一端的小针,绕过滑轮,把线嵌进滑轮槽内而垂直向上,并将其插入压板工作面中心的小孔内,再用立轴下部的小栓头螺钉拧紧固定。

④ 按织物类型调整试验压力,一般织物为

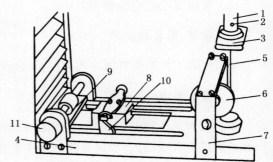

图 8-2-1　摩擦性测试示意图

1—立轴　2—螺钉　3—压板　4—工作台
5—小针　6—滑轮　7—滑轮架　8—方形磨头
9—镊钳　10—托盘挂钩　11—手柄

153 cN,低弹和丝绸织物为 110 cN,针织物为 74 cN,具体方法是打开工作台前面的箱盖,在磨头的挂盘上装卸片状砝码,以调节其质量。

⑤ 将位移显示器上的初态复零开关拨向"复零"端。

⑥ 借助拉手将图形记录仪机体拉出,再按住两侧塑料突头,并使记录仪卷纸机构向外旋转 90°,从缺口中取出,装上记录纸后放入记录仪内。

⑦ 将负荷超载保护预设在负荷传感器最大容量的 90% 和 95%,为此将"负荷控制"拨在 190、190、180、180 状态,磨头位移设定在摩擦动程为 40 mm 的两个控制点(0、40 mm)上,因而"位移预置"拨盘拨在 000、500、500、400,这时拨盘第二、三档不起作用,左起第一、四档表示压板位移至 40 mm 后返回原位(零位)。

⑧ 先后接通总电源和力显示器、位移显示器、记录仪、打印机电源,并预热 30 min。

⑨ 将力显示器"摩擦"按钮开关接通。同时,根据试验负荷大小,将记录仪量程选择开关接通于"200 g"档或"10 g"档,使图形大小适当。

⑩ 按住力显示器上的短路开关,同时用小螺丝刀调节该显示器"调零"电位器,使张力显示数为"000.0 g",然后释放短路开关。释放后,若显示数不为"000.0 g",再调节力显示器下的"摩擦调零"旋钮,使显示数为"000.0 g"。

⑪ 同步骤⑥,将图形记录仪机体取出,打开中间的长方形小铁壳,用螺丝刀轻缓调节中间的电位器,使记录笔尖调整到图纸零点。再捏紧定位指针叉,使定位指针右移到适当位置(一

般为满量程的 5%)。

⑫ 将标准砝码放在力传感器称盘的中央,检查力显示器上的显示数是否在允许误差范围内(表 2-8-1)。

表 8-2-1　力显示器的显示数与负荷关系

负荷(g)	显示数	允许范围	负荷(g)	显示数	允许范围
199.8	199.8	±0.5	10.0	10.0	±0.5
100.0	100.0	±0.5	1.0	1.0	±0.5
50.0	50.0	±0.5	0.1	0.1	±0.5

若误差超过允许范围,可调节"调满"旋钮,使显示数在允许误差范围内。但在正常情况下,选择其中 1~2 档(如 100 g)检查即可。

⑬ 对图形记录量值进行检验,允许误差不大于标尺满量程的 1%。随即接通"记录"开关,并将记录仪变速杆拨于纸速"4 mm/s"档,再按下记录笔拨条。

⑭ 按"向下"开关,使压板下降到磨头碰到试样夹钳口时,力显示器刚好不显示力,并略有余量。随即按"停止"开关,并将位移显示器"复零",使显示器数为"000.0 g",作为摩擦试验起点位置。

2. 正式试验

① 取一块 30 mm×110 mm 试样,剪成长短不同的两块(30 mm×82 mm, 30 mm×28 mm)。其中长的一块置于工作台上的夹钳内,使试样伸出钳口 65~70 mm,再以逆时针方向拧转手柄,紧固试样(织物正面向上);短的一块正面向下覆在其上。再将一块面积为25 mm×25 mm 的磨头压在试样上。放布条、小布块和磨头时,均需注意相互平行或垂直。

② 放好试样后,检查位移显示器是否为零态,若不为零,可按"复零"开关。对于因牵引线过紧形成的非零态,若在 1~2 个字内,允许调节张力显示器下的"调零"旋钮,否则需重新调整磨头位置。

③ 按"向上"按钮,传感器通过牵引线和滑轮,逐渐拖动磨头向右移动。此时,摩擦力逐渐增加,反映在图形记录仪上,红色指针向右移动,待红色指针移动至超过蓝色打印指令针时,打印机就将试验过程中的摩擦力变化以数字形式记下,待磨头位移距离达 40 mm 时,位移显示数与位移预置拨盘数字符合,同步电动机反转,力传感器所受负荷迅速减小,记录仪上红色指针迅速回零,打印机自动停止工作。与此同时,压板返回到位移显示数为"000.0 mm"时电动机自停,压板停于原位,一次试验完毕。

④ 为了进行下次试验,在卸去试样时,先将磨头右移,放在一块靠近滑轮的小方形的丝绒上,使磨头脱离试样,以方便操作。

四、测试结果计算

(1)动摩擦系数

$$\mu_{\mathrm{k}} = \frac{\sum f_i}{n \times N} \qquad\qquad (8\text{-}2\text{-}1)$$

式中：μ_k 为动摩擦系数；f_i 为动摩擦力（cN）；n 为摩擦次数；N 为摩擦头质量（g）。

（2）静摩擦系数

$$\mu_s = \frac{f_{max}}{N} \qquad (8-2-2)$$

式中：μ_s 为静摩擦系数；f_{max} 为最大静摩擦力（cN）。

（3）动摩擦系数变异系数

$$CV_\mu = \sqrt{\frac{\sum f_i^2 - \left[\dfrac{\sum f_i^2}{n}\right]}{(n-1)(\bar{f})^2}} \times 100\% \qquad (8-2-3)$$

式中：CV_μ 为动摩擦系数变异系数；$\bar{f}$ 为平均动摩擦力（cN）。

五、实训报告

记录：试样名称与规格、仪器型号、仪器工作参数、原始数据。
计算：试样各向的平均静摩擦系数、平均动摩擦系数、动摩擦变异系数。

六、思考题

动、静摩擦系数对织物手感有何影响？

实训三 织物缩水性能测试

一、实训目的与要求

（1）测试织物缩水处理前后的尺寸变化，求得织物缩水率。

（2）根据所测试的织物缩水率，计算一件或成批服装需要的服装面料的尺寸。

（3）掌握织物缩水率的测试方法，并了解织物产生收缩的原因。

图 8-3-1　SYG701N 全自动织物缩水率实验机

二、仪器、用具与试样

SYG701N 全自动织物缩水率实验机（图 8-3-1）、尺子、缝线、铅笔、烘箱等及各种面料若干。

三、基本原理

缩水是纺织品在一定状态下经过洗涤、脱水、干燥等过程长度或宽度发生变化的一种现象。测定织物缩水处理前后的尺寸变化，求得织物缩水率。

四、操作步骤

1. 试样准备

机织物取样尺寸:经向 550 mm、纬向全幅,每批取三块试样。

机织物试样标记如图 8-3-2 所示,标记后精确测量两个标记号之间的经、纬向距离(精确至 0.1 cm)。

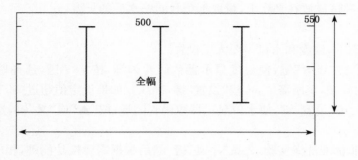

图 8-3-2 机织物测量标记

针织物取样尺寸:700 mm×1/2 幅宽,每个品种不得少于两块。

针织物试样标记如图 8-3-3 所示,测量纵横标记号之间的距离(精确至 0.1 cm)。

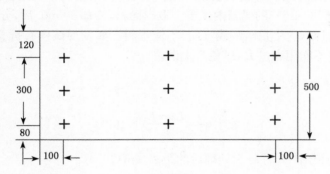

（a）宽幅

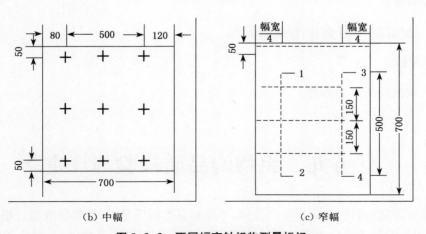

（b）中幅　　　　　　　　　　（c）窄幅

图 8-3-3 不同幅宽针织物测量标记

2. 程序洗涤

① 按照试样的质量,加入 45℃±2℃的清水直至规定标记,放入试样,加盖保温,按电钮开关,使搅拌轮转动,搅拌到规定的时间后(棉和合成纤维织物为 30 min,弹力锦纶织物为 60 min),关掉电钮开关并放水。

② 将试样带水用手托出浸入冷水中冷却,再将该试样放入脱水机内,脱水 3~5 min,将试样沿布边平幅悬挂于室内晾干,同时用手轻轻拍平,稍除皱纹。

③ 将晾干后的试样放在平台上,量取标记号间缩水后的长度。

3. 手动洗涤

在"手动"状态下,温度和水位需要人工设置。

① 温度设置:按"设置"键,使温度显示器数码管闪烁,按"◁▷"键,选择修改位,按"▲"或"▼"键,闪烁位加或减,至所需值,再按"设置"键,确认。如果设定值超过"99",将被拒绝设定。

② 水位设置:按"设置"键,使水位显示器数码管闪烁,按"▲"或"▼"键,选择"10"或"13",再按"设置"确认。

如需要进行非标准洗涤实验,先按"手动"键,然后根据需要按功能键,相应的指示灯亮,仪器即进入该程序。每个功能运转的时间,由"洗涤时间"显示器显示,以"min"为单位,如需要停止运转,再按同名功能键。如需退出非标准洗涤实验,按"复位"键。

及时取出面料,将取出的面料放入水池中轻轻整理平整,沿经向叠成四折,用手轻轻压去水分(不得拧绞),将面料展开,平摊在金属网上,在无张力的情况下,保持经纬向垂直,然后把金属网移入温度为 60℃±5℃的烘箱内烘干。取出面料,冷却 30 min 后,分别测量缩水后的经纬向之间距离。测量时,应尽量沿纱线方向,不能歪斜。如发现试样有折叠痕迹,可用手沿量取方向轻轻摸平,但不能用力过大,以免产生误差。

五、测试结果计算

$$缩水率 = \frac{L_0 - L_1}{L_0} \times 100\% \tag{8-3-1}$$

式中:L_0 为处理前的距离(cm);L_1 为处理后的距离(cm)。

六、实训报告

记录:试验日期、试样名称、织物缩水率。

七、思考题

讨论影响试验结果的因素。

任务九　织物的品质检验与评定

织物品质评定的目的是促进生产发展,不断提高产品质量,增加经济效益。根据规定的品质指标,对织物的品质进行检验,评定品质等级。对织物的品质进行评定,对企业的生产技术与经营管理起监督作用。织物的品质评定也是为用户提供优质服务、创名牌产品不可缺少的工作。

织物的品种繁多、用途甚广,不同用途的织物对其性能有不同的要求。评定织物品质的方法是依照规定的织物品质要求或合约要求、检验方法,对织物进行检验,按检验的结果比较技术标准,定出织物的等级。检验的内容包括内在质量和外观质量两个方面。内在质量是指织物组织、幅宽、经纬向密度、经纬向缩水率、单位面积质量、染色牢度等。有些织物的内在质量还包括撕破强力、耐磨次数、织物中纱线的滑移阻力等。外观疵点是指布面上肉眼能观察到的疵点,如棉织物上的棉结、杂质、错经、错纬、烂边、跳花、轧梭、油纱、折痕、破洞、荷叶边等等。外观疵点的存在不仅影响织物的外观,也影响织物的耐用性。

织物的检验方法通常有仪器检验和感官检验,毛织物的手感、光泽通常采用感官检验。特殊情况下可采用穿着试验。

实训一　棉本色布的品质检验

一、实训目的与要求

(1)掌握棉本色布的分等依据,学习棉本色布的分等方法。

(2)熟悉 GB/T 406《棉本色布》、GB/T 3923.1《纺织品　织物拉伸性能　第 1 部分:断裂强力和断裂伸长的测定　条样法》、GB/T 4666《机织物长度的测定》、GB/T 4667《机织物幅宽的测定》、GB/T 4668《机织物密度的测定》、FZ/T 10004《棉及化纤纯纺、混纺本色布检验规则》、FZ/T 10006《棉及化纤纯纺、混纺本色布棉结杂质疵点格率检验》等标准。

二、仪器、用具与试样

织物密度分析镜、织物强力机、天平、烘箱、棉结杂质检验玻璃板、砝码、米尺、剪刀、挑针、电炉、烧杯(容量 1 000 mL)、圆形玻璃片、玻璃棒、量筒(容量2.5～10 mL)、干燥缸、铝盒、化学试剂、稀碘液、pH 混合指示剂)及棉本色布一块。

三、棉本色布的质量检验项目及分等规定

棉本色布的品种大类可以分为平布、府绸、斜纹、哔叽、华达呢、卡其、直贡、横贡、麻纱和绒布坯等。棉本色布的组织规格可以根据产品的不同用途或用户要求进行设计。

棉本色布的质量检验项目包括织物组织、幅宽、密度、断裂强力、棉结杂质疵点格率、棉结疵点格率和布面疵点共七项。根据国家标准对棉本色布质量的技术要求,其分等规定如下:

(1)棉本色布目前使用 GB/T 406,按织物组织、幅宽、密度、断裂强力、棉结杂质疵点格率、棉结疵点格率、布面疵点七项,以匹为单位评等,分为优等、一等、二等,低于二等为等外品。织物组织、幅宽、布面疵点逐匹检验,其余项按批检验,以其中最低一项品等作为该匹品等。

(2)国家标准对棉本色布分等的技术要求列于表 9-1-1、表 9-1-2 和表 9-1-3 中。

(3)布面疵点评分参见表 9-1-4,国家标准对棉本色布的布面疵点评等规定如下:

① 每匹布允许总评分＝每米允许评分数（分/m）×匹长（m），计算至一位小数，四舍五入成整数。

② 一匹布中所有疵点评分加合累计超过允许总评分，为降等品。

③ 0.5 m内同种疵点或连续性疵点评10分，为降等品。

④ 0.5 m内半幅以上的不明显横档、双纬加合满4条评10分，为降等品。

表 9-1-1　织物组织、幅宽、密度和断裂强力的技术要求

项　目	标　准	允　许　公　差		
		优等品	一等品	二等品
织物组织	产品规定	符合设计要求	符合设计要求	不符合设计要求
幅宽(cm)	产品规格	+1.5% −1.0%	+1.5% −1.0%	+2.0% −1.5%
密度 (根/10 cm)	产品规格	经密：−1.2% 纬密：−1.0%	经密：−1.5% 纬密：−1.0%	经密：超过−1.5% 纬密：超过−1.0%
断裂强力(N)	按断裂强力公式计算	经向：−8.0% 纬向：−8.0%	经向：−8.0% 纬向：−8.0%	经向：超过−8.0% 纬向：超过−8.0%

注：当幅宽超过标准1.0%时，经密允许偏差为−2.0%。

表 9-1-2　织物紧度、棉结杂质疵点格率和棉结疵点格率的技术要求

织物分类	织物紧度	棉结杂质疵点格率(%)≤		棉结杂质疵点格率(%)≤	
		优等	一等品	优等	一等品
精梳织物	70%以下	14	16	3	8
	70%～85%以下	15	18	4	10
	85%～95%以下	16	20	4	11
	95%及以上	18	22	6	12
半精梳织物		24	30	6	15
非精梳织物	细织物　65%以下	22	30	6	15
	细织物　65%～75%以下	25	35	6	18
	细织物　75%及以上	28	38	7	20
	中粗织物　70%以下	28	38	7	20
	中粗织物　70%～80%以下	30	42	8	21
	中粗织物　80%及以上	32	45	9	23
	粗织物　75%以下	32	45	9	23
	粗织物　70%～80%以下	36	50	10	25
	粗织物　80%以下	40	52	10	27
	全线或半线织物　90%以下	28	36	6	19
	全线或半线织物　90%以上	30	40	7	20

表 9-1-3　布面疵点评分限度

品　等	幅宽（cm）			
	≤110	110～<150	150～<190	≥190
优等品	0.20	0.30	0.40	0.50
一等品	0.40	0.50	0.60	0.70
二等品	0.80	1.00	1.20	1.40
三等品	1.60	2.00	2.40	2.80

布面疵点评分限度（分/m）

表 9-1-4　布面疵点评分规定

疵点分类		评　分　数			
		1	2	3	4
经向明显疵点		8 cm 及以下	8 cm 以上～16 cm	16 cm 以上～50 cm	50 cm 以上～100 cm
纬向明显疵点		8 cm 及以下	8 cm 以上～16 cm	16 cm 以上～50 cm	50 cm 以上
横档		—	—	半幅及以下	半幅以上
严重疵点	根数评定	—	—	3 根	4 根及以上
	长度评定	—	—	1 cm 以下	1 cm 及以上

注：① 严重疵点在根数和长度评分矛盾时，从严评分。
　　② 不影响后道质量的横档疵点评分，由供需双方协定。

四、实训报告

记录试验日期、试样名称、试样条件及各项指标的检测结果，并检测某一棉本色布的等级。

五、思考题

棉本色布评等的依据是什么？

实训二　毛织品评等检验

一、实训目的与要求

（1）通过实训，掌握精梳毛织品和粗梳毛织品的评等内容和方法，培养综合性实验能力。
（2）熟悉 FZ/T 24002《精梳毛织品》和 FZ/T 24003《粗梳毛织品》等标准。

二、仪器、用具与试样

仪器、用具请参考相关单项实训项目。试样为精梳毛织品各三匹，每匹净长不短于12 m，净长 17 m 及以上的可由两段组成，但最短一段不少于 6 m，拼匹时，两段织物应品等相同、色泽一致。

三、分等规定

毛织物的品等以匹为单位，按实物质量、物理性能、染色牢度和散布性外观疵点四项检验结果评定,并以其中最低一项定等,分为优等、一等、二等、三等,低于三等为等外。实物质量、物理性能、染色牢度和散布性外观疵点四项中,最低品等有两项及以上,同时降为二等或三等时,则顺降一等。

四、基本原理

1. 精梳毛织品质量检验

精梳毛织品的内在质量检验包括实物质量检验、物理性能检验和染色牢度检验,其技术要求按 FZ/T 24002—2006《精梳毛织品》的规定。

(1) 实物质量检验

精梳毛织品实物质量指织品的呢面、手感和光泽。凡正式投产的不同规格产品,应分别建立优等品和一等品封样。检验时,逐匹比照封样进行评等,符合优等品封样者为优等品,符合或基本符合一等品封样者为一等品,明显差于一等品封样者为二等品,严重差于一等品封样者为三等品。

(2) 物理性能检验

精梳毛织品物理性能检验包括幅宽不足、平方米质量允差、尺寸变化率、纤维含量、起球、断裂强力和撕破强力等多项指标。检验时,根据物理性能试验结果,比照技术条件规格,按表 9-2-1 规定进行评定。

表 9-2-1 精梳毛织品物理性能评等规定

项　　目		优等品	一等品	二等品
幅宽偏差(cm) ≤		2	2	5
平方米质量允差(%)		−4.0～+4.0	−5.0～+7.0	−14.0～+10.0
静态尺寸变化率(%)≥		−2.5	−3.0	−4.0
纤维含量(%)	毛混纺织品中羊毛含量的允差	−3.0～+3.0	−3.0～+3.0	−3.0～+3.0
起球(级) ≥	绒面织物	3～4	3	2～3
	光面织物	4	3～4	3～4
断裂强力(N) ≥	7.3 tex×2×7.3 tex×2 及单纱≥14.6 tex	147	147	147
	其他	196	196	196
撕破强力(N) ≥	一般精梳毛织品	15.0	10.0	10.0
	8.3 tex×2×8.3 tex×2 及单纱≤16.7 tex	12.0	10.0	10.0
汽蒸尺寸变化率(%)		−1.0～+1.5	−1.0～+1.5	—
落水变形(级) ≥		4	3	3
脱缝程度(mm) ≤		6.0	6.0	8.0

(3) 染色牢度检验

精梳毛织品染色牢度检验包括耐光、耐洗、耐汗渍、耐水、耐热压和耐摩擦等色牢度试验,其评等方法见表9-2-2。

表9-2-2　精梳、粗梳毛织物染色牢度评等规定

项　　目		优等品	一等品	二等品
耐光色牢度(级) ≥	≤1/12标准深度(浅色)	4	3	2
	>1/12标准深度(深色)	4	4	3
耐水色牢度(级) ≥	原样褪色	4	3~4	3
	毛布沾色	3~4	3	3
	其他贴衬沾色	3~4	3	3
耐汗渍色牢度(级) ≥	原样褪色(酸性)	4	3~4	3
	毛布沾色(酸性)	4	4	3
	其他贴衬沾色(酸性)	4	3~4	3
	毛其他贴衬沾色布沾色(碱性)	4	4	3
	其他贴衬沾色(碱性)	4	3~4	3
耐熨烫色牢度(级) ≥	原样褪色	4	4	3~4
	棉布沾色	4	3~4	3~4
耐洗色牢度(级) ≥	原样褪色	4	3~4	3
	毛布沾色	3~4	3	3
	其他贴衬沾色	4	3~4	3
耐干洗色牢度(级) ≥	原样褪色	4	4	3~4
	溶剂褪色	4	4	3~4

（4）外观质量评等

外观疵点按其对服用的影响程度与出现状态不同，分为局部性疵点和散布性疵点两类，分别予以结辫和评等。

① 局部性外观疵点。按其规定范围结辫，每辫放尺10 cm，在经向10 cm范围内，不论疵点多少仅结辫1只。局部性外观疵点基本上不开剪，但大于2 cm的破洞、严重的磨损和破损性轧梭、严重影响服用的纬档、大于10 cm的严重斑疵、净长5 m的连续性疵点和1 m内结辫5只者，应在工厂内剪除。平均净长2 m，结辫1只时，按散布性外观疵点规定降等。

② 散布性外观疵点。刺毛痕、边撑痕、剪毛痕、抓痕、磨白纱、经档、纬档、厚段、薄段、斑疵、缺纱、稀缝、小跳花、严重小弓纱和边深浅中，有两项及以上的最低品等同时为二等品时，则降为等外品。

2. 粗梳毛织品质量检验

（1）物理指标

物理指标按表9-2-3规定评等。

表 9-2-3　粗梳毛织品物理性能评等规定

项　目		优等品	一等品	二等品	备注
幅宽偏差(cm)≤		2	3	5	—
平方米质量允差(%)		−4.0～+4.0	−5.0～+7.0	−14.0～+10.0	—
静态尺寸变化率(%)≥		−3.0	−3.0	−4.0	特殊产品指标可在合约中约定
纤维含量(%)	毛混纺织品中羊毛含量的减少或性能最差纤维含量的增加(绝对百分比)	−4.0～+4.0	−4.0～+4.0	4.0～+4.0	—
起球(级)≥		3～4	3	3	顺毛产品指标可在合约中约定
断裂强力(N)≥		157	157	157	—
撕破强力(N)≥		15.0	10.0		—
含油脂率(%)≤		1.5	1.5	1.7	—
脱缝程度(mm)≤		6.0	6.0	8.0	—
汽蒸收缩变化率(%)		−1.0～+1.5	—	—	—

（2）染色牢度

染色牢度按表 9-2-2 规定评等。干洗类产品不考核耐洗色牢度和耐湿摩擦色牢度。

（3）外观质量的评等

外观疵点按其对服用的影响程度与出现状态不同,分为局部性疵点和散布性疵点两类,分别予以结辫和评等。

① 局部性外观疵点。按其规定范围结辫,每辫放尺 10 cm,在经向 10 cm 范围内不论疵点多少仅结辫 1 只。二等品中除破洞、磨损、纬档、厚薄段、轧梭痕、补洞痕、斑疵、蛛网和剪毛痕按规定范围结辫,其余疵点不结辫;等外品中除破洞、严重磨损、补洞痕、斑疵、蛛网和纬档按规定范围结辫,其余疵点不结辫。局部性外观疵点基本上不开剪,但大于 2 cm 的破洞、严重的磨损和破损性轧梭、严重影响服用的纬档、大于 10 cm 的严重斑疵、净长 5 m 的连续性疵点和 1 m 内结辫 5 只者,应在工厂内剪除。平均净长 2 m、结辫 1 只时,按散布性外观疵点规定降等。

② 散布性外观疵点。缺纱、经档、色花、条痕、两边两端深浅、折痕、纬档、厚薄段、轧梭痕、补洞痕、斑疵、磨损中,有两项及以上的最低品等同时为二等品时,则降为等外品。

五、操作步骤

1. 试样准备

无论是精纺还是粗纺,在同一品种、原料、组织和工艺生产的总匹数中按表 9-2-4 规定随机取出相应的匹数。凡采样在两匹以上者,各项物理性能的试验结果以算术平均值作为该批的评等依据。试样必须在距大匹两端 5 m 以上的部位(或 5 m 以上开匹处)裁取,裁取时不可歪斜,不得有分等规定中所列举的严重表面疵点。色牢度试样以同一原料、品种、加工过程、染色工艺配方及色号为一批,或按每一品种每一万米抽一次(包括全部色号),不到一万米也抽一次,每份试样裁取 0.2 m 全幅。

表 9-2-4 采样规则

一批或一次交货的匹数	批量样品的采样匹数	一批或一次交货的匹数	批量样品的采样匹数
9 及以下	1	50～300	3
10～49	2	300 以上	1

仲裁试验用标准大气,温度 20℃±2℃,相对湿度 65%±3%。工厂常规试验用标准大气,温度 20℃±2℃,相对湿度 65%±5%,试验前样品展开平放实验室内暴露 16 h 以上。

2. 检验规则

检验纺织品外观疵点时,应将其正面放在与垂直线成 15°的检验机台面上。在北光下,检验者在检验机的前方进行检验,纺织品应穿过检验机的下导辊,以保证检验幅面和角度。在检验机上应逐匹量计幅宽,每匹不得少于三处,每台检验机定员三人,正式检验员两人。

检验机规格:车速 14～18 m/min;大滚筒轴心至地面的距离:210 cm;斜面板长度:150 cm;斜面板磨砂玻璃宽度:40 cm;磨砂玻璃内装日光灯:40 W×2～4。

如因检验光线影响外观疵点的程度而发生争议时,在白昼正常北光下,以检验机前方检验为准。

物理指标复试规定:原则上不复试,但有下列情况之一者,可进行复试:3 匹平均合格、其中有 2 匹不合格以及 3 匹平均不合格、其中 2 匹不合格,可复试一次。复试结果,3 匹平均合格、其中 2 匹不合格以及其中 2 匹合格、3 匹平均不合格,为不合格。

实物质量、外观疵点的抽验,按同品种交货匹数的 4% 进行检验,但不少于 3 匹。批量在 300 匹上时,每增加 50 匹,加抽 1 批(不足 50 匹的按 50 匹计)。抽验数量中,如发现实物质量、散布性外观疵点有 30% 等级不符,外观质量判定为不合格,局部性外观疵点百米漏辫走过只时,每个漏辫放尺 20 cm。

3. 各单项试验方法

按本教程有关实训项目进行。

六、结果记录与等级评定

根据精梳、粗梳毛织品评等内容和评等方法的规定,对相关项目进行检验、记录,并判断其为优等品、一等品、二等品或等外品。

七、实训报告

每份试样应加注标签,并记录下列资料:厂名、品名、匹号、色号、批号、试样长度、不符品等项、不符品等项实测值、采样日期、采样者等。

八、思考题

(1) 列表比较精、粗梳毛织物的外观疵点结辫、评等要求的异同。

(2) 本实训中,容易造成误判的主要原因是什么?

实训三 针织光坯布——棉本色汗布和棉双面布的物理指标测试

一、实训目的与要求

（1）通过实训，了解针织坯布——棉本色汗布和棉双面布的物理指标测试内容，学习针织光坯布——棉本色汗布和棉双面布的物理指标的测试方法。

（2）熟悉 FZ/T 72004.1《针织坯布》等标准。

二、仪器、用具与试样

织物密度机、织物顶破强力机、烘箱、天平等及棉本色汗布和棉本色双面布各一块（针织光坯布）。

三、操作步骤

1. 取样

针织光坯布取样应在轧光后裁剪前稳定状态下进行，在距布头 1.5 m 以上部位剪取 75 cm 以上的全幅光坯布一块，所取的试样上不应有影响强力的织造疵点。

试样的画样及剪取部位见图 9-3-1。

图中：□表示测量针圈密度部位；①～⑤表示测试弹子顶破强力部位。

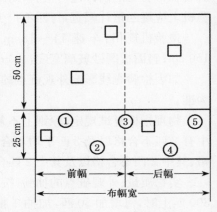

图 9-3-1 试样画样及剪取部位图

2. 纵横密度测试

将试样平放于平整的桌面上，不可拉长或展宽。用织物密度机按图 9-3-1 指定位置测定 5 mm 内的纵向及横向的线圈数。

3. 幅宽测试

测量试样幅宽时，尺应与布边垂直，测量 3～5 次。若幅宽差距较大时，可适当增加测量次数。

4. 顶破强力测试

① 按图 9-3-1 所示剪下试样 5 块，试样直径为 6 cm。

② 顶破强力测试见织物顶破强力实验。

③ 如强力试验不在标准温湿度条件下进行，可按试样的实测回潮率进行修正：

$$P_0 = P \times K \tag{9-3-1}$$

式中：P_0 为针织光坯修正后的顶破强力（N）；P 为针织光坯布实测的顶破强力（N）；K 为修正系数（见表 9-3-1 和表 9-3-2）。

5. 1 m² 干燥质量测试

① 在试样一端用笔画一条与布边垂直的直线，再在另一端画出所需 50 cm 的平行线，剪下所需的样布。

② 将剪下的样布放在天平上称量(精确到 0.01 g),然后,将样布放在 105～110℃的烘箱中烘至质量恒定后称取干燥质量。无箱内称量条件者,应将试样从烘箱中取出后立即放在干燥器中冷却 30 min 以上,然后称取干燥质量。

四、测试结果

根据棉本色汗布和棉双面布的评等方法规定,对相关项目进行检验、记录,并判断其为优等品、一等品、二等品或等外品。

表 9-3-1 汗布类(顶破)强度修正系数 *K* 值表

回潮率(%)	*K*	回潮率(%)	*K*
4.0	1.050	6.1	1.061
4.1	1.048	6.2	1.041
4.2	1.045	6.3	1.013
4.3	1.043	6.4	1.012
4.4	1.042	6.5	1.011
4.5	1.039	6.6	1.010
4.6	1.037	6.7	1.009
4.7	1.035	6.8	1.008
4.8	1.034	6.9	1.008
4.9	1.032	7.0	1.007
5.0	1.031	7.1	1.005
5.1	1.029	7.2	1.005
5.2	1.027	7.3	1.005
5.3	1.026	7.4	1.004
5.4	1.024	7.5	1.003
5.5	1.023	7.6	1.002
5.6	1.021	7.7	1.002
5.7	1.020	7.8	1.001
5.8	1.019	7.9	1.001
5.9	1.018	8.0	1.000
6.0	1.017	—	—

表 9-3-2 棉毛(顶破)强力修正系数 *K* 值

回潮率(%)	*K*	回潮率(%)	*K*	回潮率(%)	*K*	回潮率(%)	*K*
4.0	1.152 1	6.1	1.050 8	8.1	0.988 0	10.1	0.966 9
4.1	1.143 5	6.2	1.047 4	8.2	0.996 0	10.2	0.965 7
4.2	1.139 3	6.3	1.044 1	8.3	0.994 1	10.3	0.964 5
4.3	1.133 2	6.4	1.040 9	8.4	0.992 2	10.4	0.963 4
4.4	1.127 3	6.5	1.037 8	8.5	0.990 4	10.5	0.962 3

（续　表）

回潮率(%)	K	回潮率(%)	K	回潮率(%)	K	回潮率(%)	K
4.5	1.121 6	6.6	1.034 7	8.6	0.988 4	10.6	0.961 3
4.6	1.116 0	6.7	1.031 8	8.7	0.989 6	10.7	0.960 2
4.7	1.110 7	6.8	1.028 9	8.8	0.985 3	10.8	0.959 2
4.8	1.105 5	6.9	1.026 1	8.9	0.983 6	10.9	0.958 2
4.9	1.100 5	7.0	1.023 4	9.0	0.982 0	11.0	0.957 2
5.0	1.095 6	7.1	1.020 8	9.1	0.980 5	11.1	0.956 3
5.1	1.090 9	7.2	1.018 2	9.2	0.979 8	11.2	0.956 3
5.2	1.086 3	7.3	1.015 7	9.3	0.977 5	11.3	0.954 5
5.3	1.081 9	7.4	1.013 3	9.4	0.976	11.4	0.953 6
5.4	1.076 3	7.5	1.010 9	9.5	0.974 6	11.5	0.952 7
5.5	1.073 4	7.6	1.008 6	9.6	0.973 2	11.6	0.951 9
5.6	1.069 4	7.7	1.006 4	9.7	0.971 9	11.7	0.951 1
5.7	1.065 4	7.8	1.004 2	9.8	0.970 6	11.8	0.950 3
5.8	1.061 6	7.9	1.002 1	9.9	0.969 3	11.9	0.949 5
5.9	1.057 9	8.0	1.000 0	10.0	0.968 1	12.0	0.948 7
6.0	1.054 3	—	—	—	—	—	—

五、实训报告

（1）记录：试样名称与规格、仪器型号、仪器工作参数、原始数据。

（2）计算：纵横密度、幅宽、弹子顶破强力、干燥质量。

六、思考题

（1）本色棉针织光坯布（棉汗布与棉双面布）的物理指标包括哪些内容？

（2）讨论温湿度对针织物顶破强力的影响。

实训四　针织涤纶外衣面料内在品质测试

一、实训目的与要求

（1）了解针织涤纶外衣面料内在品质的测试内容，熟悉针织涤纶外衣面料内在品质的测试方法。

（2）熟悉 FZ/T 72004.2《针织成品布》等标准。

二、仪器、用具与试样

织物密度机、织物顶破强力机、烘箱、天平、织物缩水率试验机、耐洗色牢度试验仪、汗渍色牢度仪、摩擦色牢度试验仪、圆刀划样器、尺子等及纬编或经编针织涤纶外衣面料一块。

三、基本原理

根据织物幅宽、密度、1 m² 干燥质量、缩水率、染色牢度的测试结果,综合评定针织涤纶外衣面料的内在品质。

四、操作步骤

1. 幅宽、织物密度、1 m² 干燥质量、弹子顶破强力测试

(1) 取样:试样必须在距布端 2 m 以上部位(或 5 m 以上开匹处)剪取,纬向全幅、长度为 15 cm;幅宽在 150 cm 及以上的,试样长度可取 20 cm。试样中不得有严重的表面疵点。

(2) 幅宽测试:将 15 cm 长的全幅试样平放于试验台上,处于无张力状态下量取幅宽,量取两次,两次间隔距离为 5 cm,精确至 0.1 cm。

(3) 织物密度测试:用织物密度机测试,测试部位见图 9-4-1 所示,对角线测试纵、横密各三处。

(4) 1 m² 干燥质量测试:将试样平放于软木板上,在距试样边 2 cm 以上处,放上圆刀划样器,用手压下圆刀柄,旋转 90° 以上,划取试样(圆刀划下的试样面积为 100 cm²)。划取试样的位置及块数见图 9-4-2。

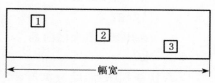

图 9-4-1　织物密度测量部位

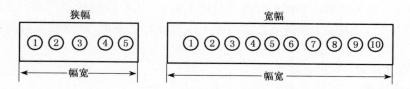

图 9-4-2　1 m² 干燥质量测试取样部位

(5) 弹子顶破强力测试:在距试样边 5 cm 处,沿试样横向均匀剪取试样五块,试样直径为 6 cm。

2. 缩水率测试

(1) 剪取长 55 cm、宽为全幅的 1/2 的试样两块,将试样平放 24 h 后,画好直、横向各三处测量标记,见图 9-4-3。试样与陪试织物总干量为 4 kg,其中试样干量不超过 2 kg。

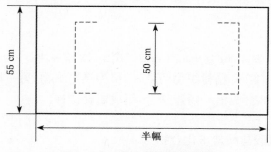

图 9-4-3　缩水率测试试样图

(2) 将做好标记的试样与陪试织物一起放入织物缩水率试验机,再放入适量洗涤剂,选择

5A 洗涤程序进行洗涤、脱水。洗涤剂由四份 IEC 洗涤剂及一份 1～3 g/L 的过硼酸钠四水化合物组成。

IEC 的洗涤剂成分：

直链烷基苯磺酸钠	8.0%
动物酯羟乙基醇酯	2.9%
钠肥皂	3.5%
三聚磷酸钠	43.7%
硅酸钠	7.5%
硅酸镁	1.9%
羟甲基纤维素	1.2%
乙二胺四醋酸	0.2%
硫酸钠	21%
棉织物用萤光增白剂	0.2%
水	9.1%

5A 洗涤程序：温度为 40℃±3℃，洗涤液面高度 10 cm，洗涤时间为 12 min±20 s，漂洗四次，每次液面高度为 13 cm，第一、二次的漂洗时间为 3 min，第三、四次的漂洗时间为 2 min。第一次漂洗后不脱水，第二、三次的脱水时间为 1 min，每四次的脱水时间为 6 min。

洗涤结束后，取出织物。平幅直向搭在竹杆上对折，用手轻轻拍平，消除皱纹，放到 35～45℃烘干设备中烘干(无烘干设备可在室内晾干)，待冷却到室温，量取缩水后的尺寸，测其缩水率。

3. 染色牢度试验

(1) 皂洗牢度测试

① 试样：在距布边至少 5 cm 处剪取 4 cm×10 cm 试样一块。

② 贴衬织物：4 cm×10 cm 织物两块。第一块贴衬织物用涤纶织物，第二块贴衬织物用羊毛织物或棉织物。将试样放在两块贴衬织物之间组成组合试样。

③ 试液：皂片 5 g/L，无水碳酸钠 2 g/L，浴比为 50∶1，时间为 30 min，温度为 60℃。

④ 将组合试样放在织物皂洗牢度试验仪的容器中，在规定的温度、时间、试液的条件下，经机械搅拌后，取出组合试样。用蒸馏水清洗两次，然后在流动的自来水中清洗 10 min，挤去水分，拆除组合试样的缝线，展开试样，悬垂在温度不超过 60℃的空气中干燥，然后将试样贴于白纸卡上，进行评级。

(2) 汗渍牢度测试

① 试样：在距布边至少 5 cm 处剪取 4 cm×10 cm 试样一块。

② 贴衬织物：10 cm×4 cm 贴衬织物两块，一块为涤纶织物，另一块为羊毛织物或棉织物。将试样夹于两块贴衬织物之间，沿一短边缝合，组成组合试样。

③ 试液：

每升酸液含：L-组氨酸盐酸盐水化合物	0.5 g
磷酸氢二钠二水化合物	2.2 g
氯化钠	5 g

用 0.1 mol/L 氢氧化钠溶液调整 pH 值至 5.5。

每升碱液含：L-组氨酸盐酸盐水化合物	0.5 g
氯化钠	5 g
磷酸氢二钠二水化合物	5 g
或磷酸二纳二水化合物	2.5 g

用 0.1 mol/L 氢氧化钠溶液调整 pH 值至 8。

试液用蒸馏水配制，现配现用。

④ 在浴比为 50∶1 酸、碱液中，分别放入一块组合试样，使试样完全湿润后，在室温下放置 30 min，必要时可稍压或拨动，保证试液均匀渗透到试样。取出组合试样，去除试样上过多的残液，将组合试样放在汗渍牢度试验仪的两块压板上，然后使试样受压 12.5 kPa（碱和酸试验仪分开）。把带有组合试样的酸、碱处理的两组仪器放在烘箱里，温度为 37℃±2℃、处理4 h。

⑤ 拆去组合试样上的缝线，展开组合试样，悬挂在温度不超过 60℃ 的空气中干燥，然后贴于白纸卡上，进行评级。

（3）摩擦牢度测试

① 试样：在距布边至少 5 cm 处剪取 5 cm×20 cm 试样两块，一块为纵向（长的方向为纵行），一块为横向（长的方向为横列）。

② 摩擦用棉布：为退浆、漂白、不含整理剂的棉布，剪成 5 cm×5 cm 两块。

③ 干摩擦试验：将试样平放在摩擦牢度试验仪的测试台的衬垫物上，两端以夹持器固定，然后将一块摩擦用棉布包在摩擦圆柱上，使摩擦用布的经、纬方向与试样的纵、横向相交成45°，开动摩擦仪，往复 10 次后停下，取下摩擦用棉布，贴于白纸卡上，进行评级。

④ 湿摩擦试验：另一块将摩擦用棉布浸湿（含水量 100%±5%），包于摩擦仪的圆柱头上，其他步骤与干摩擦试验相同。试验完取下湿摩擦用布，在室温或 40℃ 以下的烘箱中干燥，贴于白纸卡上，进行评级。

（4）染色牢度评级：

皂洗牢度、摩擦牢度、汗渍牢度的评级采用评定变色用灰色样卡和评定沾色用样卡进行评级。评级时，评级者的眼睛与试样距离为 30～40 cm，样卡和试样放在同一平面上，样卡在评级者左方，试样在右方；五级在上，一级在下方。评级时，如实际等级低于一级者，仍评为一级。

五、测试结果计算

根据织物幅宽、密度、1 m² 干燥质量、缩水率、染色牢度测试结果，综合评定针织涤纶外衣面料的内在品质。

六、实训报告

（1）记录：仪器型号、仪器工作参数、试样名称和规格、各项内在品质指标的原始数据。

（2）计算：纵、横密度、幅宽、1 m² 干燥质量、弹子顶破强力、缩水率。

（3）评出各染色牢度等级。

七、思考题

涤纶针织外衣面料的内在品质评定包括哪些内容？

主要参考资料

［1］朱进忠主编. 纺织材料学实验(第二版). 北京:中国纺织出版社,2008.

［2］周美凤主编. 纺织材料. 上海:东华大学出版社,2010.

［3］姚穆. 纺织材料学(第二版). 北京:纺织工业出版社,1991.

［4］夏志林主编. 纺织实验技术. 北京:中国纺织出版社,2007.

［5］李南主编. 纺织品检测实训. 北京:中国纺织出版社,2007.

［6］蒋耀兴主编. 纺织品检验学. 北京:中国纺织出版社,2001.

［7］杨乐芳主编. 纺织材料性能与检测技术. 上海:东华大学出版社,2010.

［8］严灏景. 纤维材料学导论. 北京:纺织工业出版社,1990.

［9］朱进忠主编. 纺织标准学(第二版). 北京:中国纺织出版社,2007.

［10］姜怀主编. 纺织材料学(第二版). 北京:中国纺织出版社,1996.

［11］沈建明等. 纺织实验. 北京:中国纺织出版社,1999.

［12］张一心主编. 纺织材料. 北京:中国纺织出版社,2005.

［13］蒋惠钧主编. 服装材料学. 南京:江苏科学技术出版社,2004.

［14］田恬主编. 纺织品检验. 北京:中国纺织出版社,2006.

［15］朱红. 纺织材料学. 北京:中国纺织出版社,1987.

［16］李汝勤,宋钧才. 纤维和纺织品测试技术(第三版). 上海:东华大学出版社,2009.

［17］中国大百科全书—纺织卷. 北京:中国大百科全书出版社,1984.

［18］徐蕴燕主编. 织物性能与检测. 北京:中国纺织出版社,2007.

纺织网络资源

［1］中国纺织网：http://www.china-50.com/

［2］全球纺织网：http://cn.globaltexnet.com/

［3］中国棉纺织信息网：http://www.cctti.com/

［4］中国毛纺织网：http://www.wtw.net.cn/

［5］中国麻纺信息网：http://www.cblfta.org.cn/

［6］中国丝绸网：http://www.china-4.com/

［7］中国化纤信息网：http://www.ccf.com.cn/

［8］中国纱线网：http://www.zgsxw.com/

［9］中华服装网：http://www.51fashion.com.cn/

［10］中国服装网：http://www.efu.com.cn/

［11］羊毛市场公司（国际羊毛局）：http://www.wool.com/

［12］国际毛纺织组织：http://www.iwto.org/

［13］黄道婆纺织网：http://www.hdptex.com/

［14］中国纺织机械网：http://www.cttm.net/

［15］中国纺机网：http://www.ttmn.com/

［16］中国纺织器材网：http://www.zgfq.com/